M16ライフル M4カービンの秘密

傑作アサルト・ライフルの系譜をたどる

毒島刀也

SoftBank Creative

著者プロフィール

毒島刀也（ぶすじま とうや）

1971年、千葉県生まれ。1994年、日本大学工学部機械工学科卒業。卒業後、ミリタリー誌『Jウイング』（イカロス出版）、航空雑誌『エアワールド』（エアワールド）の編集者として勤務。2004年より、フリーランスの軍事アナリスト、テクニカルライターとして活動。おもな著書は、『陸上自衛隊「装備」のすべて』『世界の傑作戦車50』『M1エイブラムスはなぜ最強といわれるのか』（サイエンス・アイ新書）、『戦車パーフェクトBOOK』（コスミック出版）など。

本文デザイン・アートディレクション：株式会社ビーワークス

校正：曽根信寿

はじめに

M16ライフル(以下M16)とM4カービン(以下M4)は、民間名でAR-15といい、米国を代表するアサルト・ライフルです。日本では『ゴルゴ13』の主人公であるデューク・東郷が使うライフルといったほうが通りがいいかもしれません。ともあれその特徴的な外形から、日本でもよく知られている銃です。

さて、M16とM4を話題にするとかならずでてくるのが「M16は名銃なのか?」という論題です。すでに登場から半世紀以上が経過してもなお現役にあり、累計800万挺以上が生産されていることからすれば「名銃である」といえます。しかし、これは巨大な米軍が長年使用したからでた数字です。

M16とM4の特長は「軽い」「安い」「よく当たる」の3つです。これらは発射ガスの膨張エネルギーを直接、排莢・装填の駆動に使用するリュングマン式(ガス直接吹き付け式、36ページ参照)だからこそ可能になった利点です。特にM16のリュングマン式は、もともとスポーツライフル向けに開発された作動方式です。部品点数が少ないため軽く、安くなり、発射時に動く部分も小さいので、ブレることなく射撃できて、射撃精度が高くなります。

しかし高い射撃精度は、米軍が伝統的に精度を重視するから評価されているのであり、「多少外れてもいいから弾幕を張って相手の頭を押さえる」ことが前提のアサルト・ライフルでは無用な性能です。さらにリュングマン式最大の弱点である、汚れに弱く、銃弾(発射薬)を選ぶという点は、結局克服されていません。このためベトナムの戦場で弾詰まりなどの故障が多発して、数多くの兵士が命を落としました。それから20年以上経った湾岸戦争、イラク戦争でも内部に入り込んだ砂じんで故障が多発し、戦後の調査報告書ではM16とM4の不満点として真っ先に槍玉に挙げられています。

もう1つの側面である民間市場におけるセミオート・ライフルの商品として見た場合、競技用ライフルとしては無敵ではあるものの、ハンドロード弾[※1]がまったく使えず、高価なメーカー製の銃弾を1回きりしか使えないランニングコストの高い銃といえます。このことから一般ユーザーは敬遠し、この市場のシェアの大半は安くて扱いやすいスタームルガー・ミニ14に奪われてしまいました。そして官需にあぐらをかいたコルト社は、1992年に破たんしてしまいます。

これらを勘案すると、M16とM4は「よい銃」ではあるが「名銃」と呼ぶにはためらいがある……これがM16とM4に対する一般的な評価でしょう。

※1 自前でつくった銃弾。たいてい空薬莢に発射薬を詰め直してつくるので安上がり。

ベトナム戦争を皮切りに、兵士はM16とM4を手に取って、湾岸戦争、イラク戦争、アフガニスタン紛争と、米軍の向かうところで戦っています。その間、基幹部分はそのままに、時代のすう勢や想定する戦場に合わせ、全軍に行き渡らせるお仕着せの量産銃から、精鋭向けのセミ・カスタムメイド・ライフルへと進化しました。

本書ではこのM16とM4を通じて、アサルト・ライフルの概念や、M16とM4の進化、周辺装備を解説していますが、紙数の関係から軍用銃としての側面に重点を置いており、すべてのM16とM4の派生型、クローン※2を解説できていない点をご了承ください。紹介するモデルの多くは違いの際立った、コンセプトの明快なものを取り上げていますが、市場に数多くあるM16とM4の大半は、メーカーの保証やサポート体制、州ごとの銃規制に合わせた対応などで差別化しており、決して目に見える機能や性能の違いが、銃のすべてではないこともご留意ください。

2013年5月　毒島刀也

※2 特許の期限切れ、もしくは原産メーカーの製造権放棄による、他メーカーの模造品。

M16ライフル M4カービンの秘密

傑作アサルト・ライフルの系譜をたどる

CONTENTS

CONTENTS

第1章

アサルト・ライフルの基礎

そもそもアサルト・ライフルとはなんなのでしょう?
まずは銃の基礎から入ります。

44年式突撃銃(StG44)を構えるドイツ武装親衛隊隊員　所蔵/毒島刀也

1-01 銃ってなに？ その①
～拳銃、ライフル、火砲の違い

将来、エネルギーを直接ぶつけるレーザーガンや粒子砲が実用化されたら変わるでしょうが、いまのところ銃や火砲は、筒の中で火薬（装薬）を燃焼させ、生成されるガスの膨張エネルギーで、筒から質量（弾丸／砲弾）を撃ちだすものと定義できます。では銃と砲を分けるのはなんでしょう？

実のところ明確な線引きはありません。**使うのが大掛かりになれば砲、個人もしくは少人数で使えれば銃**といったところでしょう。でも少人数で運搬・発射できる小口径の迫撃砲を銃とはいいませんから、難しいところです。

さて銃の分類となると大型と小型に分かれますが、少人数で運用する大型の銃は現在、機関銃しかありません。個人が携行して使う小型の銃は、**短銃**と**長銃**に分かれます。

短銃は片手、もしくは両手で保持して撃つ小型の銃を指し、**拳銃**（ハンドガン）、**短機関銃**（サブマシンガン）がこれにあたります。長銃は撃つ際の反動を銃床を通じて肩で支え、両腕で包むように構える中型の銃を指し、**散弾銃**を含む**猟銃**、**ライフル**（小銃）、**狙撃銃**（スナイパーライフル）がこれにあたります。

ライフルは本来、弾丸に回転を与えるため銃身内部にねじれた溝（旋条、腔線、ライフリング）を施した長銃のみを指しますが、日本語ではマスケット、火縄銃など、旋条のない長銃に対する一般的な語彙がありませんので、個人で携行できて汎用性のある長銃全般をライフルと呼びます。

小銃という言葉も用兵上、大砲と対の意味で使われているので、大銃と呼ばれる火器はありません（歴史的には存在します）。

スミス&ウェッソン M686より38スペシャル弾が発射された瞬間。10.2gの弾丸が290m/sで撃ちだされる。拳銃は小型で携行性にすぐれるが、装弾数が少なく威力も劣るため、護身用以上の使い方はできない　写真/Niels Noordhoek

スイス陸軍の41年式対戦車ライフル(Tb.41)。銃本体で53kgあり、235gの弾頭(徹甲弾)をもつ24×128mm弾を用い、900m/sで撃ちだす。もっと簡易で装甲貫徹力にすぐれた対戦車兵器の登場で、対戦車ライフルは廃れた　所蔵/毒島刀也

1-02 銃ってなに？ その②
～短機関銃、狙撃銃、アサルト・ライフル

さて、拳銃や大型の重機関銃は映画やドラマでよくでてきますし、形状も大きく違うので見分けるのは簡単ですが、短機関銃(サブマシンガン)、狙撃銃、アサルト・ライフルは形も機能も似ているので、見分けるのは少々困難です。しかも最近はそれぞれの使いみちが重複するような銃もでてきていますから、なおさらややこしくなります。

短機関銃はサブマシンガンともマシンピストルともいい、自衛隊では機関拳銃と呼びます。拳銃の弾を連射できるようにした銃で、連射することで威力は上がっていますが、射程や1発あたりの威力は拳銃とまったく変わりませんので、拳銃よりましな自衛火器という位置づけです。貫通力が小さく、銃本体も小さくなるので、狭いところでの取り回しと、貫通弾による付随被害を抑えたい閉所戦闘に向いています。

狙撃銃はスポーツライフル、猟銃から発展したものが多く、良好な弾道特性を得るために動作部の少ないボルトアクション式の銃が多数を占めます。拳銃やアサルト・ライフルより長い射距離を正確に射抜く能力が求められ、そのために長い銃身をもちます。大口径弾を撃ちだす対物ライフルもこのカテゴリーに含まれます。

突撃銃とも呼ばれる**アサルト・ライフル**は現代軍用銃の主流となる形式で、0～400mを主眼とした射程、自動装填による連射、戦場で要求される携行性とがんじょうさを備えます。さらにこのアサルト・ライフルをもとに、銃身を詰めて取り回しを向上させたカービン(騎兵銃)、射撃精度を向上させた選抜射手(マークスマン)ライフルがつくられています。

ヘッケラー&コッホ MP7 サブマシンガンを構えるドイツ陸軍特殊戦団（SKS）隊員。4.6×30mm弾を発射速度850発/分、初速750m/sで撃ちだす。従来より大きな銃弾を用い、拳銃以上、小銃未満の火力をもつ
写真/ドイツ連邦陸軍

中南米の特殊部隊が一堂に会するフエルザス・コマンド2011にて、RPA レンジマスター狙撃銃を構えるトリニ ーダ・トバゴ陸軍特殊部隊隊員。写真のレンジマスタ ー は7.62×51mm NATO弾（.308ウィンチェスター弾）を撃ちだすモデルで、有効射程1,000m。銃口に制音器を装着している
写真/アメリカ南米コマンド

1-03 アサルト・ライフルの歴史 その①
～火縄銃からボルトアクションライフルまで

アサルト・ライフル登場までの歴史は、2つの系統をたどることになります。ここでは小銃の歴史を見てみましょう。銃の起源ははっきりしませんが、15世紀半ばのヨーロッパで火縄銃が完成したと見られています。しかしアサルト・ライフルが登場する直前の近代的なボルトアクション式の小銃になるまでに、いくつかの革新が必要でした。おもなものは以下のとおりです。

・装薬の着火に火を使わない雷管の発明

・命中精度を劇的に向上させる、銃身内に螺旋状に切った溝（ライフリング）と、空気抵抗の少ない椎《しい》の実型弾丸の採用

・装填を容易にする、弾丸と発射薬を収めた薬莢が一体化したカートリッジ（実包）の発明、金属薬莢への改良

・銃身の後端から実包を込める元込め機構への改良と、空薬莢の排出と次発装填をすばやくできるボルトアクションへの進化

これらを採り入れて完成したのが、ドライゼ銃（独）、シャスポー銃（仏）などです。**これらの銃の登場によって戦術や編成が変化し、近代陸軍へと進化**する一因となりました。

さらに発射薬を煙の発生の少ない無煙火薬に置き換え、1回のレバー操作で排莢とばねでせり上がった次発の装填ができるようにボルトアクションを改良した小銃が1880年代半ばから登場します。98式小銃/騎兵銃（Gew98/Kar98k、独）、三八式歩兵銃（日）、スプリングフィールドM1903（米）、リー・エンフィールド（英）、モシン・ナガンM1891/30（ソ連）などがこれにあたり、これらの銃を装備して世界各国は第二次世界大戦に突入します。

1600年に描かれた、アルケビュス（火縄銃）をもつ射手

トロッコに乗って沿線の警戒にあたる日本陸軍兵。各々の兵士が三十式銃剣を銃口下部に着剣した三八式歩兵銃をもっている。同銃は1906年に制式採用され、1945年まで日本陸軍の主力小銃として使われた

出典/1937年発行『アサヒグラフ』第29巻第9号掲載

1-04 アサルト・ライフルの歴史 その②
～機関銃からアサルト・ライフルまで

ここではもう1つの系統である**機関銃**の歴史について見てみましょう。もし、ボルトアクションライフルの発射→排莢→装填のサイクルが自動化できれば、その威力は絶大です。1884年10月に登場したマキシム機関銃は、発射の際の反動を利用することで、このサイクルを自立して行うことができ、高い信頼性と600発/分の発射速度を実現しました。機関銃は日露戦争、第一次世界大戦にて大きな戦果を上げます。しかし、**重くて歩兵の進軍についていけないという欠点**が常についてまわりました。

ドイツ軍歩兵総監部は1923年1月、第一次世界大戦での経験を踏まえた小銃に関する意見書をだします。

- **戦闘は400m以内で行われており、従来の小銃がもつ有効射程800mは過大**
- **戦場での制圧力を高めるために連射は必要。反動を抑え、射撃時の操作性を上げるためにも弾薬を小型化すべき**
- **25～30発の弾倉をもち、取り回しが楽な軽量小型の銃**

この意見書は1942年に42年式自動騎兵銃（MKb42）となって結実します。MKb42は口径こそ従来と同じ7.92mmですが、薬莢を短くして発射薬を減らした7.92×33mm弾を30発備え、550～600発/分の発射速度、有効射程300m（単射時600m）、従来より150mm以上短い全長などの特徴があります。その後、紆余曲折の末、**44年式突撃銃（StG44）**として制式採用され、啓開地でも市街戦でも使える万能小銃として活躍しました。この概念は戦後、**アサルト・ライフルとして一般化**します。

1916年7月、フランス・ソンムの戦いにてヴィッカース重機関銃を構える機関銃チーム。この銃はマキシム機関銃をもとに改良した水冷式機関銃で、1912年11月に制式採用され、1968年5月まで使われた

写真/帝国戦争博物館

戦車で耕されたような泥道を歩くドイツ武装親衛隊隊員。44年式突撃銃（ StG44）を首から下げている。1945年春、東部（対ソ連）戦線での撮影

所蔵/毒島刀也

1-05 アサルト・ライフルの歴史 その③ ～戦後の分化と進化

アサルト・ライフルの威力は証明されましたが、戦後の扱いは米ソで大きく異なります。ソ連は抑留したStG44の開発者ヒューゴ・シュマイザーを協力させて、**同様の概念にもとづいた1947年式カラシニコフ自動小銃（AK-47）**を開発しました。

一方の米国はアサルト・ライフルの必要性は認めたものの、その肝である装薬量を減らした弾薬の開発を怠り、従来型とたいして変わらない.308ウィンチェスター弾を、加盟各国の反対を押し切って、北大西洋条約機構（NATO）で使われる小銃の標準弾薬7.62×51mm NATO弾にしてしまいました。この弾薬を使用するライフルとして、M14（米）、H＆K G3（西独）、FN FAL（ベルギー）、64式7.62mm小銃（日）が開発されます。

しかしいずれの銃も連射時の反動を制御することが難しく、アサルト・ライフル本来の「**正確に短い連射を浴びせて、敵の頭を抑える**」使い方ができない代物となってしまいました。米国はそのツケをベトナム戦争で払うことになります。

ベトナムの戦場は生い茂る樹木と下草で見通しが悪いために接近戦が多くなり、長く重いM14では、**北ベトナム軍が装備するAK-47に圧倒される場面が多発**したのです。

7.62×51mm NATO弾の不評を受け、米国は1950年代後半から小口径ライフルの開発に取りかかり、.223レミントン弾（制式名M193）を使用するM16を1964年に制式採用します。NATO各国も1977年、同弾を改良したSS109を採用することにしました。対するソ連も小口径化のすう勢に合わせて5.45×39mm弾を開発し、それに対応する銃も生まれ、現在に至っています。

AK-47アサルト・ライフルを手に街角でたむろするリベリア国民愛国戦線の兵士たち。安価で取り扱いの容易なAK-47は、子どもでも使える火器となった
©1996 Corinne Dufka

ヘッケラー&コッホ G3ライフルを撃つノルウェー軍兵士。モーゼル社がStG44の後継として開発した45年式突撃銃をもとにしているが、使用弾薬が反動の強い7.92×51mm NATO弾となったため、アサルト・ライフルとしての能力が著しく欠ける銃となった
写真/Soldatnytt

1-06 アサルト・ライフルの位置づけ
～適度な威力であることが重要

アサルト・ライフルは歩兵の友ともいえる基本的な火器です。有効射程は0～400m前後で、**連射することで相手の頭を抑えて機動を封殺**し、かつ**射手の機動に支障のない大きさ**をもちます。

拳銃や短機関銃は手軽ですが射程が短く、精度の高い狙撃銃では大きく重すぎ、手榴弾では殺傷範囲が広すぎて、傷つけたくないものまで破壊してしまいます。前線ではアサルト・ライフルを中心に各種火器を組み合わせ、距離による穴がなく、効率のよい火力を発揮できるようにしています（イラスト参照）。

殺傷力は大きければ大きいほどいいように思えますが、あっさり殺してしまうより、戦場で動けなくなる程度に負傷させ、後送のためにほかの兵の手を借りねばならないようにして、**前線に立つ兵士の数を減らす**ことを念頭に置いています。

アサルト・ライフルの概念はどこもいっしょですが、想定する戦場や扱う射手の慣熟程度によって、デザインが変わります。M16やM4、89式小銃など、米国・西欧圏で設計されたアサルト・ライフルは高い命中精度と軽量化をはたしていますが、製造には高い工作精度が要求され、射手にも十分な訓練が求められます。

一方、ソ連が設計したAKシリーズはがんじょうで塵埃に強いのですが、重く、命中精度を犠牲にしています。これは西側が少ない兵力を質でカバーするのに対し、東側は圧倒的な量で押し潰す戦闘教義が反映されているからです。

しかし現在、先進国の軍隊は少数の兵士に時間をかけて訓練を施す志願制を採っており、アサルト・ライフルも米国・西欧型のものが主流となっています。

2012年7月、東チモールで行われた軍事技能競技会にて、目隠ししてF88（オーストラリア版AUGライフル）の組立演習を行うオーストラリア軍兵士たち
写真/オーストラリア陸軍

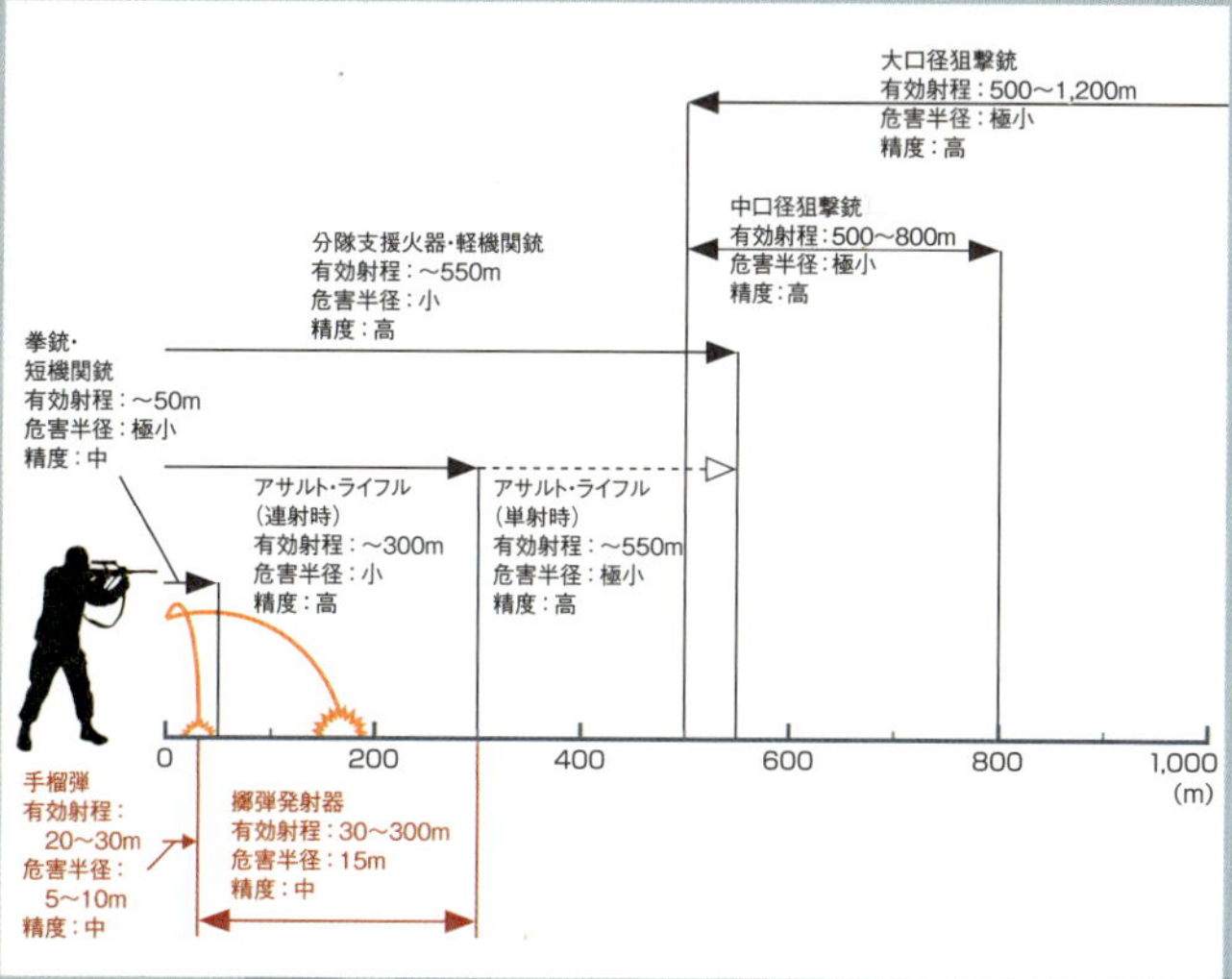

火器の有効距離と殺傷範囲

M4カービンの各部名称と解説（外部左側面）

照星

アイアンサイトと呼ばれるもっとも単純な照準方式で、銃身上にある照星と照門を結んだ直線の延長上に目標を置きます

レシーバー

撃鉄、薬室、遊底などが集約された機関部を指します

銃身

この中には螺旋状の溝が切られており、この中で弾丸はガスの膨張を受けて加速しながら進みます

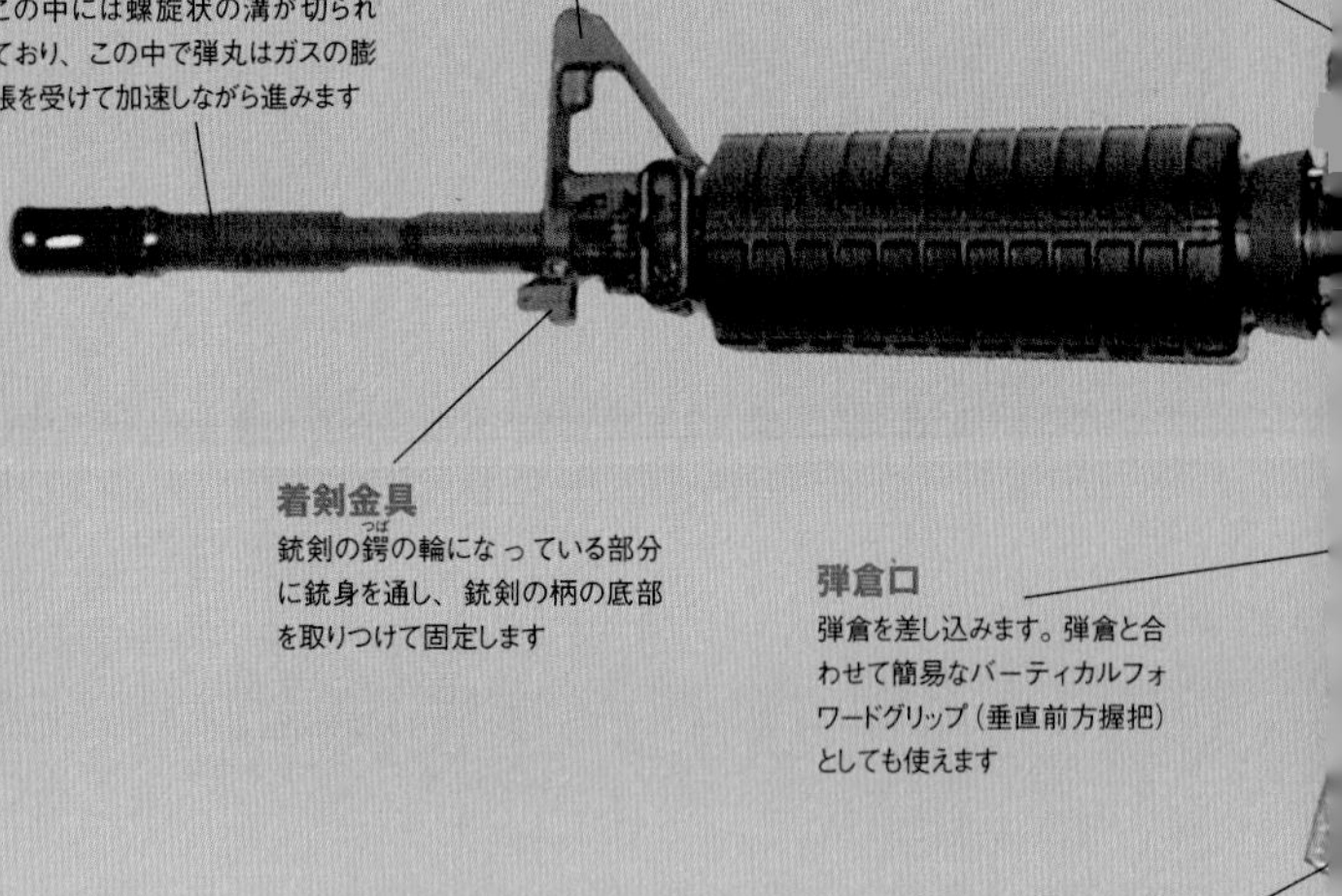

着剣金具

銃剣の鍔《つば》の輪になっている部分に銃身を通し、銃剣の柄の底部を取りつけて固定します

弾倉口

弾倉を差し込みます。弾倉と合わせて簡易なバーティカルフォワードグリップ（垂直前方握把）としても使えます

弾倉

銃弾を複列式（ダブルカーラム）に収めます。20発タイプと30発タイプがあります（写真は30発タイプ）

写真/コルト・ファイアアームズ

照門

照星と組み合わせて照準します。M16A2からは穴の小さい標準用と穴の大きい夜間・移動目標用のピープサイト(覗き穴)がついています

提《さ》げ手《て》

M16の特徴を形づくっている部分ですが、M16A4/M4A1から着脱式となっています

銃床

構えたときに胸板につけて、銃を安定させます。写真の銃床は伸縮できる望遠鏡(テレスコピック)式です

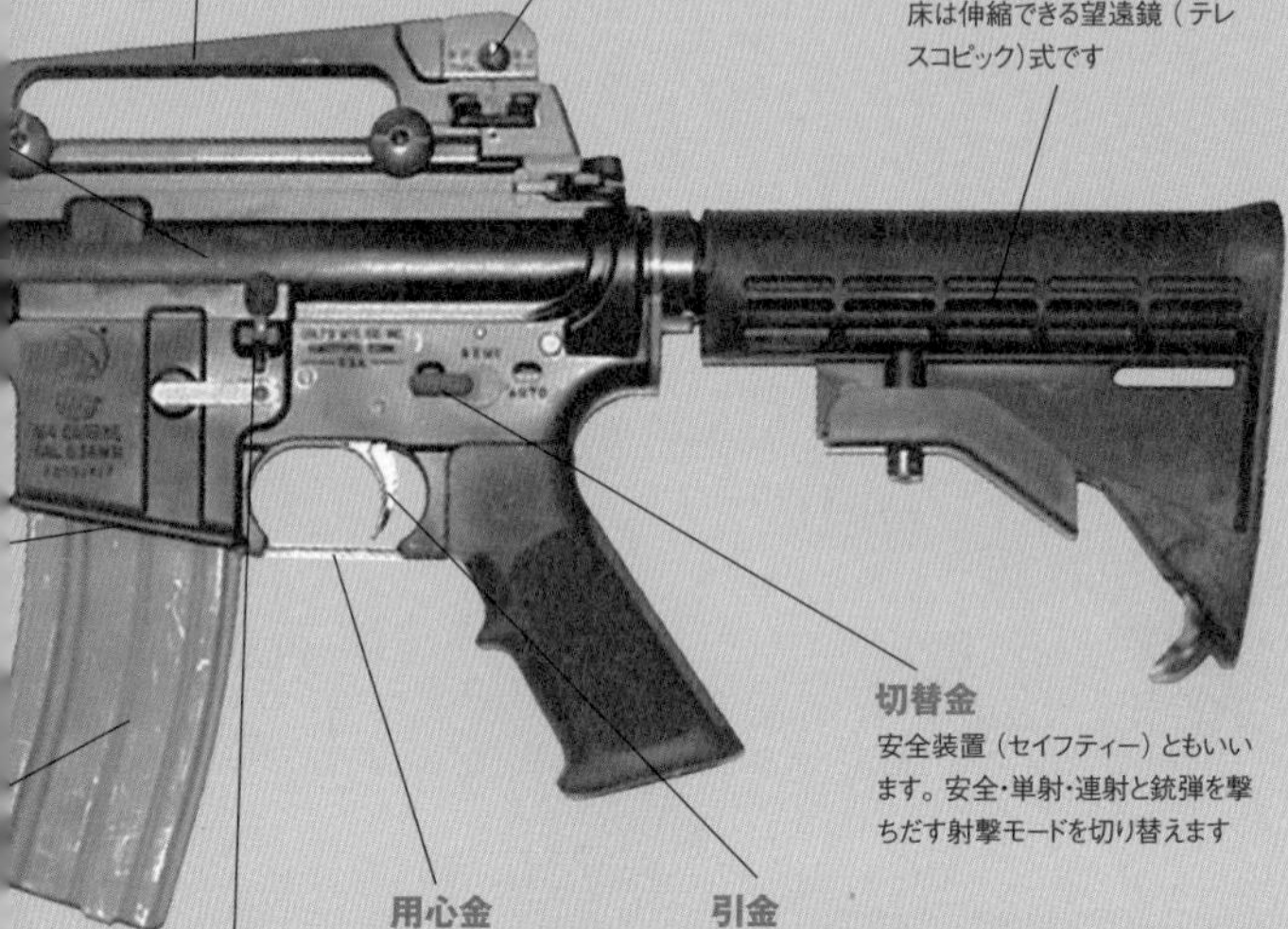

切替金

安全装置(セイフティー)ともいいます。安全・単射・連射と銃弾を撃ちだす射撃モードを切り替えます

用心金

銃が落下したときや、衣服に引っ掛かって引金を引いてしまうのを防ぎます

引金

引くと撃鉄を保持していた逆鉤(シアー)が開放されます。3〜4.5kg(6.6〜9.9ポンド)の力で引くと作動します

ボルトリリースレバー

弾倉が空になったとき、ボルトキャリアを後退した状態で止め、射手に弾倉内の弾を撃ち切ったことを知らせます

M16&M4

M4カービンの各部名称と解説（外部右側面）

カートデフレクター

熱を帯びた空薬莢が後方に飛ばないようにしています

排莢口

薬室からボルトキャリアで運ばれた空薬莢が、ここから排出されます

後部照準調整つまみ

上下方向と左右方向に動く2つのツマミで微調整できます

槓桿《こうかん》

手動で銃弾を薬室に装填する際に引くレバー。引くとボルトキャリアが後退し、銃内部の撃鉄が起きた状態となります

ボルトフォワード・アシスト・レバー

M16/M4特有のもので、排莢不良などでボルトキャリアが前進しないとき、ここを押してボルトキャリアを強制的に前進させます

銃把《じゅうは》

右手でもつ部分です。現代銃らしく、銃床とは別体化した2ピース型です

弾倉取りだしボタン

ここを押して弾倉を取りだします

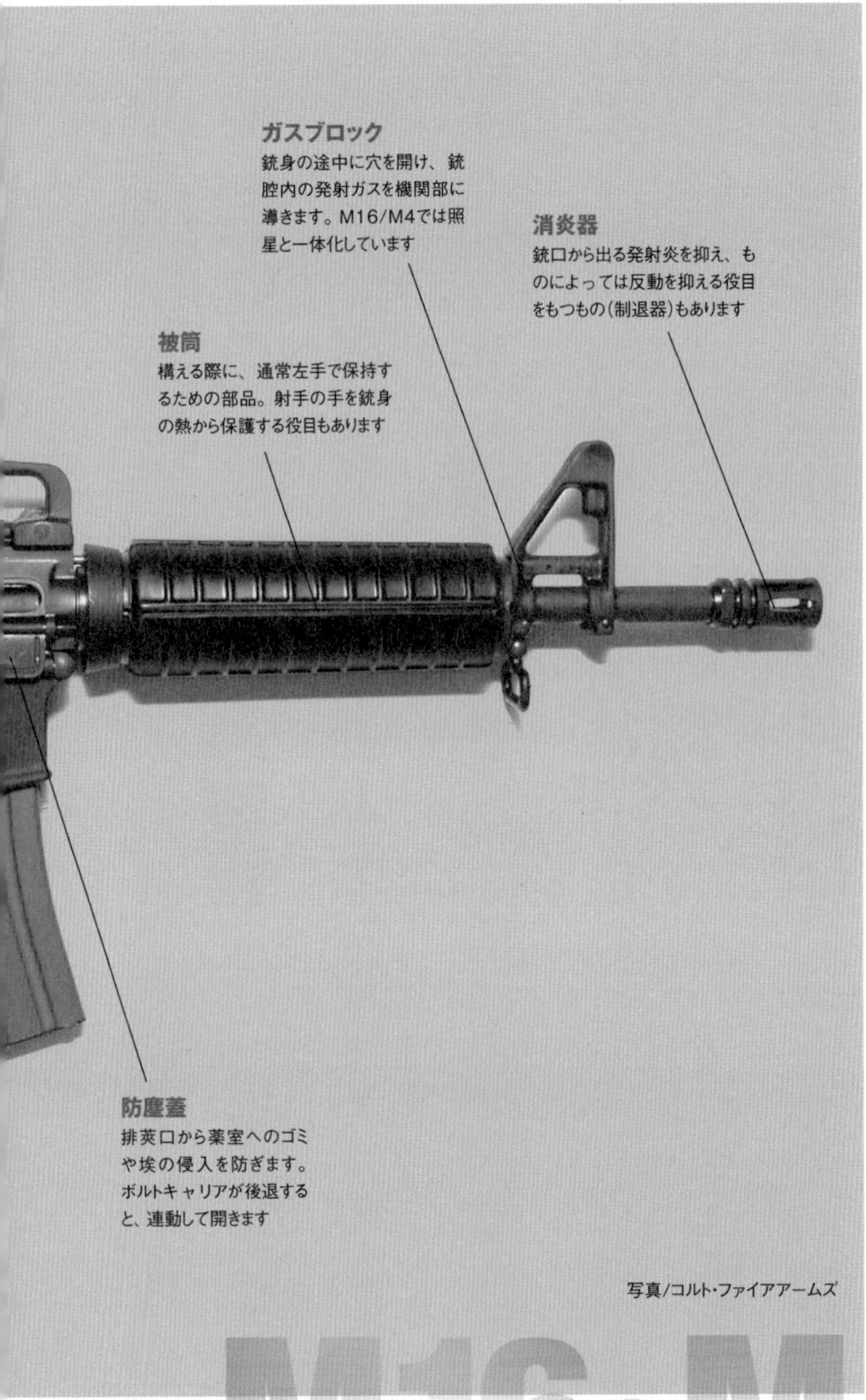
ガスブロック
銃身の途中に穴を開け、銃腔内の発射ガスを機関部に導きます。M16/M4では照星と一体化しています
消炎器
銃口から出る発射炎を抑え、ものによっては反動を抑える役目をもつもの（制退器）もあります
被筒
構える際に、通常左手で保持するための部品。射手の手を銃身の熱から保護する役目もあります
防塵蓋
排莢口から薬室へのゴミや埃の侵入を防ぎます。ボルトキャリアが後退すると、連動して開きます

写真/コルト・ファイアアームズ

M16&M4

M4カービンの各部名称と解説（内部）

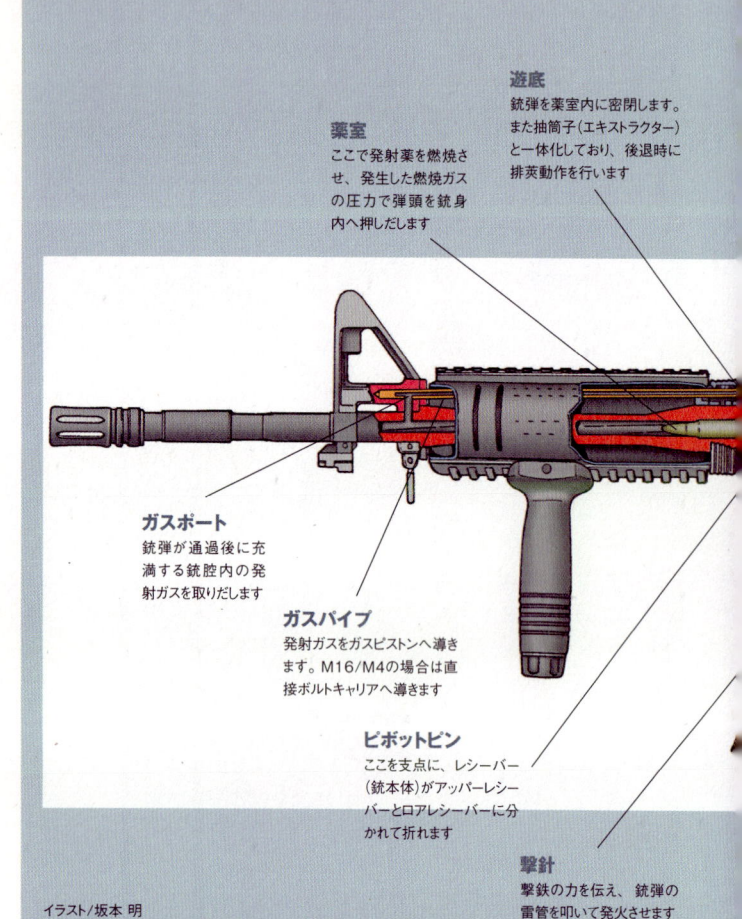

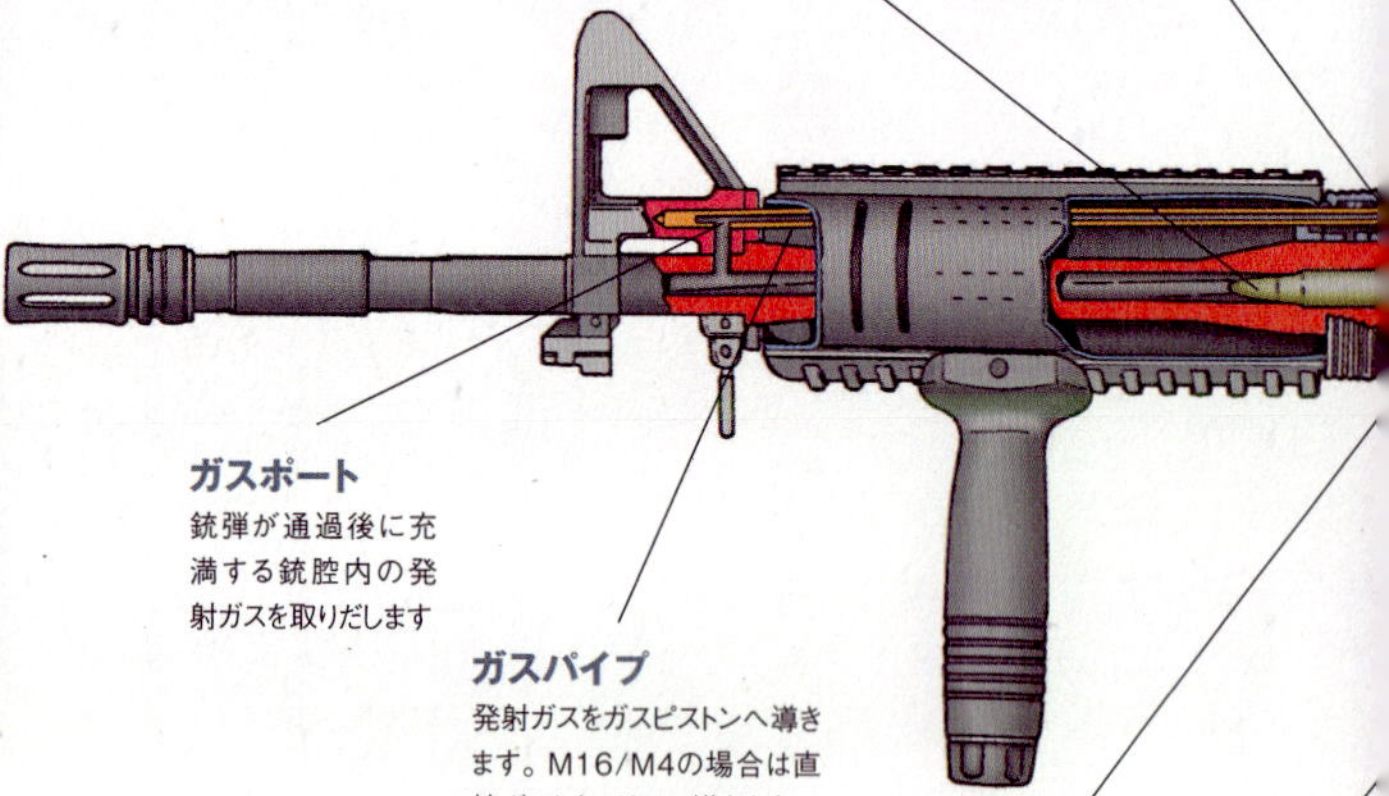

遊底

銃弾を薬室内に密閉します。また抽筒子（エキストラクター）と一体化しており、後退時に排莢動作を行います

薬室

ここで発射薬を燃焼させ、発生した燃焼ガスの圧力で弾頭を銃身内へ押しだします

ガスポート

銃弾が通過後に充満する銃腔内の発射ガスを取りだします

ガスパイプ

発射ガスをガスピストンへ導きます。M16/M4の場合は直接ボルトキャリアへ導きます

ピボットピン

ここを支点に、レシーバー（銃本体）がアッパーレシーバーとロアレシーバーに分かれて折れます

撃針

撃鉄の力を伝え、銃弾の雷管を叩いて発火させます

イラスト/坂本 明

ボルトキャリア
一般的にはスライドと呼びます。ガスパイプから受けた燃焼ガスの力と復座ばねの復元力で、遊底といっしょに前後動します
カムピン
遊底とボルトキャリアを結合する部品で、ボルトキャリアがレシーバー内を往復する際には、溝をなぞるガイドとなります
バッファ・アッセンブリ
後退してきたボルトキャリアを受け、復座ばねでボルトキャリアを前進位置へ戻します
復座ばね
ボルトキャリアの反動を吸収します
テイクダウン・ピン
銃を分解する際、このピンをいちばん最初に抜きます
オートマチック・シアー
連射時には、ボルトキャリアが通過するたびに、撃鉄を起こす動作をします
トリガー・シアー
ばねで力のかかった状態の撃鉄を固定します
撃鉄
ばねの力で撃針を叩きます
ディスコネクト・シアー
引金と撃鉄の間に入って、撃鉄が落ちないように固定します
M16&M4

1-07 基本用語解説
～知っていれば理解が早まる

M16/M4のような現代銃の用語については適切な訳語が少なく、そのままカタカナで表記していることが多々あります。ここでは本書を読むにあたって必要な基本用語を説明します。

インチ…英米系の長さの単位で、口径や銃身の長さを表すときに多用する。口径では5.56mm弾を.223弾というように、小数点以下の2桁、もしくは3桁を使って表す。1インチ＝25.4mm。

オプティクス…光学系の機器のことで、もっぱら照準器を指す。

グルーピング…同一の銃から発射された数発～十数発の弾着のまとまり。バラつきが小さければ命中精度が高いことを表す。

グレイン…1/7000ポンドで0.00648g。弾頭重量を表すときに使う。

ジャーク…引金を引くときに力を入れすぎ、その力で銃自体を動かしてしまうこと。ジャーキング、ガク引きともいう。

ジャム…一般に装弾不良全般を指す俗語。遊底と排莢口の隙間に空薬莢が挟まれてしまうジャム、薬室内に弾が複数入ってしまうダブルフィード、銃身内に空薬莢がはまってしまうスタックがある。

単射（セミオート）…引金を引くと1発だけ発射される。引金を引くだけで撃てる拳銃のダブルアクションに相当。

ゼロイン…日本語では同期調整、零点規正という。想定する交戦距離に弾道を合わせ、照準を調整する。

3発連射…引金を引き続けても3発発射すると連射が止まる。3発点射、3点バーストともいう。

発射速度…銃口からでた銃弾の速さを指す場合と、連射の早さを指す場合の2通りがある。本書では前者を銃口初速と呼ぶことにし、もっぱら後者の意味で使うことにする。

バリスティック…弾道のこと。弾は山なりの軌道で飛ぶので、想定距離の手前にある目標を狙うと、狙いより上方に当たる。

フリンチ…撃つときの反動に体が事前に反応してしまい、銃を下に抑え込んでしまう動き。フリンチングともいう。

連射（フルオート）…引金を引いている間、弾が発射され続ける。

マッチ…muchではなくmatch。競技、もしくは競技用につくられたものを指す。汎用品に比べ、高品質でばらつきが少ない。

マルファンクション…ジャムも含めた故障全般を指す言葉。

ヤード…英米系の長さの単位で、もっぱら射距離を表すときに使う。1ヤード＝0.9144m。

リコイル…弾や発射ガスの運動エネルギーに対して射手が受ける反動。後方と同時に、銃口を跳ね上げる方向にも働く。

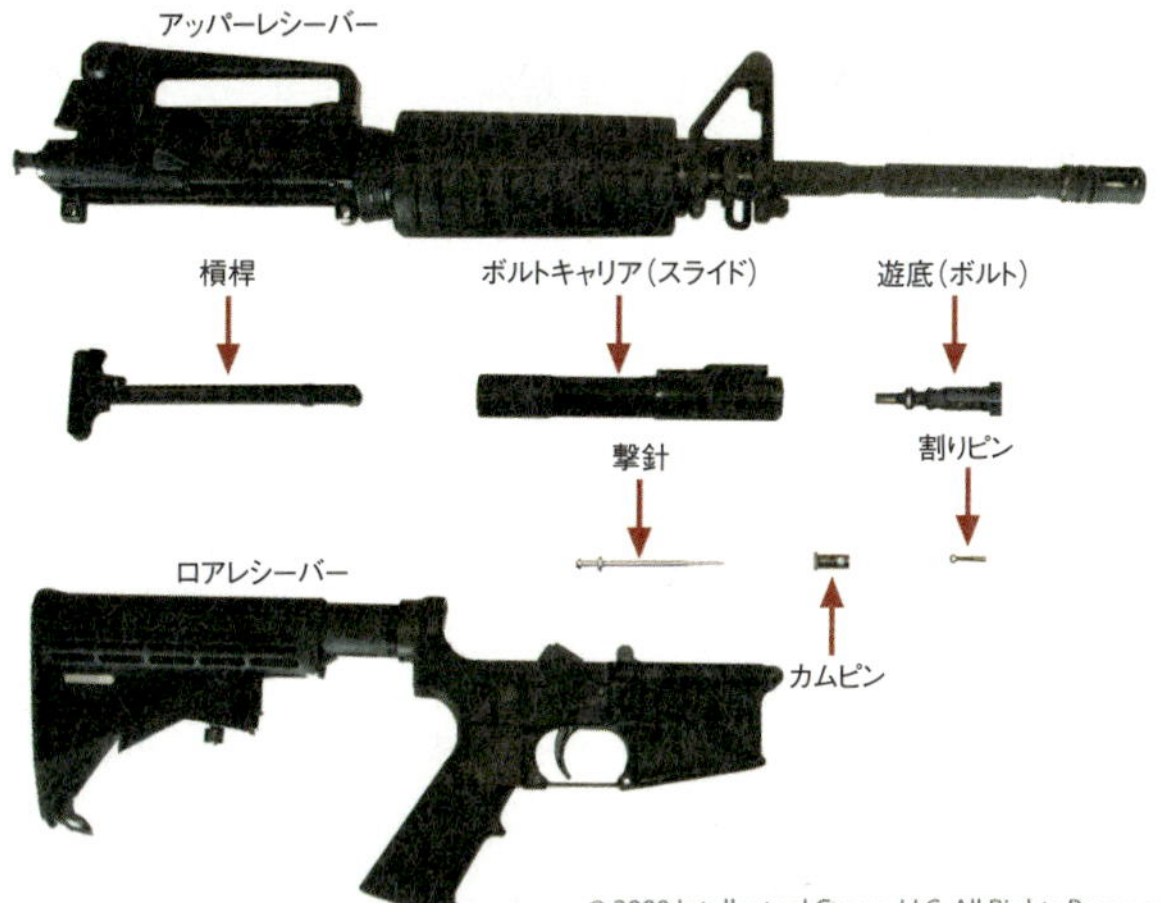

通常分解したM4。一般兵士の行う整備はここまで。これ以上の分解は武器係の資格が必要
写真/インテレクチュアルグループ

●●● 1-08 弾がでるまで ～1発撃つたびにこれだけの部品が動く

連射のしくみに入る前に、**ボルトアクション式ライフル**で単射での発射のしくみを見てみましょう。この方式は歩兵銃の世界ではすっかり姿を消しましたが、狙撃銃・猟銃の分野ではいまだ主流です。

ボルトアクションはその名のとおり、遊底（ボルト）についたハンドルを射手が動かすことで装填と排莢を行います。プロセスとしては、

1. 弾倉からばねで上げられた銃弾を遊底で薬室内に押し込む
2. 遊底を回して密閉
3. 引金を引くと、撃鉄が遊底の尾部を叩いて、遊底内を貫通する撃針で銃弾が発火し、弾丸が発射される
4. 遊底先端に仕込まれた爪＝抽筒子（エキストラクター）で空薬莢をつかんで引きだし、弾倉からせり上がった次弾で押しだす

（1. に戻る）

ボルトアクションは単射でしか撃てませんが、遊底の移動距離やボルトハンドルの操作性を注意深く設計すれば、手動であっても発射速度を速くできるので、**第二次世界大戦まで歩兵銃の主流**だったこともうなずけます。

また単純で整備・管理が容易なうえに、銃身にガスを導くための穴（ガスポート）を開けたり、ガスピストンのように連射のために動く部分がないので、射撃精度の高い銃をつくれます。このため**遠距離射撃での精度を求められる狙撃銃や猟銃にボルトアクション式が用いられます**。

ボルトアクションのしくみ

ボルトアクション銃のボルトは簡単に抜き取ることができる。ボルトを抜いてしまえば間違いは起こりようもなく安全だ

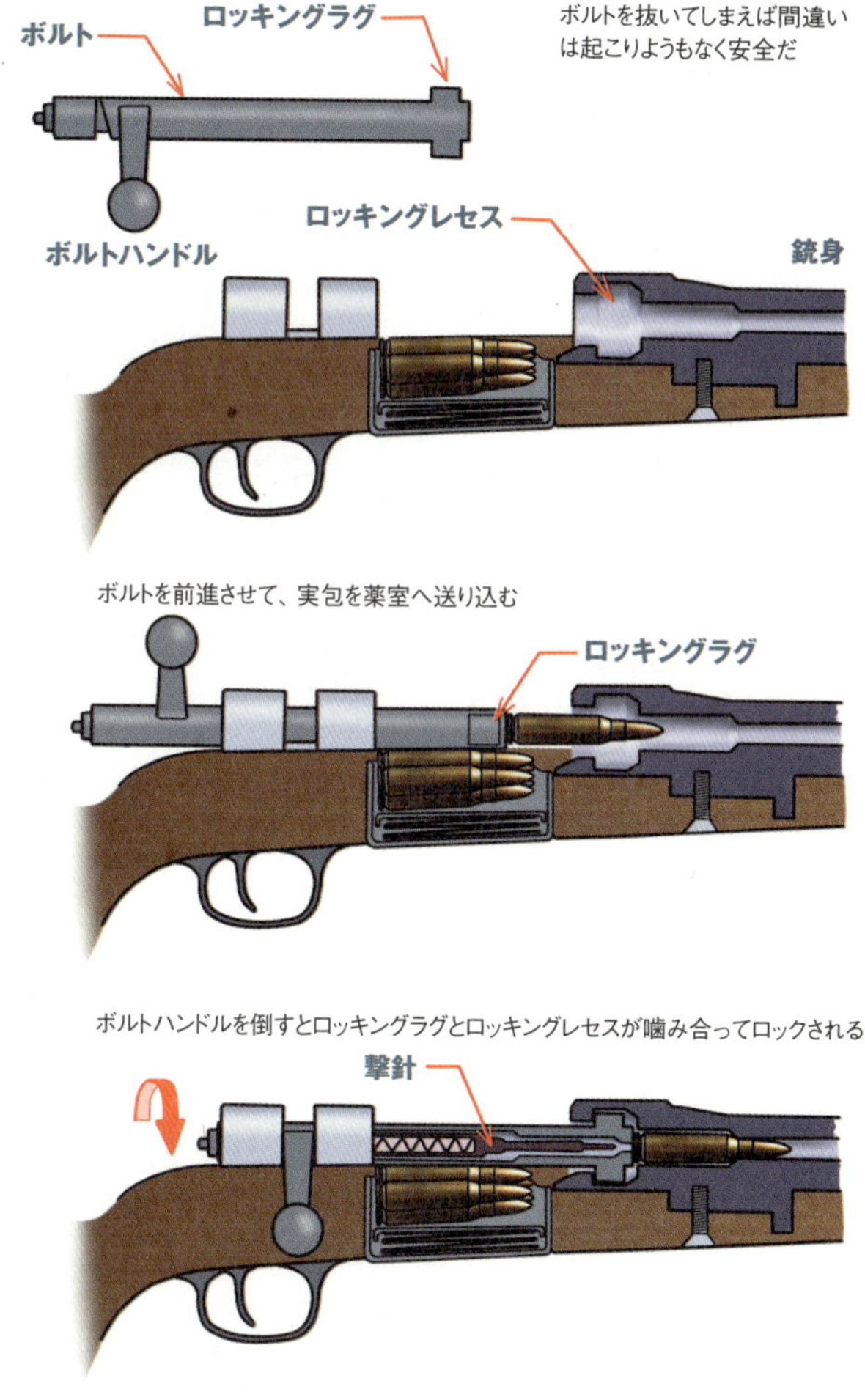

イラスト/青井邦夫

●●● 1-09 どうやって連射する？
〜発射の反動とばねの復原力を利用

前項で装填と排莢のしくみを解説しましたが、これを外部動力なしで連続して行えば機関銃になります。ではその動力はどこから取ればいいのでしょう？　銃の中で**もっとも大きなエネルギーが生まれている銃弾の発射から取りだすのがいちばん自然**です。次ページにて連射機構としてはもっとも単純な**オープンボルト**（**シンプル・ブローバック**）で連射のプロセスを説明します。

オープンボルトの場合、多くは銃弾の雷管部分を叩く撃針が遊底についており、遊底は撃針を叩く撃鉄も兼ねています。右ページイラストのように、発射した弾丸（と発射ガス）の反動とばねの復原力を使えば、連射は比較的簡単に実現できます。しかし発射ガスの圧力で直接作動するので、オープンボルトは遊底の重量と発射薬から生まれる反動のバランスが重要となり、弾薬の変更がききません。また、大きく重い遊底が前後に激しく動作するので、正確な射撃は望めません。

同じく反動を利用する方式として、名銃ブローニングM2重機関銃に使われている**ショートリコイル**があります。オープンボルトとは対照的に、発射前の状態はあらかじめ遊底を前進させて銃弾を薬室に押し込んで閉鎖しているので、クローズドボルトともいいます。撃針が別体となっていることが多く、弾丸の反動を受けて後退するのは遊底だけでなく、銃身も途中まで一体となって後退するなど違いはありますが、排莢・装填のプロセスは似たようなものです。ショートリコイルは射撃精度は高いのですが、遊底が重くなって、設計の最適化に難があるのはオープンボルトと変わりません。

オープンボルト

引金を引く前、ボルトは後退位置にある

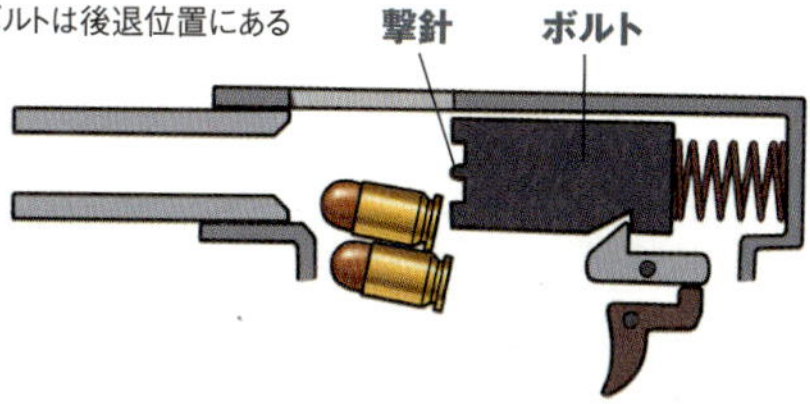

引金を引くとボルトはばねの力で前進し、
弾倉から弾を押しだす

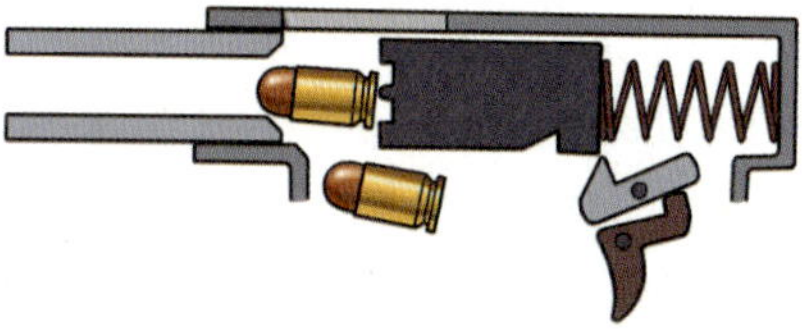

ボルトが前進しきったところで、ボルトにつ
くりつけの撃針が雷管を叩いて発射する

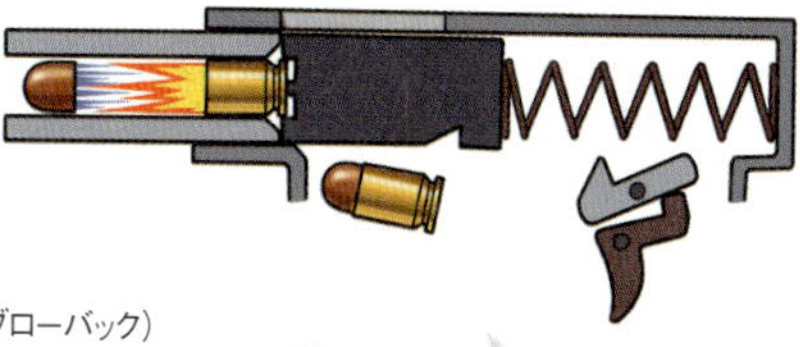

ボルトが後退（ブローバック）
して空薬莢が飛びだす

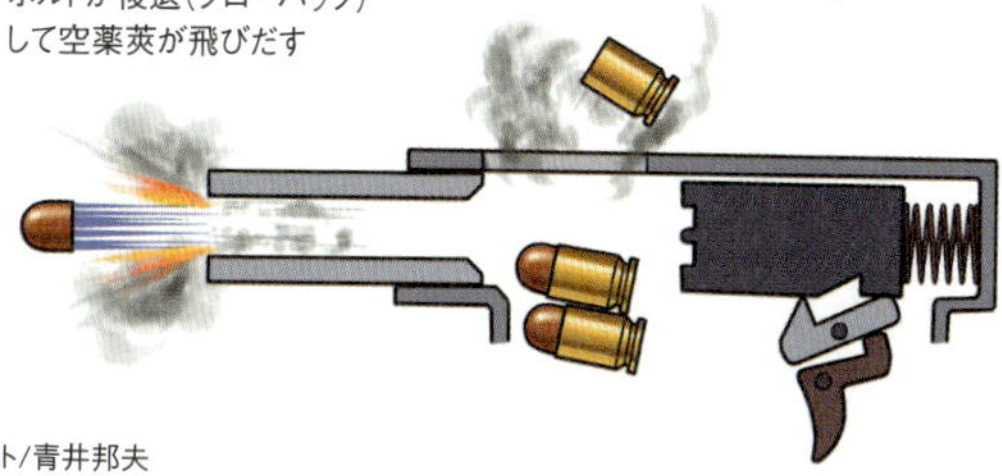

イラスト/青井邦夫

1-10 ガスピストン式の作動機構
～発射時のガスの力でピストンを動かす

次は、現在主流のガス圧作動式による連続装填・排莢プロセスを見てみましょう。右ページのイラストは**ロングストローク・ガスピストン式**、遊底（ボルト）は**落ち込み閉鎖式**のものです。なおこの項では、遊底とスライド（ボルトキャリア）のまとまりをボルトグループと呼んでいます。

ガスピストン式は前項で説明した反動利用式に比べて構造が複雑になりますが、動作部分を小さく軽くつくれ、射撃精度を高められます。また取り込むガス量を規制子（ガスレギュレーター）で調整すれば、作動する圧力を調整できるので、反動利用式で常につきまとっていた銃弾と遊底の最適化の問題も解決できます。

なお、ソ連のAK-47ライフルには規制子はついていませんが、AKの場合は重いボルトグループを大量のガスで動かす信頼性重視の設計なので、多少のガス量の違いは関係ないとしており、部品点数を減らすことによる信頼性の向上とコストダウンのためにつけていません。

同じガスピストン式でも、ピストンでスライドを最後まで駆動するのではなく、ピストンの作動距離を短く取って、ピストンが叩きつけられたあとは勢い（慣性）でボルトグループを動かす**ショートストローク・ガスピストン式**もあります。ロングストローク・ガスピストンに比べ、ボルトグループを小さくできるので、作動時に前後する質量が小さくなり、発生するモーメント（振動）も抑えることができ、射撃精度を高められます。一方でボルトグループが軽いぶん、作動自体の安定性が失われるので、信頼性の確保に注意を要します。

ロングストローク・ガスピストン、落ち込み閉鎖式の例

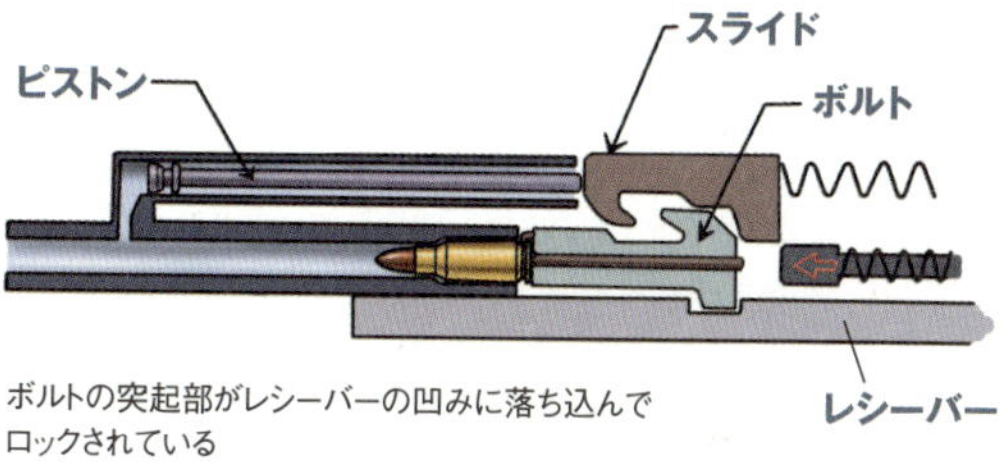

ボルトの突起部がレシーバーの凹みに落ち込んで
ロックされている

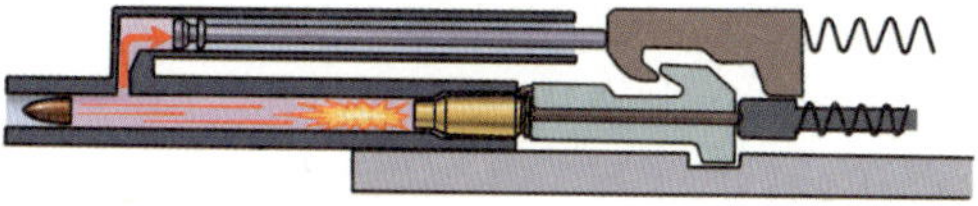

火薬の燃焼ガスがピストンを押し、スライドが動き始める

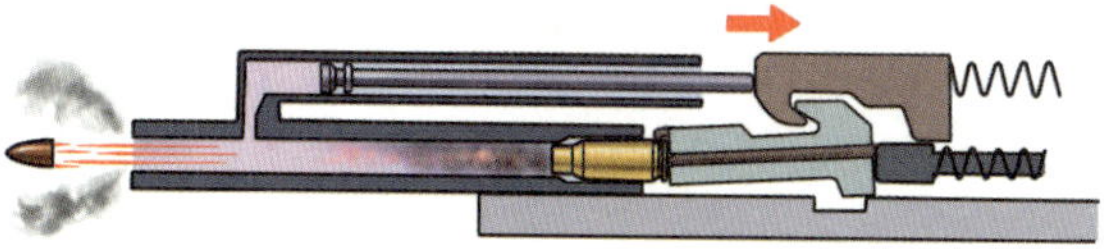

弾丸が銃身を離れたころに、スライドがボルトをすくい上げて
ロックを解除する

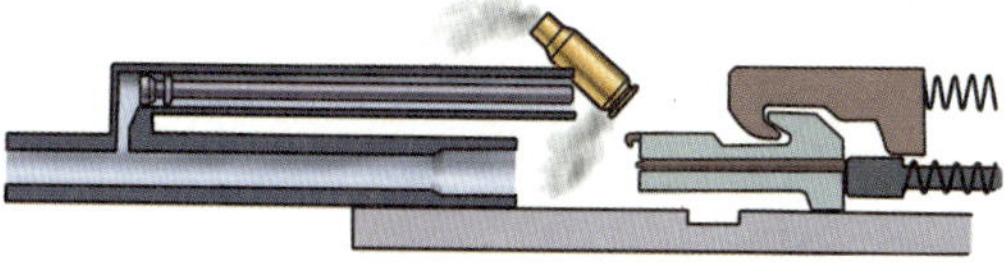

空薬莢が放りだされ、ボルトとスライドはふたたび前進しようとする

イラスト/青井邦夫

1-11 リュングマン式（ガス直接吹き付け式）の作動機構 〜疑似ガスピストンでシンプルな構造

M16/M4が採用している作動方式で、最初にこの方式を採用したスウェーデンのメーカー名から取られていますが、世界的には**ガス直接吹き付け式**(direct impingement)の名が一般的な呼び方です。前項で説明したガスピストン式のピストンとシリンダーを廃しており、言葉どおりにとれば、ガスポートから導かれた発射ガスを勢いよく吹きつけることで、ボルトグループを動かしているように思えます。しかし**M16とM4ではガスピストンに相当する機能を遊底（ボルト）とボルトキャリアの巧妙な組み合わせによって実現**しており、作動プロセスは以下のようになります。

1. 発射ガスはボルトキャリア上部に設けられたボルトキャリア・キーを通って、遊底後部をピストン、ボルトキャリアに設けられた凹みをチューブとする疑似シリンダーに導かれる
2. 疑似シリンダー内の圧力が上昇することにより、遊底が回転し、そこで得られた慣性によりボルトキャリアが後退
3. 後退したあとは、ボルトキャリア上部に設けられたガス・キーとガスチューブの隙間から余剰ガスを排出
4. 以降はガスピストンと同じ装填・排莢プロセスで作動

ガス流量を調整する必要がないので規制子はついていません。ガスピストン式に比べ、部品点数が少なく、銃全体を軽くつくることができるので、製造コストの低減を図れます。また射撃時に動作するのはボルトグループのみなので、振動が小さくなり、射撃精度を高くできます。一方、高温高圧の発射ガスを直接使うのでガスにさらされる部分の寿命が短くなり、燃えカスの付着による作動不良といった問題もあります。

M16のボルトグループ

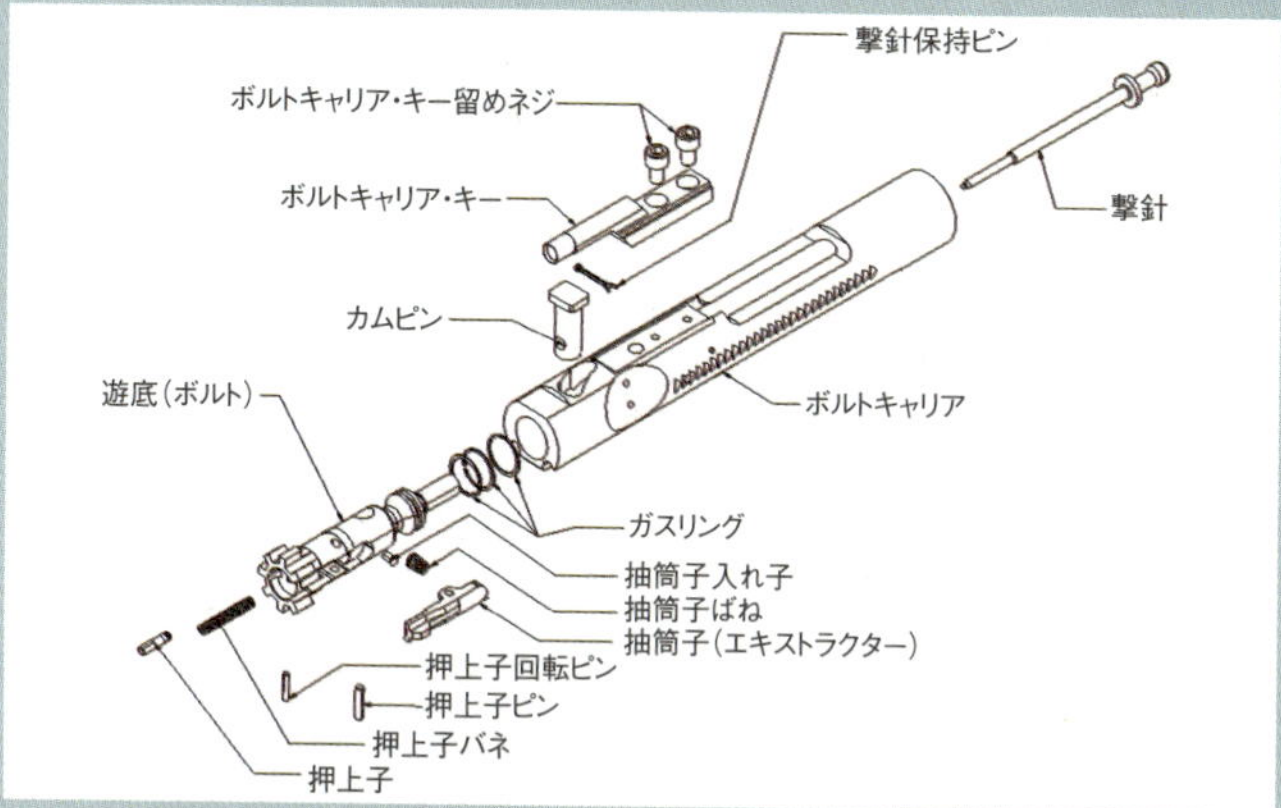

リュングマン式（ガス直接吹き付け式）の作動プロセス

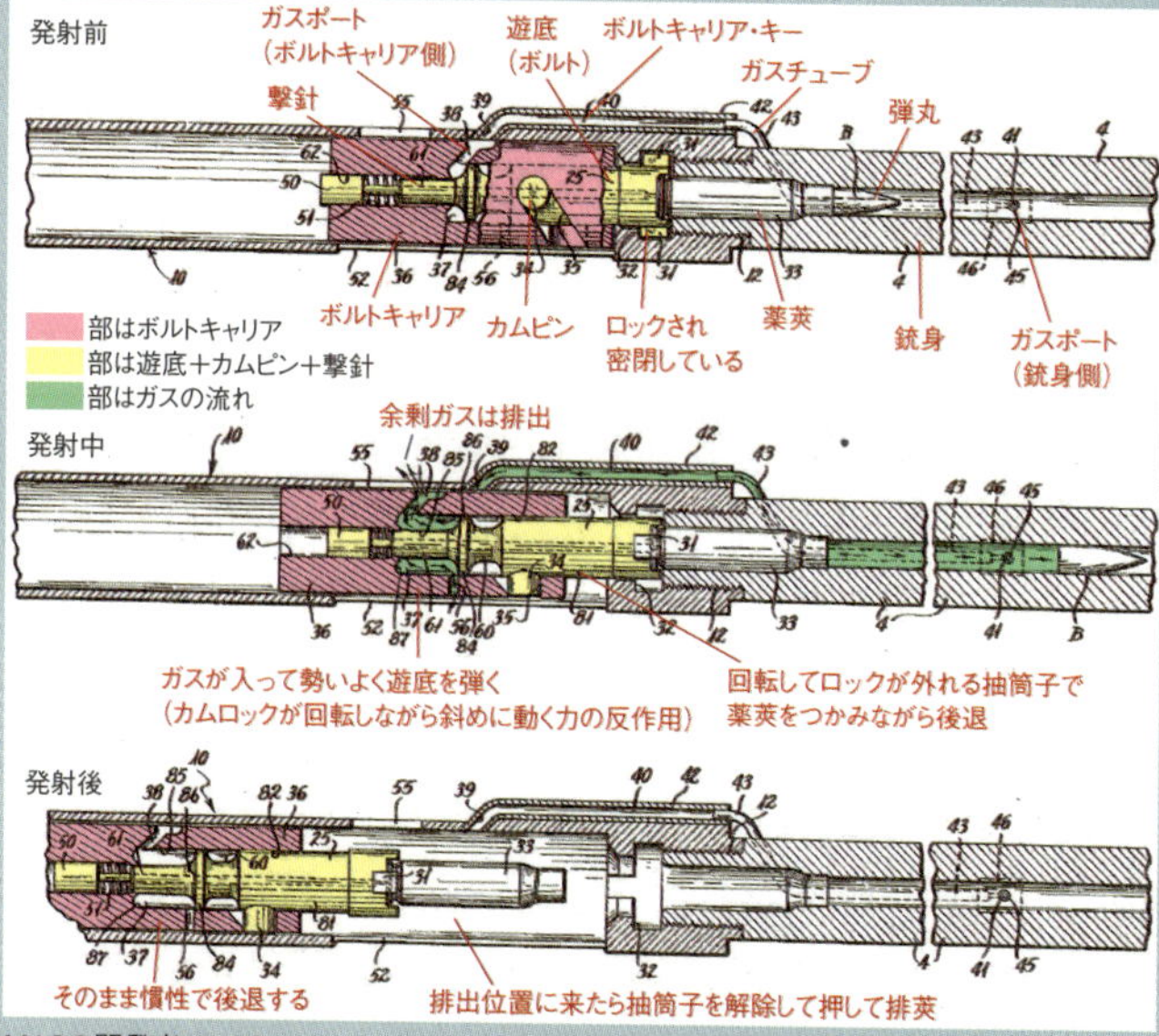

M16の開発者ユージン・ストーナーが米国で取得した特許2951424より。実際はボルトキャリア・キーはボルトキャリアに固定されていて、後退時にガスチューブと切り離される

出典/U.S.Patent 2951424

1-12 ブルパップ式の作動機構 ～銃身長が短くても威力はそのまま

世界各国の兵士を見ていると妙に寸詰まりな銃があります。これらは**ブルパップ式**の銃です。機関部を銃床の中に設け、引金を延長ロッドで前方へ延伸し、銃全体の全長を短くしています。

最初のブルパップ式の銃が登場したのは1901年で、イギリスの銃工ジェームス・ソーニクロフトがリー・エンフィールド・ボルトアクションライフルを改造したソーニクロフト・カービンが最初とされています。これはもとの銃より191mm短く、10％軽いものでしたが、撃つたびに銃床部に移ったボルトレバーを引くボルトアクション・ライフルではブルパップ式の利点があまり生かされず、その後続くものはありませんでした。

本格的に注目されるようになったのは1970年代後半になってからで、歩兵が乗り込む天井の低い装甲兵員輸送車への乗り降りや車内での取り回しを向上させるためでした。

ブルパップ式の最大の特徴は**銃身長を変えずに全長を短くできる点**です。また銃床と機関部を一体化することで軽量化が図れ、重い機関部を肩寄りに配するので、**射撃時の操作性が高い**のも利点です。しかし短くなったために射手が覗き込む照門の位置が極端に前寄りになってしまい、照準の精度がだせません。また射手が頬を当てる部分に機関部が内蔵されているので、射手に対する騒音や硝煙の対策も必要です。

いまでは装甲兵員輸送車に乗るような機会はほぼなくなり、一方で防弾チョッキを着用することにより、銃床の長さを調整することが求められるようになったので、ブルパップ式アサルト・ライフルは思ったほど普及しませんでした。

米陸軍の装甲兵員輸送車M2ブラッドレーの兵員乗車区画の内部。座れば天井がギリギリで、対面して座ると膝を突き合わせるような狭さなのがわかる
写真/米国防総省

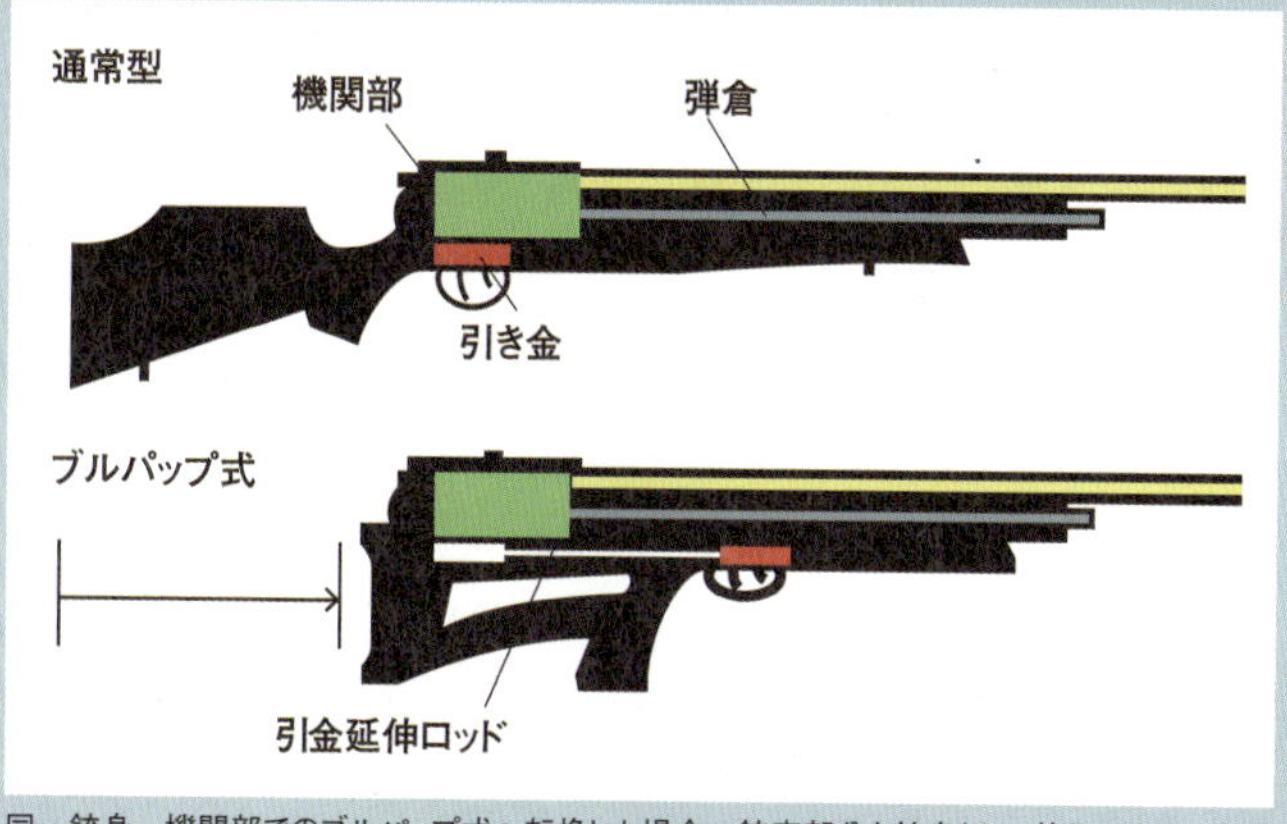

同一銃身、機関部でのブルパップ式へ転換した場合、銃床部分も銃身として使えるので、全長を短くできる。イラストはポンプアクション（スライドアクション）の銃の転換例

●●● 1-13 個人携行火器における口径と特徴
～時代によって変わるニーズ

そもそもなぜ銃を使うのでしょう？　陸戦における死傷者の8割は砲爆撃によるものです。しかし殺傷範囲が広く、敵味方関係なく吹っ飛ばしてしまうので、最後の掃討には火砲や航空機による攻撃を使えません。銃火器は**敵味方・民間人を区別**し、**施設、建物への被害を最小限**にしながら、掃討を行えます。

銃弾は大きく、重いほど、弾速の減少が少なく、遠くに飛び、威力が増しますが、そのぶん撃ちだす銃も大きくなり、もてる弾数もかぎられてしまいます。また使う銃弾の種類は少ないほど、装備の調達や補充が楽になりますが、対応できる状況の幅が狭くなってしまいます。これらの条件から、歩兵の扱う火器は2、3種類の口径でそろえ、射程や使う目的に合わせて銃を変えるのが現在の主流となっています。

米陸軍の場合、M16を採用した段階では5.56mmと12.7mmの二枚看板で進めていましたが、市街戦が主となったイラク戦争、山岳戦が主となったアフガニスタン紛争の戦訓から、歩兵の戦闘に必要な火器の射程を2,400mとし、**0～400mの市街戦を含む一般的な野戦を5.56mm弾、400～800mの山岳戦を含む一般的な野戦と狙撃を7.62mm弾、1,500mまでの対空射撃や狙撃を12.7mm弾**に割り振っています。一方、ボディアーマーの普及で威力不足と認識され始めた5.56mm弾と、弾道特性はよいが反動が強すぎる7.62mm弾のギャップを埋める6.8mm弾や、射程は長いが弾着の正確さに欠ける12.7mm弾を補うために.338ラプアマグナムなどの使用が提案されていますが、複雑になる補給を上回るほどの利点は見いだせていません。

狙撃銃の交戦距離と撒布界

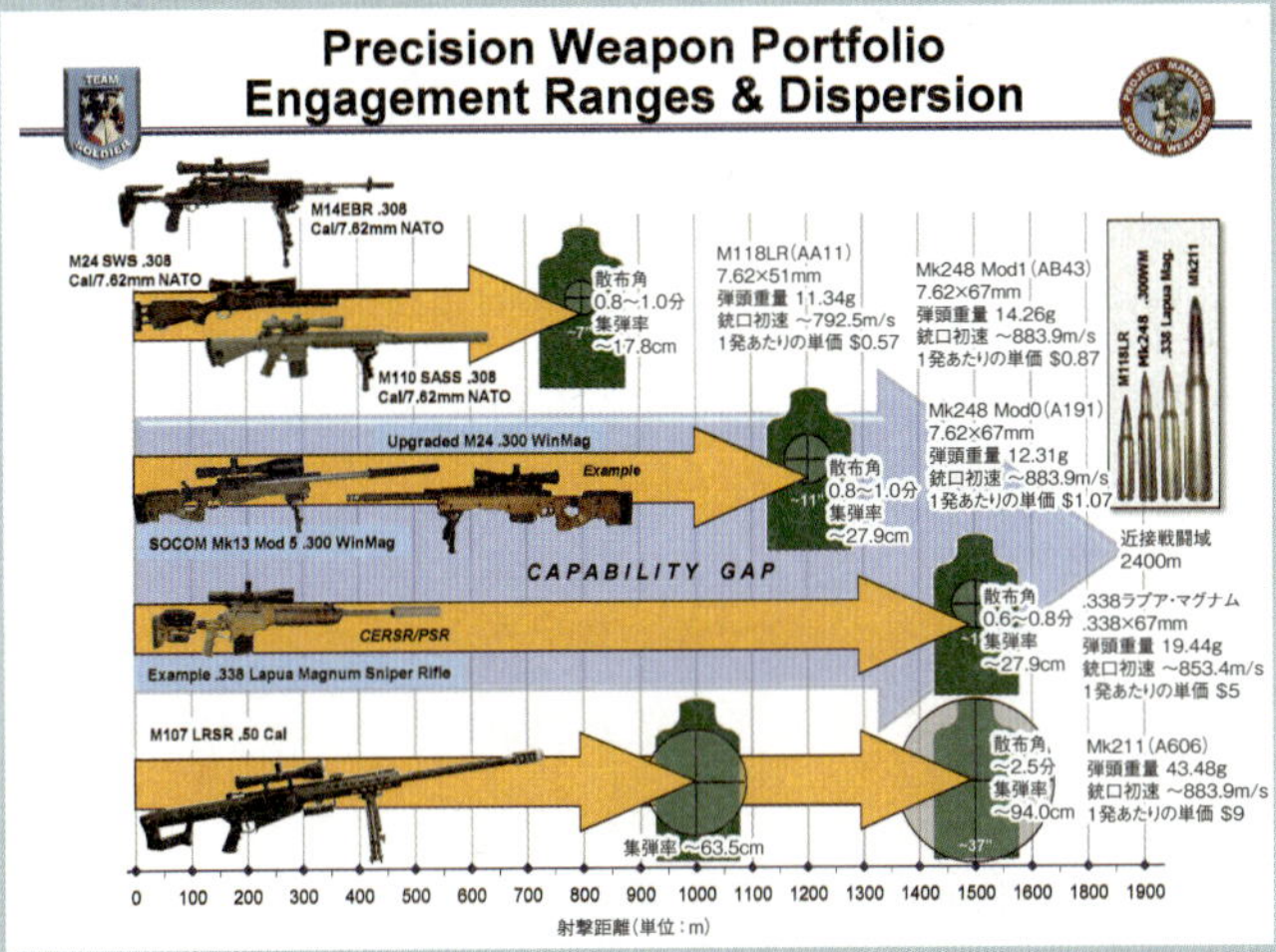

この図には載っていないが、M855 5.56mm弾をM16A2から撃った場合、射撃距離は600m（連射では400m）まで、銃口初速944.9m/s、散布角は2分＋　イラスト/米陸軍

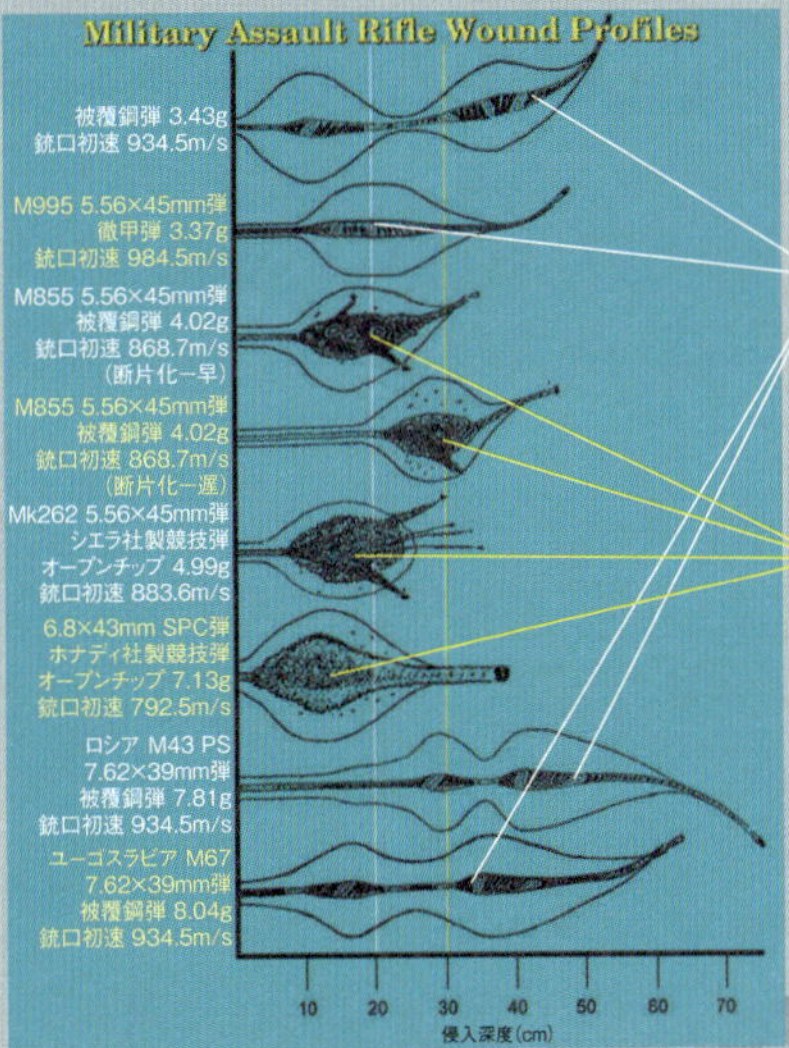

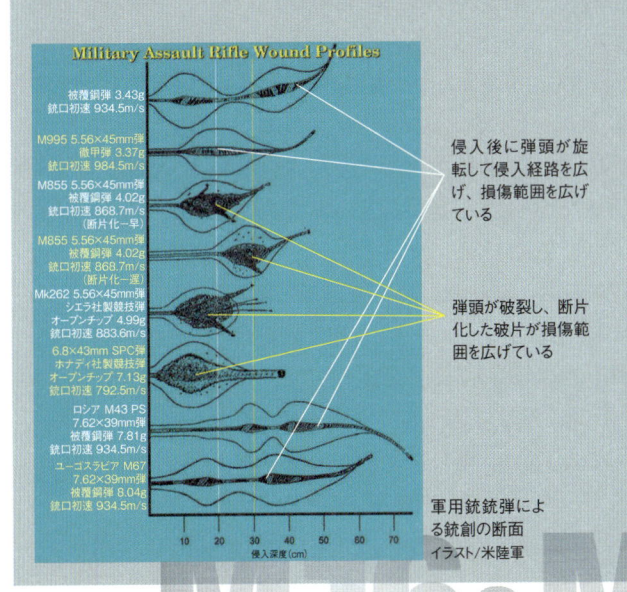

軍用銃銃弾による銃創の断面
イラスト/米陸軍

M16&M4

1-14 銃弾のバリエーション
～用途によって使い分ける

銃弾は口径が小さいので、大砲の砲弾のような信管や炸薬といった仕掛けを内蔵できません。それでも解析手法が進み、飛翔中の弾道や体内に入ってからの弾頭の挙動がわかるようになり、さまざまな種類の銃弾がつくられています。

・**被覆鋼弾**…フルメタル・ジャケットともいい、軍用銃での主力弾薬となります。鉛や鉄の弾芯を真鍮で覆っています。

・**オープンチップ弾**…弾頭の先端が真鍮で覆われていない銃弾。ソフトポイントともいいます。体内に突入すると先端部から激しく潰れ、損傷範囲を広げます。損傷の激しいダムダム弾はハーグ陸戦条約で禁止されていますが、それ以外の弾はグレーゾーンに入り、使用の可否は各国政府の判断によります。

・**曳光弾**…トレーサーともいい、撃つと弾頭の後部に仕込まれた火薬（曳光剤）が発火して、弾道が見えるようになります。撃つ弾の中に混ぜて、弾道や撃った先を確認します。

・**徹甲弾**…徹甲と書きますが、この場合の装甲はヘルメットや防弾ベストを指します。鉛の弾芯の中に尖頭化した鉄製の弾芯を仕込んで、貫通力を上げています。

・**模擬弾**…雷管・装薬がなく、慣熟訓練に使います。

・**空包弾**…弾頭がなく、訓練、礼砲に使います。ガス作動式の銃では撃つ際に銃口をふさぐ必要があります。

・**短射程訓練弾**…フランジブル弾ともいいます。弾頭は金属粉末を固めたもので、人体には損傷を与えますが、硬いものに着弾すれば粉々に砕けます。屋内戦闘の訓練などに使われます。

・**減装弾**…射撃時の反動を減らすために発射薬を減らした銃弾。

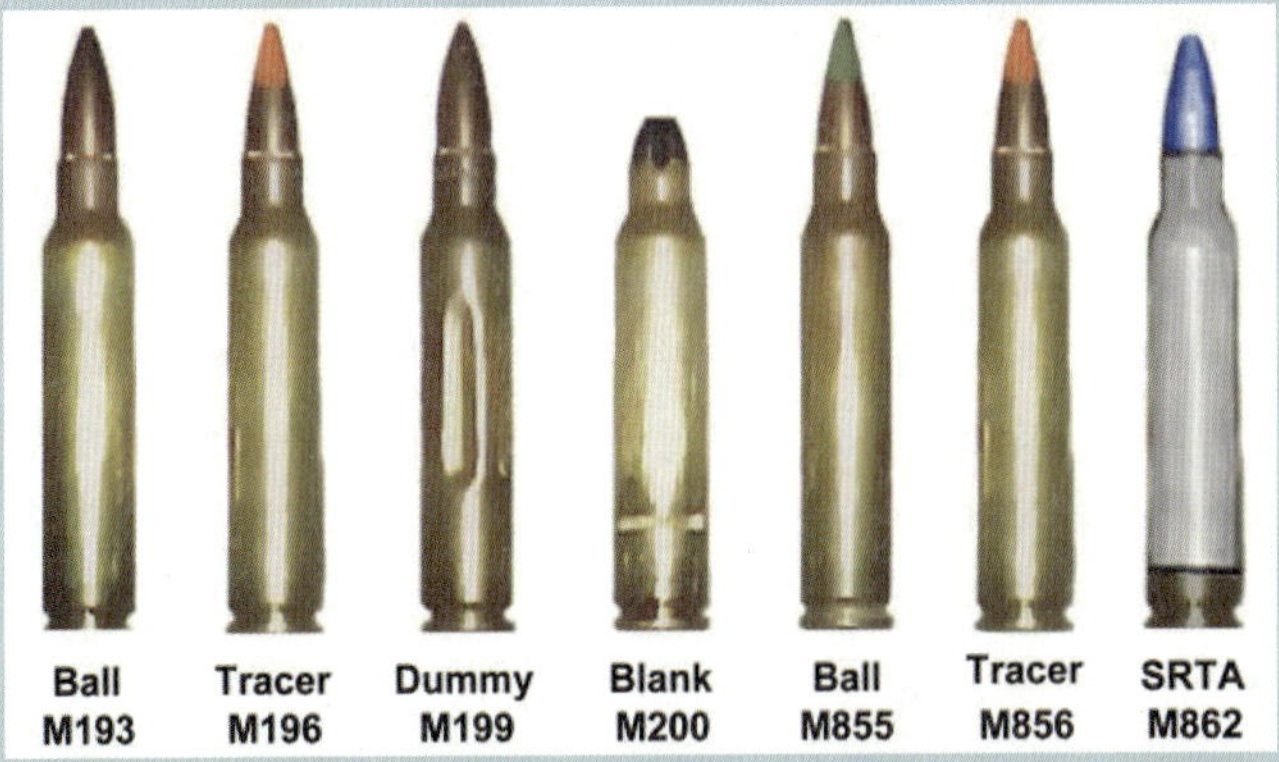

5.56×45mm NATO弾の種類。左からM193被覆鋼弾、M196曳光弾、M199模擬弾、M200空包弾、M855被覆鋼弾、M856曳光弾、M862短射程訓練弾
写真/米陸軍

M249分隊支援火器で夜間射撃訓練を行う米陸軍兵。曳光弾により弾道を見ることができる。M16/M4では普通弾5発のあとに、曳光弾を1発装填する
写真/米国防総省

1-15 5.56×45mm弾 〜進化し続ける小口径高速弾

現在、世界で使われるアサルト・ライフルの小口径の弾頭を高速で撃ちだす潮流をつくった銃弾です。民間市場では.223レミントン弾とも呼ばれます。弾頭は後ろに重い鉛を配して重心を後ろ寄りにすることで、体内に突入したあと、弾頭の姿勢が大きく変化するようになっており、ダメージを広げるようになっています。また十分な速度をもって当たれば、突入の際の衝撃で弾頭が破裂し、さらに効果が高まります。

5.56mm弾は大きく2世代に分かれ、1961年に米空軍で採用された**5.56×45mm弾・M193系列**と、ファブリック・ナショナル社（ベルギー）で開発した銃弾を、1977年に北大西洋条約機構（NATO）が採用した**5.56×45mm NATO弾**（NATO制式名・**SS109**、米軍制式名・**M855**）に分かれます。両者の間で実包そのものの大きさ、形状はまったく変わりませんが、NATO弾では弾頭を大型化して、発射薬を増やし、有効射程の延伸を図っています。また先端を鋼鉄製にして貫通力を増し、内部に中空部をつくることで、高い破壊力ももたせています。なおM855規格の銃からはM193規格の弾を撃てますが、逆はできません。

近年のイラク戦争、アフガニスタン紛争では、狭い路地や家屋を舞台にした都市部の掃討作戦が多い一方、草木がなく見通しのよい砂漠や山岳での戦闘もあります。銃身を短くして取り回しを向上させながらも、長射程での威力向上も要求されているため、**初速が低下しても威力を発揮できる銃弾**として、**弾頭を重くした銃弾**——M855A1、Mk262 Mod0/1などが次々と開発、採用されています。

M855A1被覆鋼弾。2010年6月より導入された新型銃弾。先端が茶色に塗られているのでブラウンチップと呼ばれる。弾頭の重量バランスを見直すことで、弾道特性と貫通力の向上を図っている

写真/米陸軍

5.56mmオープンチップ競技弾(OTM)による銃創断面の比較

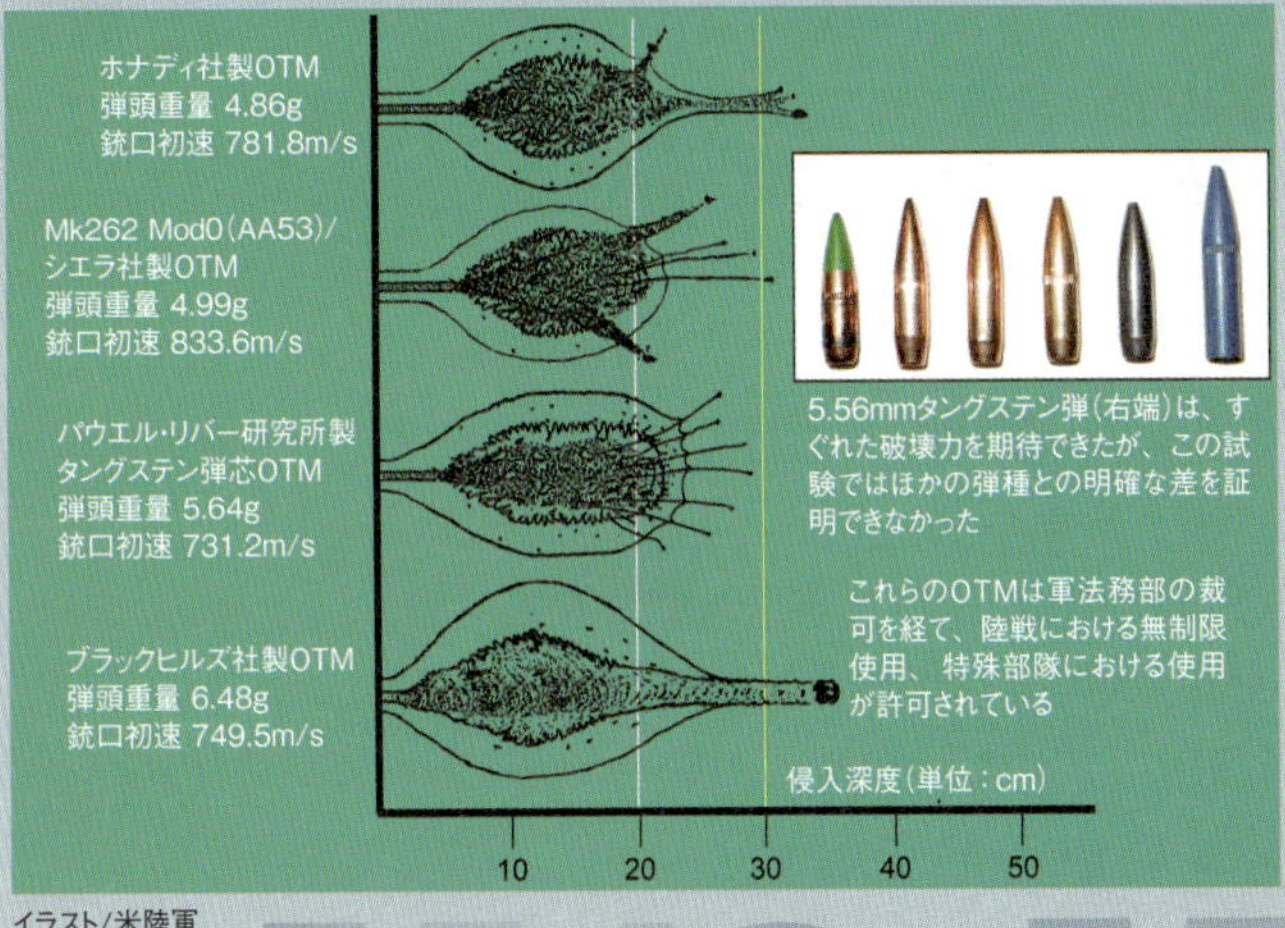

イラスト/米陸軍

1-16 7.62×51mm NATO弾 〜射程の増大で再評価されている

5.56×45mm弾の前に主力だった弾薬です。**民間市場では.308ウィンチェスター弾**とも呼ばれます。第二次世界大戦を.30-06スプリングフィールド弾で戦い抜いた米国は戦後、これに代わる銃弾を模索します。当時、米国での採用は欧州で同盟を組むNATO各国の銃弾を決めることを意味しました。米国は1952年、.30-06弾を小改良したにすぎないT65弾を採用し、これが2年後、**7.62×51mm NATO弾**となりました。この銃弾はドイツの7.92×33mm弾のような戦場での経験をもとに決められたわけではなく、1932年に陸軍がライフルの口径を0.3インチ(7.62mm)にする決定をなぞっただけで、まったく進歩のない銃弾の採用にNATO各国は失望の色を隠せませんでした。各国はこの弾薬を使うライフルを開発・採用しますが、反動がきつく、連射すると銃口の跳ね上がりを抑えられない銃しか開発できず、日本やスペインでは発射薬を10%ほど減らした減装弾を使用するライフルを採用するほどでした。

この失敗を米国は、1964年8月より本格介入し始めたベトナム戦争で思い知らされます。熱帯のジャングルの中ではまったく新しい概念でつくられたソ連製・中国製AK-47ライフルに対して火力、機動力での劣勢は隠しようがなく、1967年から5.56×45mm弾を使うM16ライフルを導入することとなります。以後、歩兵を支援する**機関銃、狙撃銃の弾薬**として使われ続けています。

近年、イラクやアフガニスタンの戦場では射程が増大する傾向があり、旧世代ライフルが小銃以上、狙撃銃未満の射程(300〜600m)を埋める**バトルライフル**として復活しています。

M118 7.62×51mm弾は、M40A1狙撃銃（スポーツライフル レミントンM700の海兵隊改修モデル）のために開発された軍用狙撃銃の専用弾薬。弾頭は被覆鋼弾で、重量11.21g（173グレイン）

写真/米海兵隊

M14ライフルを米国海軍特殊部隊（SEALs）の手で現代風に改修したのが強化型バトルライフル（EBR）こと、Mk14 Mod0。選抜射手および近接戦闘向けに開発され、2010年より投入されている。現在は同様の銃を陸軍、沿岸警備隊などが採用している

写真/米海兵隊

COLUMN-01

（5.56+7.62）÷2=6.8？

東西冷戦が終わり、頻発する地域紛争に世界各国の軍が介入するようになると、5.56mm弾の威力不足がクローズアップされるようになります。「防弾ベストを撃ち抜けない」「殺傷力が中途半端」「有効射程が足りない」という点です。これらを解決するため、7.62mm弾を使う小銃がバトルライフルとして復活しているのは、前項のとおりです。しかし隊内では2種類の銃をもたねばならなくなり、部隊の運用で汎用性や柔軟性が欠けてしまいます。

問題を解決する最良の手段は、口径を拡大した銃を統一して装備することです。2002年より米陸軍第5特殊部隊群を中心に、レミントン社の協力を得て、次世代弾薬の開発に取りかかりました。射撃時の反動はそこそこに、命中精度が高く、携行弾数もさほど減らない弾薬として、5.56mm弾と7.62mm弾の中間となる6.8mm特殊用途弾（SPC）が生まれました。6.8×43mm SPC弾の弾頭重量は5.56mm弾の1.5～2倍の7.13～7.78g（110～120グレイン）、銃口初速は15～20％減の760～785m/s、銃口エネルギーにして30％前後の強化となっています。

6.8mm弾を使った運用試験の結果は満足できるものでしたが、全米軍のライフルを交換する時間とコストは膨大であり、同様のことをNATO加盟国や日本にも要求するのは難しいとして、6.8mm弾への代替は見送られています。

5.56×45mm弾

6.8×43mm SPC弾

5.56×45mm弾と6.8×43mm SPC弾の比較。従来の装備、設備を流用できるように薬莢はわずかに太くなっているが、全長はほぼ同じとしている
写真/The38superdude

第**2**章

M16&M4の誕生と発展

いまやアサルト・ライフルの一大勢力となった
M16&M4の「生まれ」と「進化」をたどってみましょう。

M4A1カービンを構える海軍特殊部隊隊員

写真/米海軍

2-01 M16登場前夜 その①
～M14ライフル

第二次世界大戦において、参戦国のほとんどが単射のボルトアクションライフルを装備していたのに対し、米軍は先進的な半自動ライフル M1ガーランド（正式名称.30口径ライフルM1）を装備し、**歩兵戦での火力の優越を実現**していました。

大戦が終わると米陸軍も後継ライフルの開発に取りかかります。後継ライフルに求められたのは、**交換可能な弾倉をもち、連射ができること**でした。ここで最終候補に残ったのは、スプリングフィールド造兵廠製のT44と、T48ことベルギーのファブリック・ナショナル・ハースタル社のFALでした。T44はM1ガーランドの改良型で、威力はそのままに.30-06スプリングフィールド弾を切り詰めた.308ウィンチェスター弾（後の7.62×51mm NATO弾）を使います。一方のFALは7.62mmクルツ弾（7.62×33mm弾）や.280ブリティッシュ弾（7×43mm弾）といった、従来より小さい弾薬の使用を前提に開発したアサルト・ライフルでした。

設計概念が新しく、先に開発に着手していたFALがすぐれているのは明らかでしたが、1932年に当時の陸軍参謀長ダグラス・マッカーサー大将※がくだした裁定を盾に.308弾を使用弾薬に定め、これを前提に開発したT44が勝利し、M14ライフルとして1957年5月に制式採用されました。

M14は木製銃床が銃本体を包み込む古典的なデザインで、全長が長く、反動のきつい.308ウィンチェスター弾とあいまって、**前線で機動しながら短い連射を浴びせる近代歩兵戦には向かないライフル**となりました。この銃を装備して米国はベトナム戦争に介入します。

※ 第二次世界大戦後、連合国軍最高司令官総司令部（GHQ）の長として日本の占領政策を遂行した陸軍将官。最終階級は陸軍元帥。

M14ライフル。機動を重視する現代の歩兵戦には力不足だった　写真/スウェーデン陸軍博物館

■弾薬 7.62×51mm NATO弾　■銃身長 559mm　■装弾数 20発
■作動方式 ショートストローク・ガスピストン式、ロータリーボルト式閉鎖　■全長 1,118mm
■重量 4,500g　■発射速度 700〜750発/分　■銃口初速 850m/s
■有効射程 457m/800m（二脚使用時）

南ベトナム解放民族戦線のゲリラを求め、M14を抱えてカンボジア国境沿いの森の中を進む米陸軍兵。事実上、連射ができず、110cmを超える全長では、東南アジアの戦場にまったくふさわしくなかった
写真/米国防総省

2-02 M16登場前夜 その②
～特殊用途個人武器（SPIW）

1952年3月、米陸軍の弾道研究試験所がひとつの報告書を提出します。『歩兵ライフルの効果についての研究』と題されたこの報告書では、従来の軍用ライフル弾 .30-06弾（口径7.62mm）とスポーツ・狩猟向けの小口径ライフル弾 .220スイフト弾（口径5.59mm）を比べ、

・高初速ならスイフト弾でも30-06弾を上回る殺傷能力がある

・小口径弾なら弾薬も含むライフルの重量を抑えられる

・小口径弾なら連射時の反動が小さく、命中精度が向上する

とし、この報告書にもとづいて同年11月より、スプリングフィールド造兵廠、ウィンチェスター社、AAI社の3者が参加して、サルヴォ計画が始められます。この計画では散弾銃の12番実包（口径18.1mm）の中にダーツ状の弾頭（フレシェット）32発を収め発射する案、.22口径弾を縦列に収め一度に2発発射する案、3つの銃身からフレシェット弾を同時に3発発射する案などが試作され、最終的には単一のフレシェット弾を撃ちだす特殊用途個人武器（SPIW）となります。

当初はM14ライフルの後継として、後に将来型個人携行火器として、フューチャーライフル、近接戦闘火器システムと幾度か計画名を変えながら、フレシェット弾を使ったライフルの開発は継続しましたが、豪雨や横風に弱く、銃弾が高コストと従来型銃弾に勝る利点がないため、1990年4月に中止されました。結局フレシェット弾はモノになりませんでしたが、**かたくなに大口径弾を信奉していた陸軍に、小口径ライフルを考えるきっかけを与えた**といえます。

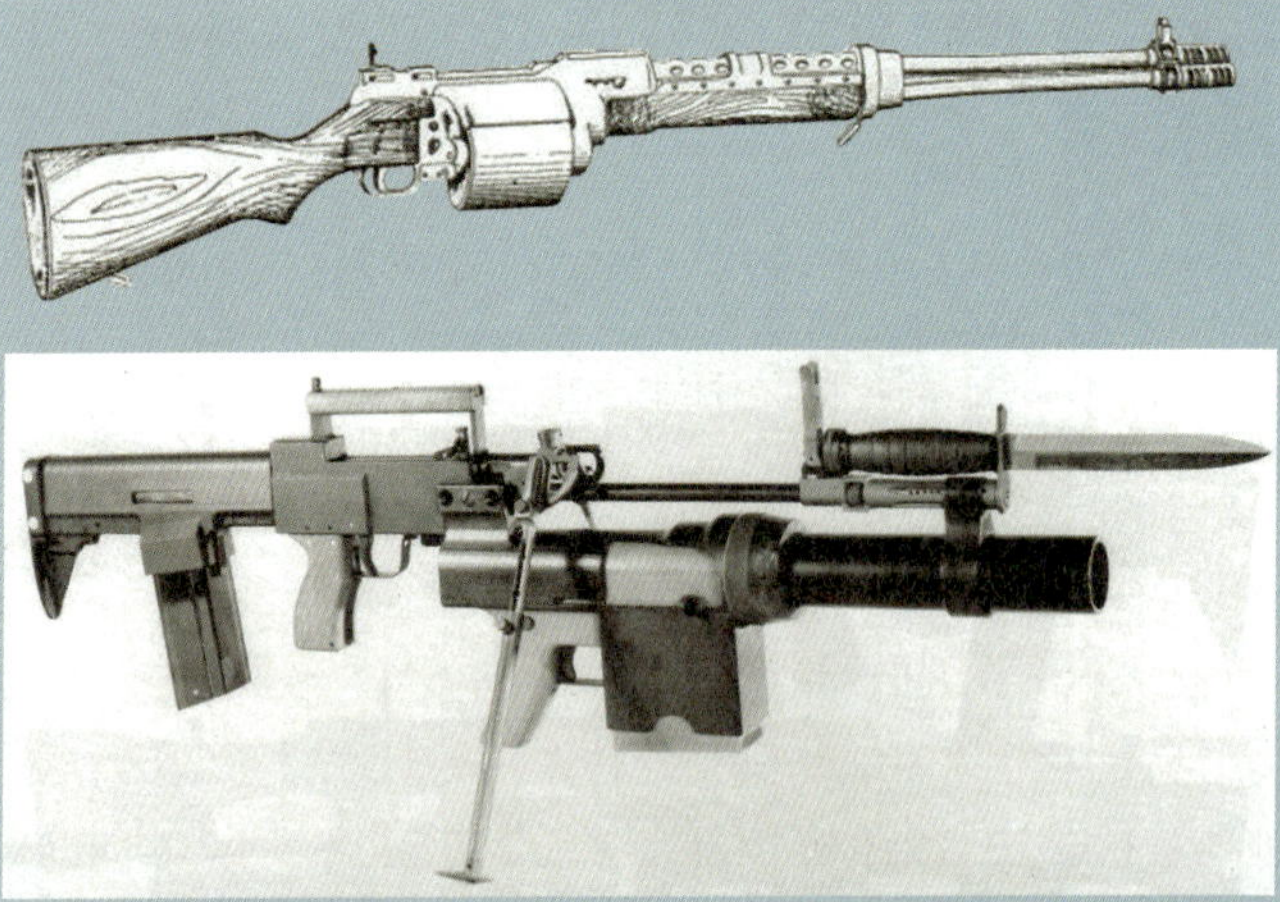

上はスプリングフィールド造兵廠がサルヴォ計画初期にだした3銃身銃案、下はニブリック計画になってからのSPIW。3発の弾倉を備える擲弾発射器もつくので、銃本体で7kg、運用時の重量は11kgになろうかという代物

イラスト・写真/米陸軍

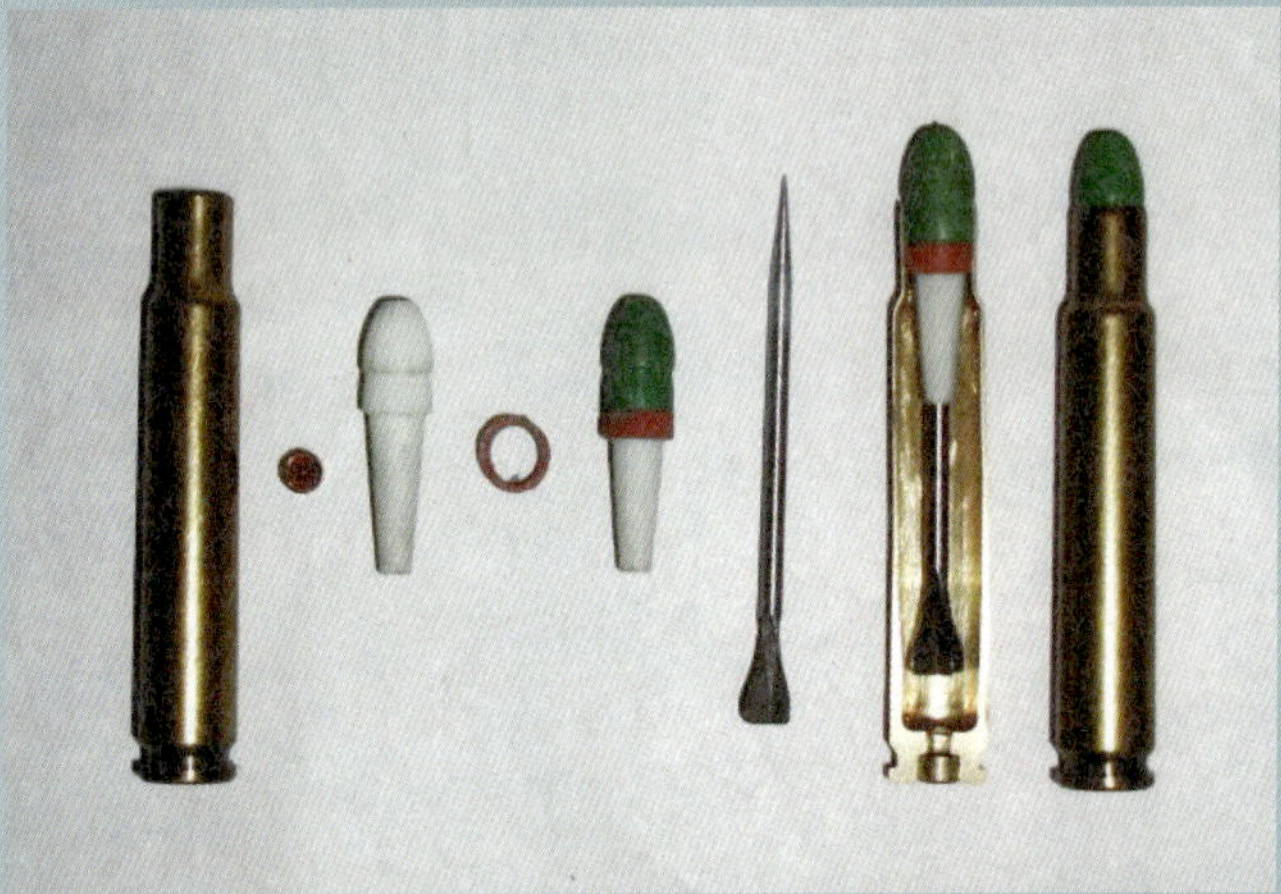

上の写真のSPIWから撃ちだされる弾薬 .223フレシェット弾 XM144（5.6×44mm）。銃口からでた後、シリコンゴム製のサボ（装弾筒）が外れ、弾芯直径1.78mm、全長34.14～51.44mmのダーツ状の弾芯が510～1,340m/sで飛翔する。弾芯の全長、発射速度は実験条件により変化する

写真/RayMeketa

2-03 M16登場前夜 その③ ～AR-10

米陸軍の後継ライフル選定の終盤、1956年秋になって新たなライフルが選定候補に加わります。航空機メーカーのフェアチャイルド社の銃器部門として、1954年10月に設立されたわずか8人の会社、アーマライト社が開発したAR-10がそれで、ユージン・ストーナー技師（1922～1997年）の設計によるものです。

航空機メーカーらしく**プラスチックや軽金属を多用した未来的なデザイン**で、**ストーナー自身が特許を取得したリュングマン式を改良したガス作動機構**を使い、**銃全体で3kgちょっとしかない驚異的な重量を実現**しました。

アサルト・ライフルの概念を踏まえながら、.308ウィンチェスター弾を前提とした構造となっており、銃身から銃床までまっすぐに延びた形のおかげで、反動のきつい.308弾を連射しても銃口の跳ね上がりが小さくなっています。

ほかにもヒンジを介して銃本体が上下に分かれるなど、整備性にも留意されており、この銃を試験した担当者からは、候補のなかでは最良との評価も得ました。しかし発射薬を増量した銃弾を使った高腔圧試験で、アルミ／スチール製の銃身が破裂し、次期制式ライフルはT44（後のM14）に決まってしまいます。

その後、AR-10の製造権はオランダのアーティラリエ・インリッチンゲン社に渡り、約1万挺の製造に終わりました。しかし1970年代に活動を停止していたアーマライト社が1996年に買収されると、AR-15（M16/M4の民間モデル）を拡大したAR-10Bとして復活し、現在はM16/M4の大口径モデルとして銃器メーカー各社からクローンモデルがだされています。

写真はアーティラリエ・インリッチンゲン社がオランダ軍の要請で製作したトラディショナルモデル（別名NATOモデル）　写真/毒島刀也

■弾薬 7.62×51mm NATO弾　■銃身長 528mm　■装弾数 20発
■作動方式 リュングマン式、ロータリーボルト式閉鎖　■全長 1,050mm
■重量 3,029～4,050g（弾倉を除く）　■発射速度 700発/分
■銃口初速 820m/s　■有効射程 630m（3.6倍照準器をつけた場合730m）

米国のルイス・マシン&ツール社は、AR-10Bをもとにレールシステムを装備したシャープシューター（LM308MWS）を開発。英軍はL96A1狙撃銃を代替する選抜射手向けライフルとして、同銃をL129A1として採用した　写真/英国防省

2-04 M16の開発
～小口径高速計画で注目を浴びる

次期制式ライフルでは敗退しましたが、AR-10の試験を見学していた米本土総軍司令官ウィラード・ワイマン大将は、自身のかかわる小口径高速（SCHV）計画に、AR-10を縮小した銃をもち込むよう、ストーナー技師に求めました。**これがM16の始まり**です。SCHV計画は1952年4月から始められ、1957年に銃弾の仕様が固まり、アーマライト社、ウィンチェスター社、スプリングフィールド造兵廠の3者が参加して競うこととなりました。

銃弾の仕様は民間向けの.222レミントン弾をもとに、3.24g（50グレイン）前後の弾頭を1,006～1,067m/sで発射して、射距離457m（500ヤード）で3.4mmの鋼板（米軍のM1ヘルメットに相当）を撃ち抜き、7.62×33mm弾（.30カービン弾）と同等の殺傷能力をもつものとしています。銃のほうは、この銃弾を20発収める弾倉をもち、この弾倉を含む総重量が2.72kg（6ポンド）以下となる、単射・連射を選択できるライフルを求めていました。

ライフルはウィンチェスター、スプリングフィールドがそれぞれ、M1カービン、M14ライフルを焼き直した銃を提出したのに対し、アーマライトはAR-10を縮小したAR-15を提出しました。大戦型ライフルの延長にすぎない前2者に対して、**AR-15はAR-10同様に未来的な銃で、性能も非常に満足できるもの**でした。

しかしM14を採用したばかりであり、ここで新たにライフルを採用することは、これにかかわった陸軍、国防総省担当者の面子をつぶすことも意味し、試験中のトラブルを取り上げて、当時の陸軍参謀長マクスウェル・テイラーは拒否権を発動、M14ライフルの使用継続を強行します。

AR-10試作モデルの前に立つユージン・ストーナー氏
出典/『ガン・マガジン』1957年3月号

スプリングフィールド造兵廠の.224歩兵ライフル(上)と、ウィンチェスター社の.224ウィンチェスター軽量軍用ライフル(下)。どちらもM14ライフル、M1カービン※といった大戦型のライフルから抜けだしていない
写真/スプリングフィールド造兵廠博物館

※ M1ガーランドとは別の7.62×33mm弾(.30カービン弾)を使用する半自動式ライフル。拳銃以上小銃未満の銃として、後方部隊や前線の下士官に配備された。

2-05 M16の採用と伝搬
～制式採用は米空軍から始まった

とはいえ、M14ライフルの使用継続の決定には異論が多く、明確な結論がでるまで時間を空費してしまうことになります。この間、アーマライト社も新参メーカーの不利を悟り、親会社のフェアチャイルド社が製造・販売する旅客機の不振もあって、1959年12月、145万ドルかけて開発したAR-10とAR-15の製造権を、わずか7万5,000ドルと4.5%のロイヤリティーで、大手銃器メーカーのコルト社に売却してしまいます。

しかしAR-15制式化への道は意外なところから開けます。1961年夏、**米空軍はM2カービンに代わる銃としてAR-15をM16として制式採用し、8万挺の調達を発表**したのです。実は前年の7月にフェアチャイルド社前社長の誕生パーティーに、友人で銃器愛好家でもある空軍参謀次長カーチス・ルメイ大将※を招いてAR-15の実演をしており、その威力を印象づけていたのでした。

1962年8月に軍事援助として南ベトナムに送ったM16・965挺がジャングル戦で戦果を上げ、その報告書が当時の国防長官ロバート・マクナマラを動かし、**渋っていた米陸軍も翌年11月、ジャングル戦用として、陸軍の要求で改修したM16をXM16E1（後のM16A1）として仮採用し、8万5,000挺発注**します。当時はまだ特殊用途個人武器（SPIW）計画も生きており、あくまで空挺部隊や特殊部隊向けの限定的な発注のつもりでしたが、激化するベトナム戦争での前線からの要求はそのような目論見を吹き飛ばしてしまい、5.56mm弾を補助弾薬と定めておきながら、M16は制式採用までに31万挺もつくられ、事実上、米陸軍の主力ライフルに収まってしまいました。

※ 第二次世界大戦中、東京大空襲を指揮し、日本側から「鬼畜ルメイ」とも呼ばれた空軍将官。1961年6月、空軍参謀長に就任。

ベトナム共和国（南ベトナム）陸軍第81レンジャー大隊隊員。M16は当初、体格の小さいベトナム人向けに配備された。1968年1月30日のテト攻勢下のサイゴン市にて
写真/米国防総省

米陸軍第9騎兵連隊第1大隊D中隊のトーマス・K・ホランド中尉。チューリップ型の銃口制退器がついた初期生産型M16（コルトモデルナンバーM602）をもっている
写真/米陸軍

2-06 M16の特徴
～銃本体が軽く携行できる弾倉の数も多い

M16採用の決め手となったのは、**小さく軽い5.56mm弾**にあります。弾倉ひとつとっても、M14の20発入りだと680g、M16は300g。携行の目安となる10kgを上限とすると、M14は14個なのに対し、M16は33個の弾倉をもてますし、火力ではM14を装備する11名の分隊とM16を装備する8名は同等の火力をもちます。想定外の600m以遠の交戦ではM14にかないませんが、ベトナムの戦場においてそのような状況は稀で、**全長が短くジャングルの中でも取り回しやすいことが重視**されたのです。

しかし大量に採用されると、ひとつの問題が浮かび上がってきました。機関部内に発射薬の燃えカス（カーボン）が溜まって、弾詰まりなどの故障が頻発したのです。**発射ガスを直接動作に使うリュングマン式特有の問題**ですが、それ以上に未来的な外観から「整備いらずの新型ライフル」という誤解による整備怠慢と、初期に供給された弾薬が燃えカスの残りやすい古い種類の発射薬を使っていたことに起因するものでした。現在、整備と弾薬の問題はすでに解決していますが、軍内や退役軍人の間にはM16とM4に対する根強い不信感となって残っています。

M16/M4の特徴は、作動部が小さく少ないリュングマン式を採用しているために銃本体が軽く、**アクセサリーを多数つけても重くならない点**、**競技用の銃のベースとしても使われるほど射撃精度が高い点**にあります。そして世界最大のユーザーであり、市場でもある米軍が使うことで、M16/M4単体では不足する機能を豊富なパーツで補えることが、登場から60年近く経ったいまでも主力ライフルたらしめているのです。

XM16E1ライフルを分解清掃する第101空挺師団第327歩兵連隊第1大隊隊員。南ベトナム・コントゥムの西方48km、1966年7月12日撮影
写真/米陸軍

スミス&ウェッソン社のM4クローン M&P15。同社の場合は、自前で部品の製造を行わず他社から調達し、組み立てだけを自社で行っている。これでも十分に採算ベースに乗るのが、M4/M16市場の大きさを物語っている　写真/スミス&ウェッソン

2-07 M16 ～ボルトフォワード・アシスト・レバーがない

M16は米空軍向けのAR-15を指し、最初に納入された初期生産型（コルトモデルナンバーM601）、改良強化型（同M602）、最終生産型（同M604）の3種があります。これらM16共通の特徴は、本体右側面の**ボルトフォワード・アシスト・レバー**※**がないこと**です。

M601とほかのモデルとの違いは、細身の消炎器に、銃床、銃把、被筒部分が茶、もしくはカーキグリーンとなっていることで見分けがつきます。508mm（20インチ）ある銃身内のライフリングのねじれ（ライフリングピッチ）は356mm（14インチ）で一周します。

M602は実地試験や運用結果を反映して改良したモデルで、11カ所が変更されました。おもな変更箇所は、

・寒冷地での命中率低下を防ぐために、ライフリングピッチを305mm（12インチ）に変更

・消炎器先端部を太くして強度を向上

・弾倉をスチールから錆びにくいアルミに変更

・暴発、故障の原因となる撃針の軽量化と薬室寸法の変更

・槓《こう》桿《かん》（チャージングハンドル）の引き手部分の形を三角形から滑りにくいT字型に変更

となります。樹脂部が黒くなったのもこのモデルからです。

陸軍向けM16A1に準じて再度生産されたのがM604です。消炎器はA1に準じた鳥籠型となっています。米空軍はM16A2に準じたM16に交換する2001年まで、この銃を使い続けました。また英陸軍特殊空挺部隊（SAS）はこの銃を装備してフォークランド紛争（1982年）に参加しています。

※ M16とM4特有のもので、排莢不良などでボルトキャリアが前進しないとき、ここを押してボルトキャリアを強制的に前進させる。

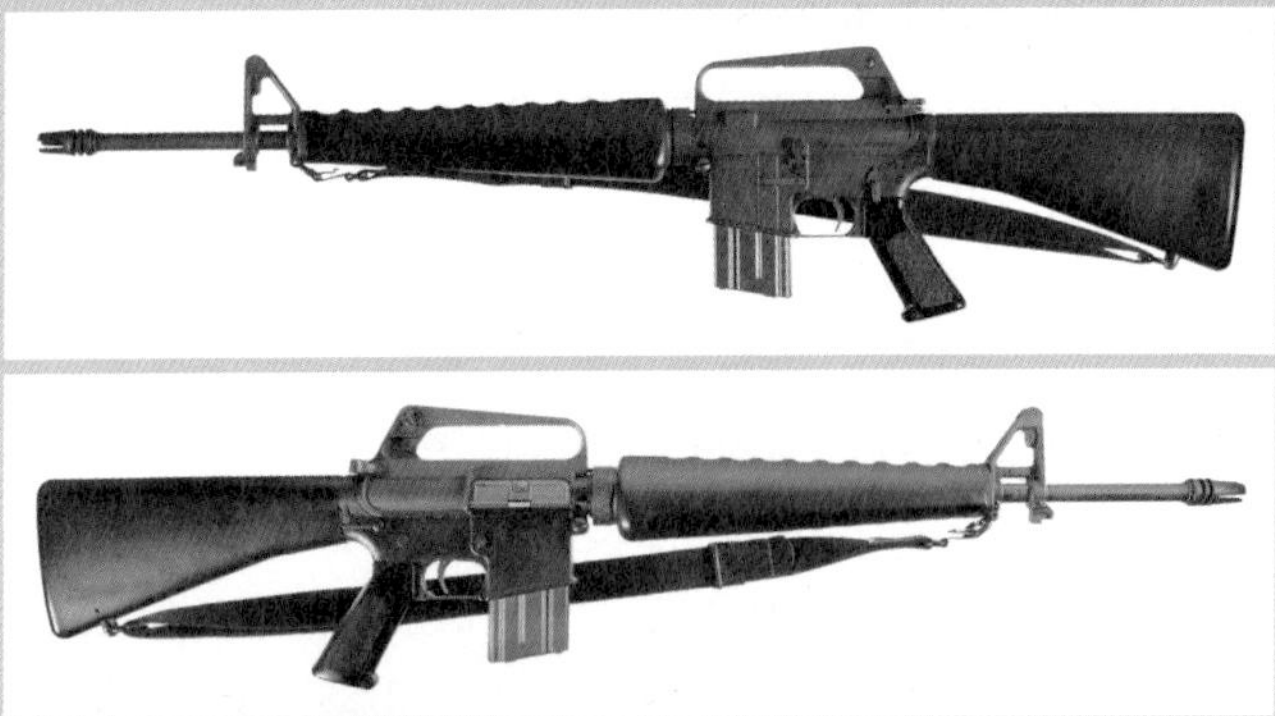

AR-15（M602）。導入当初はXM16と呼ばれた。本体右側面にボルトフォワード・アシスト・レバーがなく、銃口につく消炎器が先割れのチューリップ型（通称 No.2サプレッサー）になっているのが特徴

所蔵/毒島刀也

河川哨戒艇に乗って南ベトナム軍兵士とパトロールをする米軍事顧問。軍事顧問がもっているのはチューリップ型消炎器にボルトフォワード・アシストのないM16（コルトモデルナンバー M602）

写真/米国防総省

2-08 M16A1 ～ボルトフォワード・アシスト・レバーを追加

最初の米陸軍向けAR-15で、コルトモデルナンバーM603です。当初は仮制式XM16E1の名称で導入され、その際、陸軍がコルト社に要求したのは、**ボルトフォワード・アシスト・レバーを追加すること**でした。これは**弾倉から薬室に送られる銃弾が途中で止まってしまったとき、手動で遊底（ボルト）を押し込んで、発砲できる状態にもち込むための機能**で、陸軍が採用した従来のライフルにはすべてついていました。

ストーナー技師は複雑にするだけでなんの利点もないと反論しますが、結局つけることになり、ボルトキャリアの右側面に多数の歯溝（ラック）を刻み、排莢口の後ろにラチェット式のプッシュレバーを取りつけました。これにより90gの重量増加と10.16ドル（契約時点）のコスト上昇となっています。

陸軍はXM16E1をベトナムにもち込んで評価を行い、その結果を反映した改修を施して、1967年2月に**M16A1**として制式化します。上記以外のM16A1にするにあたってのおもな変更点は、

- **枝草に引っかからないよう、消炎器を鳥籠型にする**
- **遊底の形状を変更し、耐久力を向上する**
- **遊底とボルトキャリアの焼入法が変更され、ボルトキャリア内部以外をパーカー処理※し、耐久力を向上**
- **弾倉取りだしボタンを大きくし、誤操作防止のため周囲にリブを設ける**

制式化するとコルト社だけでは生産をまかなえず、ジェネラル・モーターズ社ハイドラ・マチック部門とハーリントン＆リチャードソン社も加わり、1976年末まで生産されました。

※ パーカライズ着色、パーカライジングとも呼ばれる、リン酸塩皮膜処理のこと。リン酸亜鉛による黒い皮膜が形成され、傷がついても錆が広がらず、強度が上がる。

写真/Dragunova

■弾薬 5.56×45mm M193　■銃身長 508mm　■装弾数 20発/30発
■作動方式 リュングマン式、ロータリーボルト式閉鎖　■全長 986mm
■重量 2,890g（弾倉、負い紐除く）　■発射速度 650〜750発/分
■銃口初速 990.6m/s　■有効射程 274m（点目標）/457m（広域目標）
（データはM16A1）

敵に向けてM16A1を発砲する米陸軍軍曹。左手で弾倉をつかみ、前方銃把（フォアグリップ）の代わりとしている

写真/米陸軍

2-09 XM177/GAU-5 〜切り詰めた銃身と伸縮式の銃床が特徴

カービンは本来、馬上での取り回しのために小銃の銃身を詰めた騎兵銃を指します。M16には多数のカービンモデルが存在しますが、どれも**切り詰めた銃身と伸縮式の銃床**をもちます。

コルト社は1965年よりAR-15の派生展開の一環としてカービンモデルCAR-15を構想します。最初に軍に使われたのは銃身を254mmに詰めたCAR-15サブマシンガン(M607)です。試作銃GX5857の名称で特殊部隊が試験的に使いました。しかし銃身を詰めたぶん、銃声、発射閃光、反動が大きくなり、命中精度や破壊力も下がるなど、カービン特有の問題が発生しました。

これを改善したのがCAR-15コマンドで、1966年6月に陸軍では**XM177**(M610)、XM177E1サブマシンガン(M609)として仮採用、空軍では**GAU-5/Aサブマシンガン**(M610)の名で制式採用されます。M609とM610の違いはボルトフォワード・アシスト・レバーの有無だけです。翌年、発射音と閃光の減少を狙い、擲弾発射器が取りつけられるよう、銃身を38mm伸ばしたXM177E2(M629)、GAU-5A/A(M649)が登場し、**特殊部隊を中心に広く使われました**。

ベトナム戦争終結後、コルト社はM16A1、M16A2をそれぞれカービン化したモデルを発表しましたが、もっぱら海外に販売され、米空軍が従来のGAU-5を5.56mm NATO弾対応へ改修したGUU-5/Pカービンが唯一の採用実績となります。

1994年8月に銃身長368mmのM4カービンが制式採用されると、これより短い292mmの銃身をもつM4コマンド(RO733/RO933)が、特殊部隊で採用されています。

写真/コルト・ファイアアームズ

■弾薬 5.56×45mm NATO弾（SS109/M855）　■銃身長 290mm
■装弾数 20発/30発　■作動方式 リュングマン式、ロータリーボルト式閉鎖
■全長 680〜760mm　■重量 2,440g（弾倉、負い紐除く）
■発射速度 700〜900発/分　■銃口初速 796m/s
■有効射程 274m（点目標）/457m（広域目標）
（データはM4コマンド/コルトモデルナンバー R0933）

ボルトフォワード・アシスト・レバーがなく、254mm（10インチ）の銃身をもつCAR-15コマンドの空軍型GAU-5/A（モデルM610）を構える空軍憲兵隊隊員。砂漠の盾作戦での撮影　写真/米空軍

2-10 M231 FPW
〜装甲車の中から撃つ異色モデル

FPWはファイアリング・ポート・ウェポンの略です。戦場で歩兵を輸送する装甲車の側面や後面に設けられた銃眼（ファイアリング・ポート）で、**車内から外の敵を撃つために開発された、M16の派生型のなかでもっとも異色のモデル**です。1968年、米陸軍は次世代装甲輸送車MICV-70の要求をだし、仕様が固まってきた1972年、これに合わせた火器の開発を始めます。

通常は銃床を折り畳み式にするなど、歩兵のもつ小銃を短くできるように改修するところですが、米国は専用火器を開発する方法を選びます。候補にはヘッケラー＆コッホHK33を短縮したHK53 FPWと、ロックアイランド造兵廠（RIA）がM16をもとに開発したRIA FPWの2つが挙がり、後者がM231として1979年12月に制式採用されます。

M231はM16と65％の部品を共有しているので、M16から銃床をなくし、銃身を短くしただけのように見えますが、作動方式が**リュングマン式のガス作動ではなく、反動を利用するオープンボルト式となっているのが大きな違い**です。このため発射レートが1,100〜1,200発/分と非常に高いものとなっています。照準器がなく、被筒の先端についたネジを銃眼内側にねじ込んで固定し、曳光弾の軌跡を見て狙います。M196曳光弾のみを使用し、射撃モードは連射のみです。

M2歩兵戦闘車と合わせて配備されましたが、後に同車は左右側面の銃眼を廃止し、M231の出番はなくなってしまいました。しかしいまだに制式兵器としてリストアップされており、イラク戦争でも予備の火器として使われているのが確認されています。

写真/コルト・ファイアアームズ

■弾薬 5.56×45mm M193　■銃身長 396mm　■装弾数 30発
■作動方式 オープンボルト式、ロータリーボルト式閉鎖　■全長 717.6mm
■重量 3,330g（弾倉除く）　■発射速度 1,100～1,200発/分
■銃口初速 914m/s　■有効射程 300m

M2ブラッドレー歩兵戦闘車の概念イラスト。後部乗員室に乗った歩兵は乗車したまま、側面と後面に設けた銃眼6カ所からM231 FPWを撃てる　写真/FMC

2-11 M16A2/A3 ～SS109弾に対応して近距離偏重を解消

海外向けなどでM16の生産は続いていましたが、ベトナム戦争で一気に配備し、終結後に調達を止めた米軍のM16は、1970年代末から急速に老朽化が目立ってきました。これについて1978年からM16製品改善プログラム（PIP）が立ち上がります。

同じころ、分隊支援火器※の後継選定でNATOの制式弾薬SS109を使うことが確定しており、弾薬を共用することが求められました。これを受けて海兵隊主導で開発されたのが**M16A1**（PIP）（コルトモデルナンバーM645）です。M16A1E1として試験し、1982年9月に**M16A2**として制式化されます。

M16A2はSS109弾対応にするほか、これまでの不満な点を解消するため、大幅な改修を行いました。おもな変更点は、

- **銃身のライフリングピッチを178mm（7インチ）に変更**
- **強度向上と熱対策のため、銃身前部の肉厚を増加**
- **射距離延伸にともない、照門を微調整可能な可動式に**
- **連射を廃して、単射と3発連射の選択式に**
- **手の小さい射手でも扱えるよう、被筒の断面形状をおむすび型から丸型にし、表面に滑り止めのリブを施す**
- **銃床を15.9mm伸ばし、材質をナイロン製にして強化**
- **握りやすいよう突起をつけたピストル形の独立銃把に**
- **左利き射手でも撃てるようケースデフレクターを追加**

銃弾を変えることにより、近距離偏重だったM16の有効射程を延伸し、ヨーロッパの戦場向けに仕立て直したというべきでしょう。なおA2の射撃モードを連射のままにしたのが、**M16A3**（M646）となり、海軍向けに納入されています。

※ 小銃と機関銃の中間となる火器。歩兵分隊の中に配され、突撃時に不足する小銃の火力を補う。小銃と同じ弾薬を用いるのが一般的。

写真/スウェーデン陸軍博物館

■弾薬 5.56×45mm NATO弾（SS109/M855）　■銃身長 508mm
■装弾数 20発/30発　■作動方式 リュングマン式、ロータリーボルト式閉鎖
■全長 1,006mm　■重量 3,260g（弾倉、負い紐除く）
■発射速度 700～950発/分　■銃口初速 947.9m/s
■有効射程 550m（点目標）/800m（広域目標）
（データはM16A2）

1998年4月、ノースカロライナ州で行われた市街戦演習にてM16A2を構える、米第2海兵連隊第1大隊B中隊の一等兵。銃身には発砲音を感知してレーザーを発振するレーザー交戦装置がついている。空包を使うので、本来は銃口に赤い箱状のアダプターがつく　写真/米国防総省

2-12 ディマコ C7/C8 ～カナダ版M16A2ライフル&M4カービン

C7ライフルはカナダ版M16A2ライフルにあたります。カナダ軍はC1ライフルことファブリック・ナショナルFALに代わるライフルとして、米国のM16ライフルを候補として調査しており、米海兵隊のM16製品改善プログラムに将校を派遣していました。

米国のM16A2と開発は並行していたので、1984年に採用されたC7ライフル（M715）は、外見上M16A2と大きな違いはありませんが、3発連射の代わりに連射を備え、プラスチック製の弾倉を使います。また銃身は精度が高く、寿命の長い冷間鍛造でつくられています。1994年に採用された**C8カービン**（M725）はカナダ版M4カービンといえるもので、C7の銃身を368mmに詰め、伸縮式の銃床に換えています。

C7A1、C8A1はどちらも本体上部の提げ手を取り去って、**ピカティニー・レール（122ページ参照）に似たウィーバー・レールを一体成型し、照準器の取りつけの便を図った**ものです。

カナダがNATOの一員としてアフガニスタンの作戦に参加するようになると、さらなる改良が要求され、**C7A2**が生まれました。C7A2では樹脂部を緑色とし、伸縮式の銃床、被筒の先には左右と下に装備品をつけるためのピカティニー・レールを取りつけています。射撃モードを選ぶ切替金と弾倉取りだしボタンは左右両側に配され、左利きの射手でも扱いやすくなっています。C8A2もC7A2に準じる改修を受けていますが、銃身を肉厚のヘビーバレルとし、銃身過熱と反動を抑えています。

なおC7/C8を生産するディマコ社は、2005年5月にコルト社に買収され、コルト・カナダ社となっています。

C7A2ライフルを撃つ、カナダ地上軍第22連隊第3大隊A中隊の兵士。C79A2光学照準器と前方銃把を取りつけているが、被筒の先につくピカティニー・レールは外されている。2009年4月に行われた多国間演習パートナーシップ2009での撮影　写真/米海兵隊

雪のなか、C8A1カ ービンを構えるオランダ海兵隊第7特殊舟艇中隊隊員。C79光学照準器とヘッケラー&コッホAG-C/EGLM 40mm擲弾発射器を取りつけている。C7/C8シリーズはオランダのほか、デンマークが導入している　写真/Francis Flinch

2-13 パテント切れによる爆発的展開 ～改造パーツ市場も拡大

米国の特許法では特許（パテント）は20年で切れ、以後その特許を使用した製品を自由につくれるようになります（意匠登録は別）。コルト社のもつM16ライフルに関する特許の多くも1983年に切れ、**誰でもM16ライフルを製作できる**ようになり、ファブリック・ナショナル・デルスタル社やレミントン社などのメーカーが参入してきました。特にコルト社が1980年代半ばから長い低迷期に入って品質低下が明らかになり、米政府がM16/M4の調達を競争入札に切り替えたのが非常に大きな要因です。

一方、長く軍で使っていたために、退役軍人を中心に非常に多くのM16/M4ユーザーが生まれ、民間のライフル市場のなかでも大きな割合を占めるようになりました。この市場は競技や警察・警備保障関係者が多く、**パーツもまた大きな市場を形成**するに至りました。なかでも戦地での業務を請け負う民間軍事保安会社（PMSC）の台頭は、民需と軍需の間のギャップを狭め、M16/M4の改造パーツ開発に拍車をかけます。

さらにこの市場から生まれた中小のカスタムメーカーが、フットワークの軽さを生かして独自の周辺パーツをだし、これを軍やPMSCが戦地で使って評価し、次の新商品開発につなげるサイクルができており、M4/M5レール・アダプター・システムとして採用されたナイツ・アーマメント社製のレール付被筒パーツや、陸軍ではM150、海兵隊ではAN/PVQ-31として採用されたトリジコン社の高度戦闘光学照準器（ACOG）などが生まれています。特殊作戦軍の定めたM4カービンパッケージ“特殊作戦装備（SOPMOD）”は、その集大成です。

射撃演習を行う米海兵隊特殊作戦連隊第2大隊隊員。M4A1に取りつけるアクセサリは基本的に統一されているが、細部を見るとそれぞれの好みに応じた追加や装着がされているのがわかる

写真/米海兵隊

民間軍事会社のブラック・ハート・インターナショナル社がだしたBHI-15Sの16インチ（406mm）モデル。同社は要員の派遣、訓練、アドバイスを行う一方で、業務上の経験にもとづいてパーツを組み合わせた銃も販売している。M16/M4クローンライフルのほか、AKライフルの改造モデルや改造パーツ、周辺装備などを扱っている

写真/ブラック・ハート・インターナショナル

2-14 Mk11 SWS/M110 SASS ～1,000mの距離で14.54cmの円内に着弾

ナイツ・アーマメント社（KAC）のM16/M4クローンのひとつSR-25ライフルを、米海軍、特殊作戦軍はMk11狙撃兵装システム（SWS）、米陸軍はM110半自動（装填）狙撃システム（SASS）の名で制式採用したものです。

M16ライフルをもとに、レシーバー、ボルトキャリアをKACオリジナル、銃身をレミントン社製に交換して、7.62×51mm NATO弾を撃てるようにした狙撃モデルで、高精度のパーツにより集弾率0.5分（1/120度）を実現しています。これは**最大有効射程1,000mにある的を狙ったときでも、半径14.54cmの円内に着弾**することを意味し、いまだにこれを超える精度のものはでていません。これだけの精度をもちながら、65%の部品をM16と共用しているので、前線での整備・補給がしやすい銃です。

Mk11 Mod0/1/2、M110とありますが、どれも発射は単射のみで、レールのついた本体上部は被筒部分が四面ピカティニー・レールとなっているレールつき被筒です。特にレールつき被筒の基部は銃本体に固定され、**銃身にいっさい触れず、重量による歪みをださないフリー・フローティング**となっており、射撃精度の向上にひと役買っています。

最新型は2012年7月、Mk14 EBR※1の後継として陸軍に採用されたM110K1カービンで、伸縮式の銃床とし、銃身を406mmに詰め、軽量化のために銃身の表面に丸く凹んだディンプルを多数刻んでいます。陸軍は主力狙撃銃をXM2010※2とし、これを支援するライフルとしてM110K1をあてるとしています。海兵隊も特殊作戦連隊のMk11をM110K1に置換しています。

※1 近代化改修したM14ライフル。47ページ参照。
※2 .300ウィンチェスター・マグナム弾を使うM24狙撃銃の発展型。最大有効射程1,200m。

Mk11 Mod2は陸軍のM110 SASSを海兵隊で採用したもの。写真は昼間用照準眼鏡にレーザー光線から射手の目を保護するレーザーフィルターを取りつけている　写真/ナイツアーマメント

■弾薬 7.62×51mm NATO弾(M118 LR/M852)　■銃身長 508mm
■ライフリング・ピッチ 279mm　■装弾数 10発/20発
■作動方式 リュングマン式、ロータリーボルト式閉鎖
■全長 1,028mm　■重量 4,900g(弾倉、負い紐、二脚除く)
■銃口初速 784m/s(M118 LR弾)　■有効射程 1,000m
(データはMk11 Mod2/M110)

M110を構える米陸軍狙撃手。銃口に制音器をつけた状態では全長1,181mmとなる。射撃精度は高いが、基本構造はM16のままパワフルな7.62mm弾を使うため剛性が足りず、長期使用での精度の維持に難がある　写真/米陸軍資材コマンド

2-15 M16 LMG/LSW
～四角い被筒の軽機関銃型

開発当初からアーマライト社はAR-15の派生展開を考えており、製造権を買い取ったコルト社もコルト・オートマチック・ライフル15型（CAR-15）ウェポン・システムを構想します。携行火器の部品や周辺装備を共用化できれば、前線での融通性や稼働率が高まりますし、射手の教育も手間が減ります。軽機関銃、分隊支援火器バージョンも当然この構想の中に含まれ、1965年にXM16E1をもとに開発したAR-15 ヘビーバレル・アサルト・ライフル（HBAR） M1（コルトモデルナンバーM606）を嚆矢として、いくつかのモデルが試作され、軍の選定に参加しました。しかし制式採用には至りませんでした。

1980年代に入って、カナダのディマコ社がM16A2をもとにしたC7を生産することになると、軽機関銃型の開発を同社が引き受けることになりました。1987年末に完成した**M16A2 LMG**（M750）は、カナダ軍での分隊支援火器選定を意識して軽量支援火器の英略名**LSW**に名前を変えて登場します。LSWは**連射での連続射撃を目的としており、銃身は過熱しにくい肉厚のものに換えられ、ガスパイプも太くなっています**。作動方式はオープンボルトに変更され、射撃モードは連射のみとなっています。被筒は四角断面のものに変わり、下面には二脚と前方銃把が取りつけられています。カナダ軍では採用されませんでしたが、2004年になってデンマーク陸軍は04年式軽機関銃（LSV M/04）としてLSWを採用します。LSV M/04は単射での射撃も要求したので作動方式はM16/M4と同じリュングマン式に戻され、被筒の先にはC7A2同様のピカティニー・レールがつきます。

写真/コルト・ファイアアームズ

■弾薬 5.56×45mm NATO弾（SS109/M855）　■銃身長 508mm
■装弾数 20発/30発/100発　■作動方式 リュングマン式、ロータリーボルト式閉鎖
■全長 1,007mm　■重量 5,420g（弾倉、負い紐除く）　■発射速度 600～725発/分
■銃口初速 940m/s（M885）　■有効射程 600m
（データはLSV M/04）

LSV M/04ことコルト・カナダLSWを撃つデンマーク軍兵士。弾倉は100発を収容できるベータC-Mag、照準器は米軍のM149機関銃照準器に相当するエルカン社製光学照準器を取りつけている
写真/コルト・カナダ

2-16 M4/M4A1/M4 MWS ～M16のカービンモデル

初期のころからM16のカービンモデルが開発されていましたが、この**M4はその決定版**となります。コルト社はXM177の射程を延伸する目的で、1988年よりM16A2をもとに開発を始め、XM4カービン（M720）として仮採用されます。XM4は伸縮式の銃床と368mm（14.5インチ）の銃身をもつ以外、M16A2と変わりなく、部品の80％を共用できる銃です。

これに、実際に使ってみた特殊部隊からの意見を採り入れ、提げ手を取り外し式にして、照準器取りつけのためのピカティニー・レールを本体上部につけたのが、M4（M920、後にRO977）とM4A1（M921/RO979）で、1994年に制式化されました。前者は単射/3発連射切替式で指揮官や技能兵に配され、後者は単射/連射切替式で特殊部隊向けです。後にM4A1は連射時に銃身の過熱を抑えられる肉厚銃身（ヘビーバレル）としています。

一方、1993年より兵士強化計画（SEP）の一環として、**状況に応じて銃に装備品を追加できるモジュラー・ウェポン・システム**（MWS）の構想が立ち上がり、1998年4月にナイツ・アーマメント社のピカティニー・レールつき被筒を**M4レール・アダプター・システム**として制式化します。米陸軍はこれを取りつけたM4/M4A1をM4/M4A1 MWSとし、2014年までに60万挺のM16A2をこれに換えることを決定しました。

M4カービンはアフガン紛争（2001年～）、イラク戦争（2003～11年）に投入されますが、細かい砂塵で故障が頻発し、威力不足も明らかになります。米陸軍はこれらに対処しながら、M4の改修を含めた後継の銃を模索していますが、まだ決まっていません。

上はM203A1擲弾発射器を取りつけた状態　　写真/コルト・ファイアアームズ

■弾薬 5.56×45mm NATO弾(SS109/M855)　■銃身長 368mm
■装弾数 20発/30発　■作動方式 リュングマン式、ロータリーボルト式閉鎖
■全長 756～838mm　■重量 3,260g(弾倉、負い紐除く)
■発射速度 700～950発/分　■銃口初速 905.3m/s
■有効射程 500m(点目標)/600m(広域目標)
(M4のデータ)

タリバン指導者を捜索する米陸軍第75レンジャー連隊隊員。手にもっているのはSOPMOD-II仕様のM4A1。照準器をとおして目つぶしされないために、照準器のレンズをテープでふさいでいる。2012年8月、アフガニスタン ヘルマンド州にて撮影　　写真/DVIDSSHUB

2-17 M16A4/A4 MWS
～M16の象徴を取り外し可能に

コルト社は1983年からM16A2の改修モデルをいくつか開発しますが、4番目の改修モデルM16A2E4が**M16A4**（コルトモデルナンバーM945）です。A4とA2の間の差は、これまでM16の特徴を形づくっていた提げ手を取り外し可能にし、照準器を取りつけられるよう銃本体の上に**ピカティニー・レール**を取りつけた点です。

このレールは陸軍のピカティニー造兵廠が提唱し、1995年2月に標準化されたもので、幅21.2mm、10mmのピッチをもちます。**激しい動きや環境の変化でも緩まず、照準器を取りつけた後の調整を大幅に省力化できる**ものです。アッパーレシーバー（上部本体）を交換するだけでA4になるので、A4にはA2ベースの3発連射とA3ベースの連射の2種類が存在します。

M16A4 MWSはさらにレールシステムを推し進めたもので、"MWS"はモジュラー・ウェポン・システムからきています。被筒部分をナイツ・アーマメント社製のM5レール・アダプター・システムに交換し、**被筒の四面にもライトや前方銃把などの装備品を取りつけられる**ようにしています。M16A4は海兵隊におもに配備され、陸軍への配備は少数にとどまっています。

このころのコルト社は、1985年より18年にわたる長い低迷期にあり、著しい品質低下を引き起こしていました。これを懸念した米国防総省は、1988年より主契約者をファブリック・ナショナル・デルスタル社に移してしまい、2000年5月にカナダのディマコ社を買収するまで、コルト社はM16の生産ラインをもたないメーカーとなってしまいます（M4カービンの生産ラインは保持）。

M16A4の基本形はM16A2/A3と変わらない　写真/コルト・ファイアアームズ

M16A4 MWSを構える米陸軍第3歩兵連隊の兵士。本体上部の提げ手を外して、M68近接戦闘照準器（CCO）を取りつけ、前方銃身下部に前方垂直銃把を取りつけている
写真/米陸軍

2-18 CQBR/Mk18カービン ～海軍系部隊に支給される近接戦闘用

近接戦闘（CQB）に特化したM4カービンの短銃身モデルで、M4A1カービンをもとに、銃身を含む上部レシーバーを交換してつくられます。当初は上部レシーバーのみが供給されたので、Rはレシーバーの略です。特殊作戦用装備（SOPMOD、123ページ参照）の一環として、狭い室内でも取り回しがよく、ライフル弾の使える銃が求められ、1999年に海軍海上戦センター（NSWC）のクレーン部門で開発されました。2000年よりNSWCから交換パーツとして供給され、途中から配備対象が広がったため、改修と組み立てはコルト社に切り替わっています。2004年には特殊作戦軍でMk18として制式採用されています。

おおもとのM16ライフルの半分となる262mm（コルト改修版では267mm）にまで銃身を切り詰め、これに合わせ信頼性を確保するためにガスポートを0.16mmから0.18mmに広げ、遊底周りを換えています。また使用する銃弾によりバッファーを変えて、射手が受ける反動をやわらげています。通常はH（ヘビー）バッファー、弾頭の重いMk262や跳弾しにくく貫通力の低いMk255を使う場合はH2、さらに極端に重い銃弾やガスポートが侵食されているときに撃つ場合はH3となっています。

海兵隊武装偵察隊、海軍特殊部隊、爆破物処理隊、海上船舶臨検（VBSS）チームなど、海軍系の部隊に支給されており、ナイツ・アーマメント社製のM4レールつき被筒、消炎器、折り畳み式予備照準器、内部に電池を収容できるNSWC製伸縮式銃床（現在はルイス・マシン＆ツールズ社より供給）という点では共通していますが、東海岸と西海岸で細部の仕様が異なります。

Mk18 Mod0カービンをもつ海軍特殊部隊隊員。銃口に長さ168mmのQDSS-NT4制音器を取りつけても、銃床を伸ばしきったM4より40mm長い程度に収まっている
写真/米海軍

■弾薬 5.56×45mm NATO弾（SS109/M855）　■銃身長 262mm
■装弾数 20発/30発　■作動方式 リュングマン式、ロータリーボルト式閉鎖
■全長 667〜743mm　■重量 2,700g（弾倉、負い紐除く）
■発射速度 700〜950発/分　■銃口初速 800.1m/s　■有効射程 300m

インフィニット・レスポンス09演習にて、Mk18 Mod0カービンで、近接戦闘訓練を行う米海軍第1爆発物処理隊のコール・エバンス中尉。弾倉口にマガジンウェルをつけている
写真/米海軍

2-19 M16A4 SAM-R/SDM-R ～選抜射手（マークスマン）向けライフル

SAM-Rは**海兵隊における分隊上級射手ライフル**、SDM-Rは**陸軍での選抜射手ライフル**の英略称です。**選抜射手**こと**マークスマン**とは、600m以遠の精密射撃を行う狙撃手（スナイパー）と300m以内の面制圧を行う射手（ライフルマン）の間を埋める存在です。射手とともに行動して、最前線でじゃまな存在を即座に精密射撃で排除する野戦狙撃を行います。近接戦闘するケースもあり、射撃精度のみならず、速射性も求められます。

陸軍は2000年から陸軍射撃技術隊（AMU）が、海兵隊は2002年9月から海兵隊戦闘研究所（MCWL）が対テロ戦に応じた選抜射手の研究を行い、9名からなる分隊のなかに選抜射手を1～2人入れると、**分隊の戦闘力が大幅に上がる**ことを見いだしました。これに応じたライフルを陸海それぞれが開発します。どちらもM16A4をもとに競技用のステンレス製508mm銃身と引金に交換。発射モードは単射のみとし、射距離600mに対応したアイアンサイトか4倍以下の照準器、フリー・フローティング式のレールつき被筒、二脚を取りつけるのは共通しています。

もっとも細部は異なり、SAM-Rのライフリング・ピッチが196mmなのに対し、SDM-Rは203mmで、軽量化のために銃身に12本の縦溝が掘られています。

海兵隊は2003年から、陸軍は2004年からこのライフルを導入し、アフガニスタン紛争やイラク戦争でのゲリラ掃討において、戦果を上げました。しかし海兵隊は2007年10月より、SAM-Rに代わる銃として特殊作戦軍が開発したMk12Mod1 SPR（88ページ参照）を導入しています。

アルバニアでの上陸演習にてM16A4 SAM-Rを構える第22海兵遠征隊第6海兵連隊第1大隊G中隊の隊員。2004年3月撮影　写真/米海兵隊

M16A4 SDM-Rを構え、イラク警察の道路検問所を警備する米陸軍第3歩兵連隊隊員。向かって右の隊員の銃は、被筒右側にAN/PEQ-2赤外線レーザーサイトを取りつけ、スイッチを弾倉口側面に貼りつけている。また照準器にはレンズの反射を防ぐ網目上のカバー「キルフラッシュ」をつけている。イラク・ティクリットにて2005年6月の撮影　写真/米陸軍

2-20 Mk12 SPR ～おもに特殊部隊向けのマークスマンライフル

SPRは特殊目的ライフルの略称で、前項のSAM-R/SDM-R同様、前線の射距離300～600mのギャップを埋める**選抜射手向けライフル**です。SPRの開発は不明な点がありますが、特殊作戦用装備-II（SOPMOD II）計画から派生した形で始まり、それを受けた海軍海上戦センターのクレーン部門が、かつて海軍特殊部隊の狙撃手向けに内製した偵察ライフルを拡張して完成させました。

M4カービンより有効射程が長く、M16A2/A4ライフルより全長が短くて携行性のよい銃をコンセプトに、M16A1もしくはM4A1をもとにしており、銃床は固定式と伸縮式が混在します。本体上部は提げ手を外し、**被筒全長に架かるほど長いスワン・スリーブ型※のレール**を取りつけ、被筒は熱気を逃す穴の空いた炭素繊維製の円筒に代えられています。被筒前方の左右と下には短いピカティニー・レールがつき、下面のレールには二脚が取りつけられています。競技用のステンレス製508mm銃身をフリー・フローティング式に装着し、先端の消炎器は横に大きい四角の穴が開いた独特の形で、SPR専用の制音器が付属します。

発射モードは単射のみで、引金も競技用に交換しています。銃弾はもっぱら弾頭の重いMk262 Mod0/1を使います。SPRの公開写真は少なく、進化ははっきりしませんが、試作型に相当するSPRが2～3種、陸軍特殊部隊がおもに使用する制式採用型Mk12 Mod0、陸軍レンジャー連隊と海軍特殊戦コマンドが使うMk12 Mod1があり、Mod1のみ被筒がナイツ・アーマメント社製のM4レールつき被筒となっています。**特殊部隊を中心にアフガン紛争、イラク戦争に投入**され、戦果を挙げています。

※ 照準器向けのラック（歯溝）とレール上に開いたボルト穴を併用して固定する。ピカティニー・レールより高い精度で固定できる。

Mk12として制式化される前のSPR。炭素繊維製で円柱型の被筒が特徴

写真/米国防総省

■弾薬 5.56×45mm NATO弾(Mk262 Mod0/1)　■銃身長 457mm
■装弾数 20発/30発　■作動方式 リュングマン式、ロータリーボルト式閉鎖
■全長 953mm　■重量 4,536g(30発弾倉、照準器含む)
■銃口初速 823m/s(Mk262 Mod1)　■有効射程 549m

Mk12 Mod1をもって待機する海軍特殊部隊隊員。銃口にはMk.12専用のOPS社製タイプ12 SPR制音器、被筒上部レールには夜間か予備用の照準器が薄い布で覆い隠して取りつけられている

写真/米国防総省

2-21 ナイツ・アーマメントSR-15/-16 〜ユージン・ストーナー技師による正統進化形

ナイツ・アーマメント社（KAC）はC・リード・ナイト氏が1982年に設立した銃器メーカーで、いまではM16/M4カスタムの定番となった**レールつき被筒のパイオニア**です。1990年にナイト氏は、かつての師であるユージン・ストーナー技師を招き、ライフルの開発に取りかかります。この結果生まれたのがSR-25で、米軍にMk11 SWS/M110 SASSとして採用されます（76ページ参照）。SRとはストーナー・ライフルの略で、以後同社のおもだったモデルはすべてSRを冠するようになります。

このなかでM16/M4のクローンモデルがSR-15/-16で、SR-15は民間向けの単射のみのモデル、SR-16は軍・警察向けに連射を加えたモデルです。さらに銃身長292〜457mm（11.5〜18インチ）で各種派生モデルが存在します。オリジナル設計者が手がけているので、**クローンというよりは正統進化形というのが正しい**でしょう。本体上部へのピカティニー・レールの装着、レールつき被筒への換装、レシーバー両側にボタン、レバーを配して両利き対応にするなど、外装部にはひと通りの近代化を施していますが、AR-15から続く基本的構造は変えていません。

しかしSRシリーズの真骨頂は、負い紐の取りつけ部を操作のじゃまにならない本体後部に設けたり、抽筒子ばねを替えて耐久性を上げたり、遊底のラグ（遊底先端の歯車状の部分）の角を丸めて強度を高めるなど、**内部や目立たない部分のブラッシュアップを重ねている点**にあります。このため高品質で信頼性が高く、そのわりには安価なM4クローンとして、警察特殊部隊や民間軍事会社のオペレーターに広く支持されています。

上は368mmの銃身にURXレールつき被筒を備える、軍警向けカービンモデルSR-16E3。下は406mmの銃身にURX3.1レールつき被筒を備える、最新の民間向けカービンモデルSR-15E3 IWSカービン Mod1
写真/ナイツ・アーマメント

■弾薬 5.56×45mm NATO弾(SS109/M855)　■銃身長 368mm
■装弾数 20発/30発　■作動方式 リュングマン式、ロータリーボルト式閉鎖
■全長 806.5mm(銃床伸長時)　■重量 3,039g
(SR-16E3 カービンのデータ)

292mmの短銃身にURX IIレールつき被筒を備える民間向け近接戦闘モデルSR-15E3 IWS SBR CQB
写真/ナイツ・アーマメント

2-22 ナイツ・アーマメントPDW/SR635 ～コンパクトだが威力は短機関銃以上

PDWとは個人防御火器の英略称で、近年、防弾ベストが普及してきたために、拳銃弾では威力の不足してきた短機関銃に代わる火器として登場しています。使用する銃弾は拳銃弾より大きいのですが、射程や銃の大きさを抑えるために**ライフル弾より小さい専用弾を用いるのが、PDWに共通した特徴**です。

2006年5月に発表されたナイツ・アーマメントPDWも同様のコンセプトでつくられていますが、5.56mm NATO弾より大きくて重い弾頭の6×35mm弾を使用しているのが違います。薬莢が短いので銃弾自体は小さく、銃本体もM4カービンより1.3kg軽く仕上がっています(8インチモデルの場合)。銃のデザインは既存のユーザーでも扱いやすいよう、同社製M16/M4クローンのレシーバー下部を流用しています。

203mmもしくは254mmの銃身をもち、レシーバー上部、被筒部分はピカティニー・レールがつきます。銃正面から見て、1時、11時の位置に配されたガスピストン2本で動作し、発射は単射と連射の2モード。銃床は折り畳み式となっており、畳むと全長が500mmに満たないコンパクトな姿となります。しかし市場の興味を惹くことができず、試作のみに終わりました。

PDWの反省を踏まえ、2012年6月に発表されたのがSR635です。M16/M4ユーザーが移行しやすいように、機関部もM16/M4系のライフルと共通性をもたせ、上部レシーバーを交換すれば、M16/M4でも6×35mm弾を撃てます。**小型で威力の高い銃を求める警察関係者に訴求する銃**となっていますが、銃規制との兼ね合いと、高すぎる銃弾のコストが普及の障害です。

上は203mm銃身のPDW。下はSR635の8インチ（203mm）モデル。どちらも10インチ(254mm)モデルがラインナップされている
写真/ナイツ・アーマメント

■弾薬 6×35mm　■銃身長 254mm　■装弾数 30発
■作動方式 ロングストローク・ガスピストン式、ロータリーボルト式閉鎖(推定)
■全長 711mm/495mm(銃床折り畳み時)　■重量 1,950g(弾倉除く)
■発射速度 700発/分　■銃口初速 739m/s　■有効射程 250〜300m
(PDW 10インチモデルのデータ)

PDWの得意なフィールドとなる市街戦を想定して実演を行うKACインストラクター
写真/ナイツ・アーマメント

2-23 ダニエル・ディフェンス M4
～民間軍事会社の要望から生まれたM4

ダニエル・ディフェンス社はマーティー・ダニエル氏が2000年、M16/M4用に独自開発した負い紐金具と装備レールの少量生産を手始めに興した新進の銃器メーカーです。特殊作戦軍が進めている特殊作戦用装備II(SOPMOD II)計画にも参加しています。

ダニエル・ディフェンス社のM4カービン(DDM4)は、第1特殊部隊デルタ作戦分遣隊(デルタフォース)の元隊員であり、ヴィッカース・タクティカル社を興した銃工でもあるラリー・ヴィッカースの助言を受けてつくられた銃です。

この銃は国防総省から銃の供給を受ける民間軍事会社(PMSC)の要求で開発が始まり、支給されたPMSCのオペレーターがすぐ使えるよう、**カスタマイズは最低限**です。本体上部へのピカティニー・レールの装着、レールつき被筒への換装といった制式M4でも行っている改修は施していますが、いかなる場所でも修理できるよう制式銃との完全互換を確保し、特別な装備や両利き対応といった、互換性を失うような改修は極力避けています。

ほかの銃ではすぐに高性能照準器に置き換えられるため外されてしまうガスブロック兼用の照星はそのまま残し、がんじょうな照門も標準で付属、もし**パーツが買えないような戦地で支給されても、最低限の性能は発揮できる**ようになっています。

全体として外形は軍支給のM4 MWSと変わりませんが、個々のパーツはていねいに組み込まれており、信頼性は確保されています。DDM4にはあまり過激なモデルは存在しませんが、銃身の長さは262～457mmまで各種そろえ、上部レシーバーを換えることで、6.8mm SPC弾、.300 AACブラックアウト弾も撃てます。

警察向けDDM4 LEの11.5インチ（292mm）モデルに、ダニエル・ディフェンス社のカスタムパーツを組み込んだ特別仕様　写真/ダニエル・ディフェンス

ライフリング・ピッチ203mmの16インチ銃身（406mm）をもつDDM4 V5-300 AACブラックアウト。5.56mm NATO弾に近い長さに収め、7.62mm弾でありながら反動の少ない.300 AACブラックアウト（7.62×35mm）弾を撃ちだす　写真/ダニエル・ディフェンス

2-24 PWS MK1/MK2シリーズ
～信頼のロングストローク・ガスピストン式を採用

M16/M4がリュングマン式のガス作動機構を使っているかぎり、燃えカスの少ない銃弾を使おうが、発射ガスの回るレシーバー内は汚れ、その汚れからくる作動不良からは逃れられません。同様に砂塵などの細かい粒子に脆弱な点も変わりようがありません。この根本的な解決には、別の作動方式を使うしかありません。プライマリー・ウェポン・システムズ社(PWS)は、**がんじょうさで定評のあるAK-47ライフルと同じロングストローク・ガスピストン式を採用することで、この問題の解決を図っています**。

PWS社のライフルには、5.56mm弾を使うMK1シリーズと7.62mm弾を使うMK2シリーズの2ラインがありますが、どちらも基本構造は同じです。M16/M4のボルトグループの構造はそのままに、発射ガスが伝わってくるガスチューブの代わりにオペレーションロッドがついており、その先にガスで押されるピストンがつきます。ピストンは被筒上面内部に設けられた管の中に収まり、一見、ガスピストン式であることがわからないほど、ほかのレールつき被筒をつけたM4クローンモデルと変わらない姿です。

銃身はステンレス製で197～457mmまで各種そろえており、モデル名のMKナンバーの下2桁が銃身の長さをインチ単位で表しています。上記のとおり被筒はガスピストンを内蔵する専用のものであり、ピカティニー・レールつきなので周辺装備の装着には支障ありませんが、他社製被筒への交換はできません。

ピストンを追加したことで、M16/M4系列の軽量さは失われていますが、移動モーメントの増大による発射時の振動はなく、精度よく仕上がっているので、命中精度は失われていません。

ディアブロことMK107 MOD 1 ライフル .223。近接戦闘に特化したモデルで、独特の形をした制退器が特徴。M4カービンの約半分となる銃身長によって、銃口初速はM4の80%弱に、有効射程は200mに低下している
写真/プライマリー・ウェポン・システムズ

■弾薬 5.56×45mm NATO弾(M855)　■銃身長 197mm
■ライフリング・ピッチ 203mm　■装弾数 30発
■作動方式 ロングストローク・ガスピストン式、ロータリーボルト式閉鎖　■全長 616mm
■重量 2,608g　■発射速度 700発/分　■銃口初速 721.8m/s　■有効射程 200m
(MK107 MOD1 ライフル .223のデータ)

M16/M4ならガスが吹き込まれるボルトキャリアキーの先に、ピストンに直結するオペレーティング・ロッドがついている。ボルトキャリア(中)の右はピストン、左は槓桿(チャージング・ハンドル)
写真/プライマリー・ウェポン・システムズ

MK218 Mod ライフル .308WIN。7.62×51mm NATO弾(.308ウィンチェスター弾)を撃ちだせるようにしたモデルで、ライフリング・ピッチ254mmのステンレス製18インチ銃身(457mm)をもつ
写真/プライマリー・ウェポン・システムズ

2-25 パンサーアームズ LR-308 ～長距離狙撃版M16/M4クローン

防衛調達製造サービス（DPMS）パンサーアームズは1985年にカスタムパーツメーカーとして始まり、現在はAR-15系ライフルの売り上げでブッシュマスター社、コルト社に次ぐ地位を獲得しています。一方で、AR-15ベースでポンプアクション式や単発式※といったユニークなモデルをだしたこともあります。

DPMS社は各種口径、銃身長でM16/M4クローンをラインアップしていますが、そのなかの長距離狙撃モデルがLR-308です。もとは2005年に行われた陸軍のXM110半自動（装填）狙撃システム（SASS）選定のために開発したもので、同シリーズの最高級モデルLRT-SASSは、その選定に提出した銃そのものです。

銃身はステンレス製で406～610mmの各種をそろえ、発射は単射のみ、本体上部にはピカティニー・レールがつき、提げ手をつけられます。レシーバー前方の銃身には樹脂製の被筒がつきます。外形はM16/M4系そのままですが、**反動の大きい7.62mm弾を使うため、レシーバーの板厚を厚くして剛性を確保**しており、長期使用しても精度を維持できます。

LRT-SASSでは銃身を過熱しにくい肉厚のものとし、軽量化のための溝が軸方向に入っています。銃把は手になじむ独立型となっており、その底部には長時間保持できるようにレストがついています。被筒は**銃身にいっさい触れないフリー・フローティング式**で取りつけられ、四面はピカティニー・レールがついたものとなっています。陸軍の選定には敗れましたが、精度はそのままに装備を削ぎ落として安価にしたAP4の評価は高く、警察などの法執行機関に多数納入されています。

※ 単射やボルトアクションの意味ではなく、1発撃つたびに弾込めをする形式。

18インチ銃身とフリー・フローティング式被筒をもつ最高級モデルのLRT-SASS。陸軍のXM110SASSに参加したが、ナイツ・アーマメント社のSR-25ライフルに敗れている

写真/DPMSパンサーアームズ

■弾薬 7.62×51mm NATO弾　■銃身長 457mm　■ライフリング・ピッチ 254mm
■装弾数 19発　■作動方式 リュングマン式、ロータリーボルト式閉鎖
■全長 1,003～1,022mm　■重量 5,194g
■銃口初速 777.2m/s（ブラックヒルズ 168グレイン競技用HPBT弾）
■有効射程 1,000m
（データはLRT-SASS）

16インチ銃身（406mm）をもつLR-308 AP4。普及モデルなので各種装備は省かれているが、射撃精度そのものは非常に高い。2006年のライフル・オブ・ジ・イヤーを受賞している

写真/DPMSパンサーアームズ

2-26 Z-Mウェポンズ LR-300 〜銃床が折り畳めるM16/M4の発展形

M16/M4系ライフルを**ガスピストン式に換えた銃の元祖**がこのLR-300です。Z-Mウェポンズの創業者アラン・ジタは1994年、競技用拳銃の作動機構として**遅延ガス吹き付け機構(DIGS)**で特許を取ります。この機構は基本的にロングストローク・ガスピストン式ですが、強力なばね(アクションスプリング)の中にオペレーティング・ロッドを兼ねたガスピストンを通し、前進してくるボルトグループをばねで受け止め、押し戻すようになっています。

銃全体を小さくまとめることができ、かつピストン自体がばねといっしょにチューブ内を掃除するようになっているので、ジタ氏曰く「掃除がいらない」銃となっています。Z-Mウェポンズ社は2000年に、AR-15にこの機構を組み込んだLR-300を発売します。LRは軽量ライフルから、300は有効射程から取っています。

この銃の最大の特徴は、**銃床が折り畳めること**です。ことM16/M4系列では銃本体後ろから飛びだしたバッファー・チューブのため折り畳み式にするのは不可能でしたが、作動機構をDIGSにすることで折り畳み式銃床が実現しました。ガスピストンは被筒の上部レール内に収められ、銃床は左側に折れます。ボルトキャリアの基本形状はM16/M4と変わりませんが、73.7mm短くなっており、小さく軽くなったことで射撃精度が向上しています。競技用のために考えられた作動方式だけに射撃時の安定性も高く、反動を抑えるカウンターリコイルシステムとあいまって、銃口の跳ね上がりもなく、**非常に高い射撃精度**をもちます。

2009年よりカナダのパラオーディナンス社が製造権を買い取り、タクティカル・ターゲットライフルの名で販売しています。

上は銃床を折畳んだ状態のタクティカル・ターゲット・ライフル。下はLR-300 AXLの14.5インチモデル。レールつき被筒、二脚、ホロサイトを装着しているが、銃床はワイヤーフレームの旧型のまま　写真/Z-Mウェポンズ、パラUSA

■弾薬 5.56×45mm NATO弾（M855）　■銃身長 419mm
■ライフリング・ピッチ 229mm
■装弾数 20発/30発　■作動方式 遅延ガス吹き付け式、ロータリーボルト式閉鎖
■全長 902〜972mm（銃床伸縮時）/673mm（銃床折り畳み時）　■重量 3,260g
■発射速度 950発/分　■銃口初速 721.8m/s　■有効射程 300m
（パラオーディナンス タクティカル・ターゲットライフルのデータ）

14.5インチ銃身（368mm）をもつ軍・法執行機関向けモデルのLR-300 ML-N。被筒はナイロンにモリブデンを配合したナイラトロンという素材で軽くがんじょうにつくられている　写真/Z-Mウェポンズ

2-27 ラルー・タクティカル OSR/プレデター 〜ポリゴナル・ライフリングを採用

ラルー・タクティカル社は1980年創業のカスタムメーカーで、コンピュータ制御の工作機械で製造した自社パーツとそれと適合する他社製パーツで組み合わされた銃は、信頼性と射撃精度が高いことで知られます。

同社のOSRもその評判に違わないモデルで、上部レシーバーを換えることで、5.56mmモデルと7.62mmモデルの2ラインがあります。さらに射撃精度と引き換えに軽量化したモデルとしてプレデター(PredatAR)、さらに両者の中間となるプレダトOBR(PredatOBR)があります。当初は最適化狙撃銃の英略称であるOSRを名乗っていましたが、商標権の都合から、現在は最適化バトルライフルの英略称であるOBRに変更しています。

OSRはどのモデルも近年の潮流に従い、伸縮式銃床、ピカティニー・レールつきの本体上部、レールつき被筒とひと通りのものを備えています。ステンレス製の銃身は305〜508mmで各種そろえ、特筆すべきは、**ライフリングが溝ではなく、ねじれた多角形(ポリゴナル・ライフリング)となっていること**です。この銃身だと発射薬の膨張エネルギーの損失が少ないので銃口初速が上がり、射撃精度の向上にひと役買っています。レールつき被筒は銃身に触れないようフリー・フローティング式で固定されます。上部レシーバーにボルト4本で留められており、工作精度の高さもあってガッチリと固定されて一体化し、この銃の精度、強度を上げています。作動に回るガス量を変えて、ボルトグループの動作タイミングを調節するポート・セレクター・テクノロジー(PST)も搭載しており、まさに**狙撃に最適化した銃**に仕上がっています。

上はOBR 5.56 12インチ SBR、下はOBR 7.62 18インチ。M118LR弾、またはMk326LR弾を使った場合の射撃精度は0.5分(1/120度)と非常に高い　写真/ラルー・タクティカル

■弾薬 7.62×51mm NATO弾　■銃身長 409mm　■ライフリング・ピッチ 286mm
■装弾数 10発/20発　■作動方式 リュングマン式、ロータリーボルト式閉鎖
■全長 953mm　■重量 4,400g(弾倉除く)
■銃口初速 753.5m/s(168グレイン競技用弾)　■有効射程 800m
(データはOBR 7.62 16インチモデル)

プレデター 7.62 16インチ。銃身を通常のライフリングに換えて、射撃精度は1分(1/60度)に下がったが、上部レシーバーのデザインを変更することで、同じ銃身長のOSRモデルより907g(2ポンド)前後軽く仕上がっている　写真/ラルー・タクティカル

2-28 スターム・ルガー SR-556
～カスタマイズしやすい民間市場向けモデル

スターム・ルガー社は1949年創業の銃器メーカーで、安価で良質なルガーMkI～III自動拳銃、ミニ14ライフルといった製品をだして市場を席捲し、老舗のコルト社、スミス＆ウェッソン社と並ぶ地位を築いています。

2009年半ばに発売したSR-556の開発コンセプトは明快で、民間市場向けに、取得・維持費が安くて、故障が少なく、遊ぶ余地の多い銃として仕上げています。最大の特徴は、**作動方式をショートストローク・ガスピストン式にしている点**で、ルガー社は維持の手間が減らせることをアピールしています。

ガスピストンは被筒の中に収められ、ガス流量を調整するガス規制子が被筒上部前端に飛びだしています。ガス流量は4段階あり、使用する銃弾や制音器によって調整できます。銃身長は409mmのみで、カービンモデルは制音器を含めて同じ長さにしています。ライフリング・ピッチは229mm（9インチ）と新旧M16ライフルの中間の値となっています。銃床は伸縮式で、被筒は4面にピカティニー・レールがついています。民間向けなので発射モードは単射のみ、引金を引く力はほかの銃よりも450g（1ポンド）ほど重い3.63kg前後です。

標準モデルとなるFBでの価格は2,000ドルを少し切るくらいで、M16/M4クローンの平均より少し高めの設定ですが、トロイ製のレールつき被筒と折り畳み式照準器、ホーグ製ピストル形銃把、マグプル製30発弾倉3個と、多数の社外パーツが入ったお買い得パッケージとなっており、ルガー社の商売のうまさが表れています。2010年8月には6.8mm SPC弾モデルを発表しています。

SR-556の基本モデルFB。害獣駆除用のVTモデルを除き、銃身部分は409mm（16.12インチ）で統一している　写真/スターム・ルガー

■弾薬 5.56×45mm NATO弾（M193/M855）　■銃身長 409mm
■ライフリング・ピッチ 229mm　■装弾数 30発
■作動方式 ショートストローク・ガスピストン式、ロータリーボルト式閉鎖
■全長 832〜914mm　■重量 3,602g（弾倉、負い紐含まず）
■発射速度 950発/分　■銃口初速 884.2m/s（ブラックヒルズ 55SP弾）
■有効射程 550m
（SR-556FBのデータ）

米陸軍戦闘服の迷彩パターンに塗装したSR-556。いっしょに写っている拳銃はグロック22。.40S&W弾を使用するグロック17の派生型だ
Custom DuraCoat painting by:Custom Digital Designs, LP, Cumming, GA USA
http://www.CDDonline.com/　写真/Custom Digital Designs, LP

2-29 アレス シュライク 5.56 ～弾帯を使えるようにしてM16を軽機関銃化

1960年代より、M16ライフルを弾帯で給弾する分隊支援火器/軽機関銃へ改造する試みが幾度かされてきました。M16を改造できれば、これまでの銃より大幅に軽い自動火器を手に入れられるからです。しかし連続発射の要となる弾帯を引き込む動作には力が必要で、M16のリュングマン式では力不足でした。

ジェフリー・ヘリング氏は1997年にアレス・ディフェンス・システムズ社を興し、翌年よりこの課題に取り組み始めました。そして2001年初めより量産に入ったのが、**シュライク先進火器システム**です。システムの名のとおり、特定の火器を指すものではなく、**モジュラー化された銃身や銃床、給弾機構を換えることで、サブ・カービン※から軽機関銃まで複数の任務形態に対応できる銃として開発**されています。

上部レシーバーは大きく変わっており、上部後端にあった槓桿が左側面に移り、上面は大きく開閉するカバーとなって機関内部にアクセスできます。銃身は413mmを標準に、318mm、508mmが用意され、どれもすばやく銃身を交換できます。作動方式はショートストローク・ガスピストン式にあらためられ、ガスピストンの収められたチューブは銃身の左側に設置されています。

給弾機構は従来のM16/M4と同じ弾倉式と、ベルトのように銃弾をつなげた弾帯式、両方を併用する3形式の3つがあり、銃床も伸縮式のほか、右へ折れる折り畳み式があります。被筒は4面レールつきですが、左にでたガスチューブを覆うため、専用のものです。シュライク・システムは現在、**アレス-16可変任務形態ライフル（MCR）**に改称しています。

※ カービンより短くつくった銃を指す。

アレス-16 AMG-2。従来の弾倉と弾帯の両方式で給弾できる　写真/アレス・ディフェンス・システムズ

■弾薬 5.56×45mm NATO弾(M855)
■銃身長 413mm(オプションで318mm、508mm)
■ライフリング・ピッチ 178mm(オプションで229mm、305mm)
■装弾数 20発/30発/100発(弾倉)、200発(ベルト)
■作動方式 ショートストローク・ガスピストン式、ロータリーボルト式閉鎖
■全長 878mm　■重量 3,401g(最軽量形態)　■発射速度 625〜1,000発/分
■銃口初速 N/A　■有効射程 N/A
(アレス-16 AMG-2のデータ)

特殊用途火器モデルとなるアレス-16SPWの給弾部。弾倉給弾機構は省略され、弾帯給弾のみとなっている。切替金(セレクター)の上にあるレバーは、上部レシーバー後端から移った槓桿(チャージングハンドル)　写真/アレス・ディフェンス・システムズ

2-30 H&K HK416/417、M27 IAR
～泥水に浸しても問題なく動作する

ドイツの銃器メーカー・ヘッケラー＆コッホ社（H＆K）は1990年代初め、米陸軍デルタフォース内の開発研究担当下士官ラリー・ヴィッカース氏（94ページ参照）の要請で、新しいカービンHK M4の開発に着手します。故障率の低下と部品寿命の延長を主眼に開発され、開発中に手掛けたドイツのG36や米国のXM8、英国のL85改良型の技術も取り込んで完成し、2004年にデルタフォースのM4カービンと置き換わりました。翌年、コルト社の抗議でHK M4からHK416へ改称します。

H＆K社は従来のリュングマン式を捨て、ドイツ軍に採用されたG36ライフルの**ショートストローク・ガスピストン式作動機構を銃身上に移植**。これにより対塵性が上がり、**泥水に浸した銃を取りだしてそのまま撃てることを実証**しています。ピストン化によってボルトグループの移動速度が上がったのに対応して、バッファーの強化と遊底、撃針周りの暴発防止策が施されています。

冷間鍛造でつくられた銃身は228～505mmまで各種そろえ、2万発まで精度が保証されています。弾倉を弾詰まりしにくいスチール製に変え、レールつき被筒は銃身に触れないようフリー・フローティング式で固定されます。この銃の選抜射手向け7.62mm弾モデルがHK417で、銃身を換え、反動の強い銃弾に合わせて各部を強化した以外は、基本的にHK416と同じです。

がんじょうで信頼性の高い銃として、世界の特殊部隊で採用されているほか、ノルウェー、トルコが主力小銃として採用しています。HK416D 16.5RSは米海兵隊の新しい分隊支援火器M27歩兵自動火器（IAR）として2010年7月に制式採用されています。

M27 IARは、携行弾数や火力を減らしても、軽量で射撃精度の高い分隊支援火器として開発され、2013年夏までに約6,500挺の導入が米海兵隊で予定されている　写真/ヘッケラー&コッホ

■弾薬 5.56×45mm NATO弾（M855）　■銃身長 419mm
■ライフリング・ピッチ 178mm　■装弾数 30発
■作動方式 ショートストローク・ガスピストン式、ロータリーボルト式閉鎖
■全長 838〜937mm　■重量 3,583g（弾倉除く）
■発射速度 560〜640発/分　■銃口初速 N/A　■有効射程 N/A
（M27 IARのデータ）

HK416を構えるノルウェー陸軍テレマルク大隊の兵士。被筒右側にフラッシュライト、照準器はエイムポイント社製コンプM4・ドットサイトを取りつけている。同軍はHK416を主力ライフルとし、選抜射手のライフルにHK417をあてている　写真/ノルウェー国防省

2-31 オーバーランド OA-15/OA-10 〜欧州各国の警察で使われるほど高精度

ドイツのフクルフィングにあるオーバーランド・アームズ社は射撃精度の高いスポーツライフルとしてのM16/M4ライフルにいち早く注目し、ヨーロッパで最初にM16/M4クローンを手がけたメーカーです。同社の製品ラインナップはもっぱらM16/M4クローンとその周辺装備に特化されています。**ピン1本から精密削りだしでつくりだす同社のライフル**は高い射撃精度をもち、ヨーロッパ各国の警察で使われています。

OA-15/OA-10はオーバーランド社のM16/M4クローンで、OA-15が5.56mm弾モデル、OA-10が7.62mm弾モデルです。警察、民間市場をターゲットにしているので信頼性や対塵性はオリジナルのままでも十分とし、基本構造には手を入れず、内部の動作精度を上げたり、銃身や被筒を交換して射撃精度の向上を図った長銃身モデルが同社の製品の大半を占めます。

基本モデルはM16A2/A4そのままのクラシックモデルから、フリー・フローティングに取りつけられるレールつき被筒、伸縮式銃床を備えた現代的なモデル、ソリッドな外形のレシーバーと被筒に軽量化のための溝を彫ったステンレス銃身をもったスポーツ・狙撃モデルなどがありますが、**どれもオプションで組み替えられ、射手の好み、目的に応じて多様な銃を手にできます**。

近年の近接戦闘重視の流れに乗ってだしたOA-15 XSは、同社のなかでも異彩を放っています。近接戦闘用短機関銃としては世界標準のヘッケラー＆コッホ社のMP5を意識したというこの銃は、ヤンキー・ヒルズマシン社製のファントム消炎器をつけた190mmの銃身に米サムソン社製の非常に短いレールつき被筒を被せ、伸縮式銃身を縮めた状態では全長680mmとCQBR/Mk18 カービン並みのサイズとし、**ライフル並みの火力をもったサブ・カービン**にまとめています。

他モデルより220ユーロ以上安い各1,380ユーロで、オーバーランド社の普及モデルとなるOA-15ブラック・レーベル・シリーズ。写真左よりA4（20インチモデル）、M5（16.25インチモデル）、M4（14.5インチモデル）、コマンド（10.5インチモデル）　写真/オーバーランド・アームズ

上は有効射程200mの近接戦闘に特化したカービンモデルで、オーバーランド社でもっとも短い銃身をもつOA-15 XS .223Rem。下はスポーツシューティング向けで、最長の26インチステンレス製銃身（660mm）をもつ7.62mm弾モデルのOA-10 ブルバレル .308Win。被筒はフリー・フローティング式で取りつけられている　写真/オーバーランド・アームズ

2-32 シグ・ザウエル SIG516/716 〜HK416の"裏"改良型

シグ・ザウエル社が2009年に発表したのがSIG516です。シグ・ザウエル社はスイスの銃器メーカーですが、この銃の企画・開発は米国のシグ・アームズが行い、設計には元ヘッケラー＆コッホ社（H＆K）の技術者もかかわっています。全体としてM16/M4の下部レシーバーに、同社のSG550系列ライフルを乗せたような形に収まっています。

SIG516もHK416同様に信頼性と保守で問題の多いリュングマン式を捨て、**ショートストローク・ガスピストン式を作動機構にすえています**。HK416との違いは単純化してパーツ点数を減らし、**被筒を外さなくても掃除できるよう整備性を高めた**ことで、このあたりが元H＆K技術者による改良点かもしれません。もちろん信頼性、対塵性も向上しています。

まだ民間市場でしか販売されていないので発射モードは単射のみですが、軍・警察向けに単射/3発連射/連射へ切り替えられるモデルも用意されています。レールつき被筒は上面内部にガスピストンを収める専用品です。銃身長は191〜406mmの各種をそろえ、狙撃モデルでは508mmを追加しています。樹脂部の成型色とセラコート塗装※で、黒、オリーブドラブ、ダークアースの3色が用意されています。AK-47と同じ7.62×39mm弾を使用するモデル・パトロールAKもあり、2011年初めには7.62×51mm NATO弾を使用するSIG716も発表されています。

シグ・ザウエル社はほかに形も作動機構もM4カービンそのままのSIGM400も製品群に加えており、同じM16/M4市場でどのように差別化して売るのか興味深いところです。

※ 大幅な温度変化、衝撃に強い塗膜をもち、銃器にも塗装できる塗料。

SIG516パトロールの16インチモデル（406mm）。パトロールは銃身長7.5/10/14.5/16インチの4種類に、AK-47と同じ銃弾を撃てるパトロールAKの14.5/16インチの2種類がある

写真/シグ・ザウエル

■弾薬 5.56×45mm NATO弾（M855）　■銃身長 406mm
■ライフリング・ピッチ 178mm　■装弾数 30発
■作動方式 ショートストローク・ガスピストン式、ロータリーボルト式閉鎖
■全長 920～947mm　■重量 3,311g
■発射速度 750～900発/分　■銃口初速 N/A　■有効射程 N/A
（SIG516パトロール 16インチモデルのデータ）

7.62mm弾モデルのSIG716パトロール。銃身長12/16インチに、狙撃モデルのプレシジョン・マークスマンの18/20インチの合計4種類がラインナップされている

写真/シグ・ザウエル

2-33 大宇 K2
～リュングマン式をやめて整備性を向上

韓国陸軍はベトナム戦争に参加し、米国から2万7,000挺のM16ライフルを供与されました。1974年から1985年までは、大宇（デーウー）精工がM16A1（コルトモデルナンバーM603K）を60万挺ライセンス生産しました。

これに先立つ1972年、早くもM16の後継ライフルの開発計画が国防科学研究所（ADD）で始められました。国産品としてライセンス料を抑えて単価を下げたかったことと、コルト社がライセンスの延長を望んでいなかったことが背景にあります。途中M16の技術を流用したK1短機関銃を経て、1983年にK2ライフルが完成します。これを見たコルト社はM16の違法コピーとして告訴しますが退けられ、翌年より大宇精工が生産を始めます。

K2はM16ライフルをもとにしていますが、アーマライトAR-18※やAK-47も参考にしており、**M16を韓国軍の運用に適する形にした銃**といえます。最大の相違点はリュングマン式の作動機構をやめ、AK-47とほぼ同じ構造のロングストローク・ガスピストン式としたことです。**北朝鮮と常に対峙している韓国軍としては、前線に長時間貼りつき、ひんぱんな整備で時間をとられるのを嫌ったための変更**です。

銃身は465mmとM16より少し短く、発射モードは単射/3発連射/連射に切り替えられ、韓国のSS109に相当するK100弾を撃ちだします。樹脂製の銃床は右に折れ曲がり、折り畳み時は全長が240mm短くなります。ただし伸縮による調整はできません。弾倉はM16と同じ30発弾倉を用います。被筒は樹脂製で、銃身下部には40mm擲弾発射器を取りつけられます。

※ アーマライト社がAR-15の後に開発したライフル。ショートストローク・ガスピストン方式とマイクロロッキングラグを備え、日、独、英、伊などの ライフル開発に影響を与えた。

写真/大韓民国国防省

■弾薬 5.56×45mm NATO弾(M193/K100/SS109)　■銃身長 465mm
■ライフリング・ピッチ 185mm　■装弾数 30発
■作動方式 ショートストローク・ガスピストン式、ロータリーボルト式閉鎖
■全長 970mm/730mm(折り畳み時)　■重量 3,370g
■発射速度 700〜900発/分　■銃口初速 920m/s(K100/SS109)
■有効射程 600m(K100/SS109)

米海兵隊との合同演習において、石垣の後で待機する韓国海兵隊隊員。いちばん手前の隊員がもつK2は、銃身下部にK201擲弾発射器をつけている。2002年11月、在韓米軍基地キャンプ・ムジュクでの撮影
写真/米海兵隊

2-34 聯勤 65/86/91式戦闘歩槍
～軽量化された91式は信頼性も向上

台湾軍は米国から生産設備を購入して、1968年よりM14ライフルを57式歩槍として使ってきましたが、同時に後継ライフルの開発に着手します。開発は第205兵站廠が手がけ、M16ライフル、アーマライトAR-18を参考にし、1976年（民国暦65年）に65式戦闘歩槍（T65）として制式化されます。

外形はM16によく似ていますが、**作動機構はショートストローク・ガスピストン式とし、故障を減らしています**。一方で被筒部分が熱くなりやすく、樹脂が変形してしまうほどで、改良型のT65K1では断熱のため被筒内にアルミシートを入れました。1987年4月より生産に入ったT65K2は、NATOのSS109弾に相当するTC-74弾を撃てるようにした銃で、レシーバーにM16と同じような提げ手がつき、両者の見分けがまったくつかなくなりました。また単射、連射の2つだった発射モードに3発連射が加わり、85式擲弾発射器も被筒の下に装着できるようになりました。

1997年（民国暦86年）に登場した86式戦闘歩槍（T86）は銃身を133mm詰めたカービンモデルで、基本構造はT65と同じです。空挺部隊、海兵隊といったエリート部隊に配備を進めていましたが、2002年（民国暦91年）に91式戦闘歩槍（T91）が登場したことで、少数に終わりました。

T91はT86の提げ手を外せるようにして、被筒下面前端とレシーバー上面にピカティニー・レールをつけた小改良型に見えますが、**作動機構をファブリック・ナショナルFALに似たものに替え、激しい環境温度の変化に耐えられ、部品点数を減らして軽量化し、整備性を上げるなどの改良**が施されています。

T91を受け取る台湾陸軍兵士。各々の銃にはT85 40mm擲弾発射器が装着されている

写真/中華民国国防部

■弾薬 5.56×45mm NATO弾（TC71［M193相当］/TC74［SS109相当］）
■銃身長 406mm　■ライフリング・ピッチ 178mm　■装弾数 30発
■作動方式 ショートストローク・ガスピストン式、ロータリーボルト式閉鎖
■全長 880mm/800mm（折り畳み時）　■重量 3,170g（弾倉、負い紐除く）
■発射速度 800～850発/分　■銃口初速 884m/s（TC74/SS109）
■有効射程 600m（TC74/SS109）
（T91のデータ）

台湾・金門島のトーチカでT65K2をもち、歩哨にあたる台湾陸軍金門島守備隊兵士。T65K2はM16A2に酷似しているが、提げ手のもち手の右側につまみがあることで、かろうじて見分けられる

写真/中華民国国防部

2-35 KH2002 カイバー
～宿敵イランで開発されたブルパップM16

イラン軍および革命防衛隊が装備するヘッケラー＆コッホG3ライフルを代替するため、イランの防衛産業機構（DIO）が開発した**ブルパップ式のライフル**です。2003年にイラン陸軍で制式化され、翌年から配備が始まったとみられています。

大きく外形が変わっていますが、**中身はM16ライフル譲りとなるリュングマン式の作動機構**とロータリーボルト式の閉鎖機構を使っています。もともとは一部の精鋭部隊向けに購入していた中国の中国北方工業公司（ノリンコ）製M16A1のコピーとなるCQ 5.56を参考に開発し、ほかにもフランスのFA-MAS、オーストリアのステアーAUGを参考とした箇所が各部に見受けられます。

銃の上方に大きく張りだした提げ手の上辺部分は照準器を兼ね、光学照準器を装着するレールとしても使えます。そのレールの下は槓桿となる引金が配されています。レシーバー前部の左右にはピカティニー・レールが備えられ、前方のグリップにあたる部分を外して、銃剣や二脚を取りつけられます。銃身長は標準、長銃身、短銃身の3種類あると推測されます。M16と同じ20発/30発弾倉が使え、機関の入った銃床の下面に差し込みます。

射撃モードは単射、3発連射、連射の切り替え式で、操作に必要なボタンは左右に配され、両利き対応となっています。銃全体は銃身を覆う本体と、ガスチューブとボルトグループを覆う2つのプラスチック部品で構成されています。DIOはカイバーを「反動が小さく、高い射撃精度で軽量」「モジュラー構造で整備が容易」な銃と主張しています。

■弾薬 5.56×45mm NATO弾
■銃身長 508mm　■ライフリング・ピッチ 178mm　■装弾数 20発/30発
■作動方式 リュングマン式、ロータリーボルト式閉鎖
■全長 680mm/730mm/780mm　■重量 3,800g（長銃身型、弾倉あり、銃弾除く）
■発射速度 800〜850発/分　■銃口初速 900〜950m/s　■有効射程 450m

カイバーを抱えて会見に答えるイラン革命防衛隊陸上部隊副司令官のヌールアリ・シシュタリ将軍。同将軍は2009年10月18日にスンナ派テロリストの自爆テロを受けて死亡した

COLUMN-02

M16のピストルがある!?

さて、ここまでM16/M4系列の派生型を紹介しましたが、ゲリラ戦や市街掃討の比重が増えるに従い「**銃身を詰めて小さく、軽くして、屋内や閉所で取り回しやすいカービンやサブ・カービンにする**」というのが、現在のライフル業界の流行だとおわかりいただけたことでしょう。

ではこれを究極まで進めるとどうなるのでしょうか？　おそらく、ブッシュマスター社のカーボン15や、オリンピックアームズ社のOA-93、ロッキーマウンテン・アームズ社のペイトリオット・ピストルなどがその答えになるでしょう。これらの銃は銃床を廃止し、銃身を極限まで短くして、販売の都合上「**ピストル**」となっていますが、殺傷力の高いライフル弾を撃ちだします。民間向けなので、単射でしか撃てないように制限されていますが、多少構造がわかる人であれば連射への改造は簡単なので、とても危険な銃ともいえます。

しかし、性能の点では厳しいものがあります。これだけ銃身が短いと、発射薬が十分に燃焼せず、弾頭を十分に加速できないので、銃口初速や命中精度が落ちますし、銃口から盛大に発砲炎を吹きだすので、射手本人も目がくらんでしまいます。銃床がないので、ブレる銃を保持するのも困難です。そもそもリュングマン式は作動ガス圧がデリケートなので、**銃身が短いと機関部に回るガス圧が不安定になり、ボルトグループの動作タイミングも取りにくく、動作不良が多発**します。

M16/M4ピストルは小説やマンガのネタとしてはおもしろいのですが、使用は現実的ではないようです。

ロッキーマウンテン・アームズ社のペイトリオット・ピストル。銃身長178mm、全長533mmで5.56mm弾を撃ちだす。発射は単射のみ

写真/ロッキーマウンテン・アームズ

M16&M4

第3章

M16&M4の周辺装備

**鋼鉄のかたまりであるライフルは、
周辺装備をつけることで近代兵器に生まれ変わります。**

2010年、ノルウェーで行われたドイツ特殊戦団（KSK）との共同訓練で、暗闇の雪中にて待機する海軍特殊戦グループ11チーム18（以前の作戦支援チーム2）の隊員。夜間は、近代装備をもたないゲリラ、テロリストに対し、圧倒的に優位なフィールドとなる

写真/米海軍

3-01 進化する周辺装備
～ピカティニー・レールの登場で激増

周辺装備は、お仕着せの規格品であるライフルを、射手の体格、目的にフィットさせる役目があります。銃床、銃把、引金、照準器を換えることで、射手にとって最適な狙いやすさ、撃ちやすさを求めることができるからです。

かつての銃は服に引っかからないように、かつ手になじみやすいように、表面は滑らかにつくられ、そこに滑り止めの刻み目が入るくらいでした。しかし1990年代半ばからレシーバー上面や被筒の4面に、ゴツゴツとしたレールがつくようになります。これは**ピカティニー・レールといい、もとは照準器の取りつけを簡単にするために考えだされました**。その後、照準器以外の装備品を取りつけるのにも便利なことがわかり、**ライフルの側面や下面にも着くようになると、周辺装備の種類が爆発的に増えます**。それまで歩兵は高度化する現代の戦場において、必要な装備品が増え続け、それぞれをバラバラにもち歩く状態に悩まされていました。しかしこのピカティニー・レールの登場で歩兵のもつ装備がライフル周りに集約され、取りつける装備品を交換することで、多用途性に富む近代兵器にライフルは生まれ変わったのです。

特に冷戦後の非対称戦※が頻発する状況では、戦闘する環境に応じて兵士個人の戦闘能力を最適化することが求められており、夜間作戦や遠距離交戦、市街掃討など、それぞれの状況に応じた装備形態が編みだされています。

軍隊ではライフルは官給品なので、勝手な改修は許されません。周辺装備は国から支給されるほかに、小隊ごと、中隊ごとに購入し、隊内で互換性を確保しながらライフルを改修しています。

※ 従来の戦争での近代装備を整えた正規軍同士の戦闘ではなく、規模や戦闘形態がまったく異なるゲリラやテロリストを相手にした紛争。

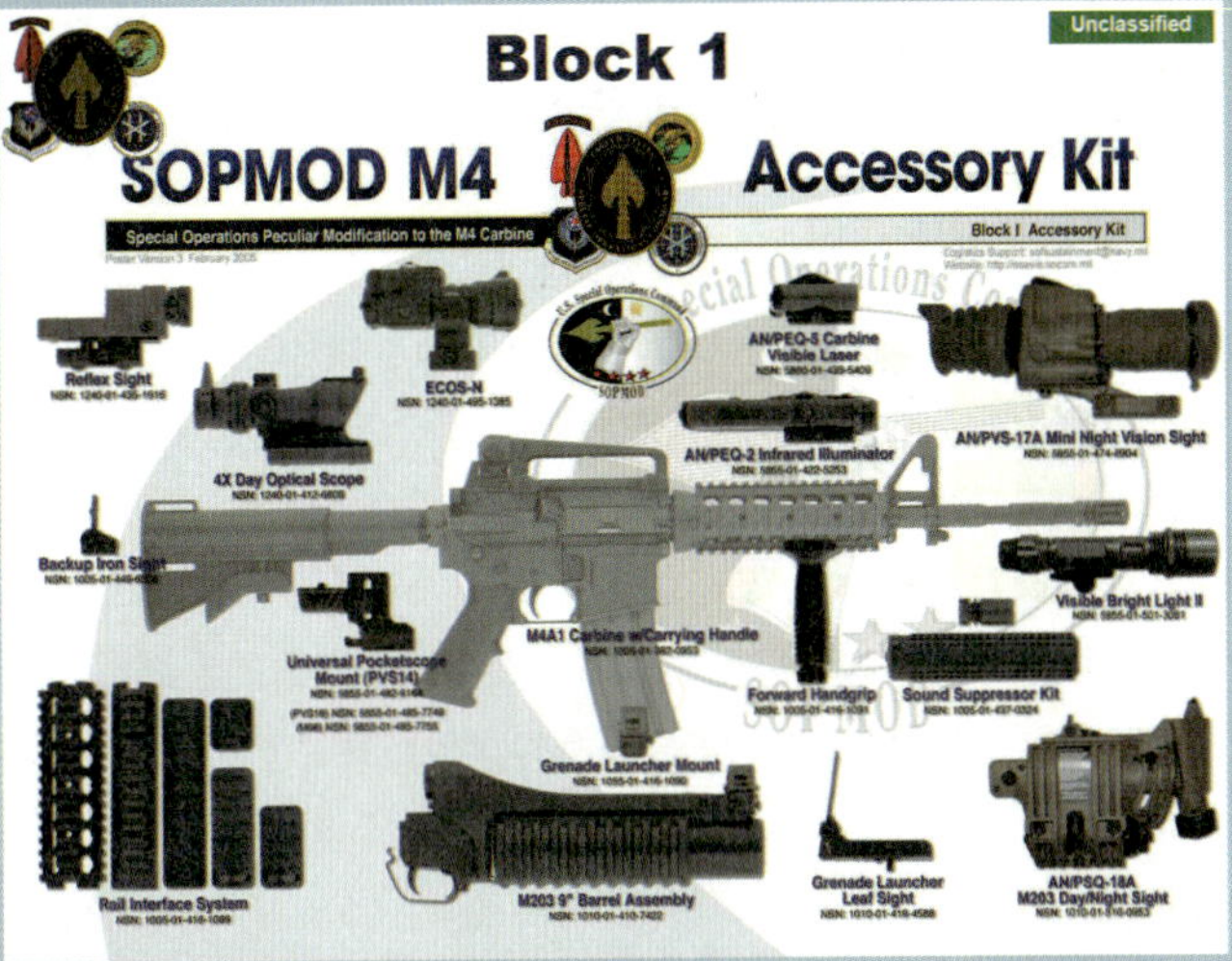

米特殊作戦軍が定めたM4カービンの周辺機材「特殊作戦用装備 1（SOPMOD Block 1）」の一覧。そのほとんどがレシーバー上部や被筒のピカティニー・レールを介して装着される
写真/米国防産業協会

屋内射撃場にてMk18 Mod0で射撃練習をする海軍特殊戦グループ2（ヨーロッパ、地中海担当）のひとつ東海岸チームの隊員。近距離照準用にEOテック社製のEXPS3ホロサイトを、中距離照準用に光学式照準器を斜め上に装着して、距離の違う目標にも銃を傾けて対応できるようにしている。射手は左利きらしく、レシーバーの左側に光学照準器をつけている
写真/米海軍

3-02 銃床、銃把 ～射手の体格や好みに合わせて調節できる

銃床は発射時の反動を射手の肩に伝えるとともに、射撃時に手や腕、頭を適切な位置に置いて、正しい射撃姿勢を取らせるための矯正器具としての役目があります。とはいえ射手の体格、腕の長さ、顔の形は人それぞれなので、銃本来の性能をフルにだすためには、長さや高さを調整できるようにすべき部分です。

しかし軍隊では大量に配備する必要があり、個々の銃が変わっては兵站上問題があるので、**大半の兵士が満足できるサイズに銃床をつくり、あとは肩づけする位置を変えるなどして対応**しています。M16ライフルは最新のM16A4に至るまで長さ279mmの固定銃床でしたが、M4カービンでは181～279mmの間で4段階伸縮する銃床が標準となりました。ただM16の銃床ではついていた、銃床底部に設けられていた小物入れがなくなっています。

マグプル社をはじめとした銃器アクセサリーメーカーは、M4標準の伸縮銃床より細かく多段階に伸縮できたり、内部に電池や救急用具を入れる小物入れを設けた銃床を開発し、軍や民間軍事会社のM4に導入されています。一方、実践ガンシューティングなどの競技向けに、余計な機能を省いて軽くし、がんじょうに固定できるタイプの銃床も需要があり、**現在市場にあるM16/M4の銃床は高機能化と単純化で二極化**しています。

銃把は銃床とともに射手が銃に触れる部分です。M16/M4に標準でついている銃把は直線的な形で、M16A2で少しなじむ形に変更されたものの、やはりお仕着せなので、すべての射手の手の大きさや形に合うわけではありません。これも銃器アクセサリーメーカー各社が、形や素材を変えた銃把を開発・販売しています。

上はACE社製SOCOM AR15M4。近接戦闘用の銃床で、施錠されたドアノブの破壊を想定してハンマーのような形となっている。強度もM16A2の固定銃床の約6倍ある。216～267mmの間で5段階に調整できる。右はマグプル社製のCTRカービン用銃床で、二重ロック機構をもち、不意に伸縮する心配がない。272～354mmの間で4段階調整できる
写真/ACE(上)、マグプル(右)

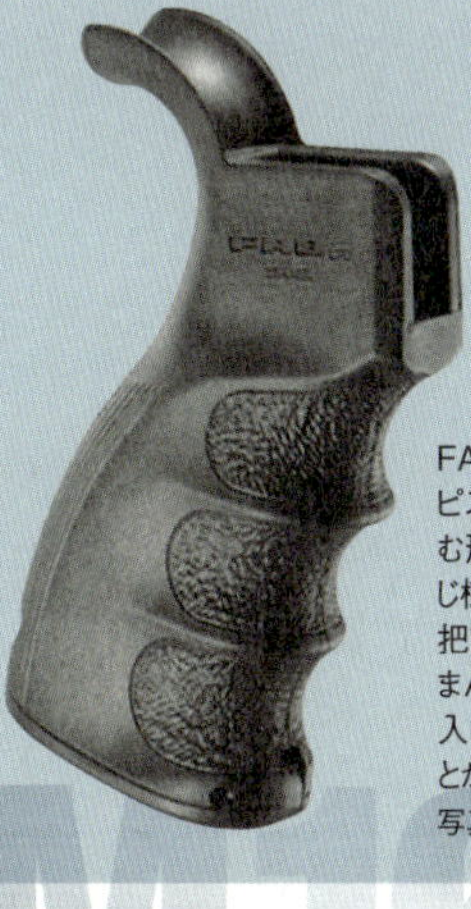

FABディフェンス社のAG-43ピストル型銃把。手によくなじむ形だが、素材は官給品と同じ樹脂でできている。軍では銃把交換の優先順位は低く、がまんできない兵士が個人で購入して、自分の銃を改修することが多いようだ
写真/FABディフェンス

3-03 銃身、被筒
～先台からオプション類のベースに進化

銃の性格を決めるのが**銃身**です。長ければ銃口初速が上がり、射程が伸びますが、狭い場所での取り回しに手間取ります。短ければその反対です。銃身が肉厚ならば過熱を抑えられ、連続もしくは長時間の射撃に耐えられます。近接戦闘を意識して、銃身を短く詰めるのが最近の傾向ですが、銃身が短いと発砲炎と音が大きくなり、さらに発射ガスを取り込むガスポートが薬室近くに移動してガス圧が高くなり、発射速度が上がってしまいます。なので、**銃身を詰めるのには意外に技術を要します**。

銃身の素材はふつう、加工性にすぐれたクロム・モリブデン鋼です。高級パーツはステンレス鋼でつくられますが、錆びない以外、クロム・モリブデン鋼よりすぐれた点はありません。ステンレス鋼を使うのは高級感をだす以外に意味はありません。

M16/M4の**被筒**は、利き手とは反対の手で銃を支える先台の役目をもつと同時に、発砲で熱くなった銃身で火傷しないためにあります。M16A3、M4A1まではおむすび形、または円筒断面のプラスチック製でしたが、1998年から被筒の4面にピカティニー・レールを配したナイツ・アーマメント社製M4/M5レール・アダプター・システムをつけるようになると、ライトやレーザーサイトといった周辺装備を取りつける架台としての役目も担うようになり、**現代ライフルに欠かせないもの**となりました。現在は銃器アクセサリーメーカー各社が同様の商品を販売し、最新の特殊作戦用装備Ⅱ（SOPMOD BlockⅡ）では、ダニエル・ディフェンス社製のレール・インターフェイス・システムⅡ（RISⅡ）が採用されています。

相棒の肩を借りて構えたM16A4 SAM-Rで、山上の反同盟軍を狙う米海兵隊第22海兵遠征隊隊員。2004年6月の撮影。SAM-Rはステンレス製20インチ銃身をもち、集弾率は1分（1/60度）以内。主要交戦距離である400mで撃った場合、半径11.6cmの円内に収まる計算。この距離で人間の頭部、胸部を狙うには十分な精度だ

写真/米海兵隊

特殊作戦用装備Ⅱ（SOPMOD BlockⅡ）に選ばれたダニエル・ディフェンス社のRISⅡ。上からM4カービンに着けるM4A1 RISⅡ（全長311mm）、照星部分を残して取りつけるM4A1 FSP RISⅡ（全長311mm）、CQBR/Mk18用のMK18 RISⅡ（全長243mm）。いずれもフリー・フローティング式で取りつけられ、被筒基部のバレルナット部の専用アダプターを介して、6本のボルトで固定される。荒っぽく扱ってもガタつかない

写真/ダニエル・ディフェンス

3-04 弾倉、マガジンウェル
～改良が重ねられて信頼性の高いものに

M16/M4はNATO標準規格にもなっている20発と30発のアルミ製弾倉を取りつけられます。しかし**この弾倉は信頼性が低く**、いっさいの故障なく最後の1発まで撃ち切ることができる割合はM16で50%、M4で53%※です。これは弾倉がつぶれや歪みに弱いのに加え、銃弾を送るばねが強すぎ、銃弾同士の摩擦や遊底への噛み込みを起こしてしまうためです。そこでこれを避けるため、30発弾倉の場合は1～2発少なく装填します。

埃にも弱く、陸軍プログラム管理局が2007年に行った埃に対する耐久テストでは、M4の装弾不良の27%が弾倉に由来しました。これを受けて弾倉を改良したものの根本的な解決には至らず、結局**マグプル社のプラスチック製弾倉P-MAG（ピー・マグ）を導入**しています（制式化ではなく、部隊承認での支給）。

連射を多用する分隊支援火器や軽機関銃では、容量の大きい弾倉が求められます。この目的で100発装填できるベータカンパニー社製C-Mag（シー・マグ、79ページ下写真参照）、60発/100発装填のシュアファイア社製MAG5-60/-100（右ページ写真）など大容量弾倉が開発されています。ただ弾数については、多ければよいわけでもありません。1回の戦闘で20～30発の弾倉を空にすることはまれであり、イラク、アフガニスタンの戦訓から、**火力よりも機動力を優先する傾向が顕著**となっているからです。

弾倉口に取りつけ、弾倉交換の際、弾倉口への挿入を助けるのが**マガジンウェル**です。製品によって素材や形はさまざまですが、どれも内側はスカートのように末広がりの形状をしていて、弾倉を確実に弾倉口へ導きます。

※『兵士視点での戦闘中の小火器（Soldier Perspectives on Small Arms in Combat）』（CNAコーポレーション社、サラ M・ラッセル／著、2006年12月）による。

マグプル社のプラスチック製弾倉P-MAG。車に踏まれても、砂を噛んでも動作する高い信頼性で、前線部隊では事実上の標準装備となっている
写真/マグプル

全長310mmで5.56mm弾60発を収容するシュアファイア社製MAG5-60。下はさらに弾倉を伸ばし、100発を収容するMAG5-100
写真/シュアファイア

3-05 ドットサイト、ホロサイト
～すばやい照準に欠かせない照準器

どちらも小火器向けとしては新しい、光像式の照準器です。共通しているのは照準器内のガラス面に赤く光る点、もしくは照準シンボルを映しだすことです。

ドットサイトはダットサイトともいい、基本的に従来の低倍率望遠鏡形照準器と同じです。しかし**十字線の真ん中に赤い点が光り、目標を捉えやすくしています**。陸軍がM150 RCO、海兵隊がAN/PVQ-31として採用したトリジコン社製TA31RCOは、4倍の倍率をもち、射距離は800mまで対応。光ファイバーかトリチウム※で光り、周辺環境に合わせて光量を自動調整します。

ホロサイトはホログラフィックサイトともいい、望遠倍率のかかっていない近接戦闘向け照準器です。ガラス面に半導体レーザーでつくったシンボルを投影します。これは戦闘機に使われるヘッド・アップ・ディスプレイ（HUD）と同じ技術です。**視界が広く、非常に照準が合わせやすい照準器**です。

照門、照星からなるアイアンサイトだと、眼の焦点を照門、照星、目標の3者に合わせなければなりませんが、この照準器だとシンボルの焦点は無限遠に設定されているので、**目標にシンボルを重ねるだけで照準でき、戦闘で必要なすばやい発砲ができます**。また照準点が光るので、これまでの照準器が苦手としていた**光量の足りない明け方や夕方でも使えます**。当然、環境に合わせて光量も調整できます。

これらの照準器で標準のアイアンサイトの出番はなくなる気もしますが、万が一壊れたときのために予備の**バックアップ・アイアンサイト**（BUIS）を取りつけるのが定石です。

※ 水素の放射性同位体である三重水素のこと。トリチウム自体は光らず、β崩壊時にだす電子を蛍光物質に当てて光らせる。

AN/PVQ-31と前方銃把を装着したM16A4で撃つ米海兵隊第2海兵兵站群第2戦闘兵站大隊第1分遣隊のクリストファー・マケービ軍曹。2007年5月の撮影。下はAN/PVQ-31から見た視界。赤い逆V字型のシンボルが光っている

写真/米海兵隊

特殊作戦用装備Ⅱ（SOPMOD BlockⅡ）に選ばれたM553火器照準器ことEOテック社製ホロサイトSU-231/PEQ。CR123リチウム電池2個で連続約1,100時間駆動する

写真/EOテック　

M16&M4

3-06 暗視装置 ～夜を制する者が戦場を制する

神出鬼没のゲリラやテロリストに対抗するには、夜を制することが要です。ゲリラは装備が貧弱で、夜間は限定的な活動しかできませんが、正規兵は十分な装備とセンサー、航空機からの支援を受け、圧倒的に有利な立場にあるからです。

兵士の夜間活動を支えるのが**暗視装置**です。歩兵の暗視装置の使い方は2通りあり、ヘルメットに取りつけてじかに目で見る方法と、ピカティニー・レールを介してライフルに取りつけ、照準器を通して見る方法です。どちらも一長一短で、前者は両手が自由に使え、頭の動きといっしょなので、視野と感覚のズレがほとんどありませんが、ライフルを撃つときは正しい射撃姿勢をとれないので、レーザー照射器で狙っている箇所がわかるよう補助がいります。よって**捜索などに向いている装備法**です。

後者は常に射撃姿勢を取りながら、照準器を覗き込む格好で動くので、目標が現れたらすぐに対処できます。しかし両手は使えず、視線はライフルの向きに固定されますし、もし銃身が突っかかるような狭い場所に入ってしまったら、身動きがとれなくなります。こちらは、**強襲、制圧が目的である場合、もしくは捜索での援護担当の装備法**です。なお、いまの暗視装置は周囲が明るすぎる場合、リミッターで自動的に光量をカットします。

米軍で使用している暗視装置はいくつかありますが、もっとも広範に使われているのがAN/PVS-14で、ヘルメット、ライフルのどちらにも取りつけて使えます。米国では多数の暗視装置が販売されていますが、現行の第3世代※に準じる性能をもつ装置は軍と法執行機関のみの販売となっており、輸出もできません。

※ 微光を3～5万倍に増幅するもので、この分野は米国の独壇場。

バグダッド市内で夜間掃討作戦を行う第2ストライカー騎兵連隊第1小隊の隊員。2007年10月の撮影。この隊員はヘルメットに暗視装置をつけている
写真/米陸軍

AN/PVS-10夜間狙撃照準器(SNS)をつけたM110 SASS。12.2倍の望遠倍率をもち、重量は2.5kg。光量を3万～5万倍に増幅する第3世代画像増幅技術を使った夜間/昼間兼用照準器で、単3電池2本で駆動する。本来はM24狙撃システムのために開発された
写真/米陸軍

昼間用のMk4照準器をつけ、さらにAN/PVS-26汎用夜間照準器を据えたM110 SASS。星明かり程度なら800m、三日月程度なら1,000mの人影を探せる
写真/ナイツ・アーマメント

3-07 レーザーサイト
～暗視装備をもたない相手からは見えない

暗視装置とセットで使うレーザー照射装置です。現在使われているのは、インサイト・テクノロジー社製AN/PEQ-2 TPIALで、TPIALは目標指示/照射/照準ライトの頭文字から取っています。発振する赤外線レーザーの照射口は2つあり、1つは銃口を向けた方向を教える銃口照準と航空機から投下されるレーザー誘導爆弾に目標を指示するためにピンポイントで照射するもの、もう1つは暗視ゴーグルで見るときに、ライトのように赤外線で辺りを照らすための、拡散して照射するものとなっています。**どちらも暗視装置を通さないと見ることができません**。

2つのレーザー光は独立して零点規正でき、照明レーザーは照らす範囲も調整できます。2種のレーザー光の強弱の組み合わせで5つのモードがあります。20m防水が施された本体の重量は210g、ピカティニー・レールを介して取りつけ、単3電池2本で駆動します。後部には外部スイッチをつけるための端子があります。

改良型のAN/PEQ-2Aではレーザー出力が強化され、**ピンポイントで照射する指示レーザーだと、照射距離は2,000m以上**にもなります。本体上面にはレーザー光の出力を制限する青い安全ブロックがあり、実戦時はこれを外して使います。

後継としてAN/PEQ-15が開発され、特殊作戦用装備II（SOPMOD BlockII）に選ばれています。重さはさほど変わりませんが、サイズがPEQ-2のおよそ半分にまで小さくなりました。可視光レーザーが加わり、**赤外線レーザーは符号化して、複数のレーザー光線が錯綜しても混信しない**ようになっています。出力は倍の100mWになり、照射距離は8,000m以上に伸びています。

M16A4を構える海兵隊隊員。レシーバー上部にAN/PVQ-31照準器を、被筒右側にAN/PEQ-2レーザーサイトを、同下面には前方銃把を取りつけている
写真/米海兵隊

アフガニスタンでの夜間作戦で、ライフルに取りつけたAN/PEQ-15レーザーサイトから赤外線レーザーを照射し、前方を走査する陸軍特殊部隊隊員。彼らはヘルメットに装着した暗視装置で確認しているので、暗視装備をもたない相手には気づかれない
写真/米陸軍

3-08 消炎器、制音器、制退器
～発砲炎、発射音、反動を抑え射手を守る

どれも銃口につけるものですが、それぞれ効果が違います。消炎器はフラッシュハイダー、フラッシュサプレッサーともいい、発砲炎を抑えて発射位置を特定しにくくし、射手を眩惑から守ります。**銃身が短く、大きな発砲炎をだしてしまうカービン、サブ・カービンでは重要な装備**です。

制音器はサウンドサプレッサー、サイレンサーともいい、文字どおり音を抑制するものです。制音性能が高ければ消音器と名乗ることもありますが、実際は弾頭が超音速で飛ぶかぎり、衝撃波が騒音を生みだすので、発射薬を減らし、弾頭を音速以下で発射するサブソニック弾（亜音速弾）を使わないと、消音というレベルまでは音圧を下げられません。通常の銃で制音器を使うのは、**音圧を下げて発射位置を悟られる範囲を小さくするのと、射手の聴力を守るため**です。

制退器はマズルブレーキ、コンペンセイターともいい、銃口から前方へ噴出する発射ガスの前に板を立て、そのガスに引っ張ってもらう形で、射手にかかる反動を抑えるものです。制退器の形にもよりますが、**最大30%の反動を軽減**できます。

5.56mm弾の反動は弱いので、通常M16/M4系ライフルの銃口につくのは消炎器のみで、伏せ撃ちした際に地面の土を跳ね上げないために、下への噴きだし口をなくすなどの工夫を施したものがあります。メーカーによっては銃口の跳ね上がりを抑え、銃の操作を助けるために右上方向から押さえる※よう制退器の機能を兼ねたものもあります。消音器の装着は、発射場所を秘匿したい狙撃モデルに設定するのが大半です。

※ 射手が右利きなら、銃を射手に押しつける方向に反動を制御すれば、銃が射手から離れて暴れるような動きを抑えやすくなる。

グリフィン・アーマメント社のM4SD-Ⅱシリーズ。左からフラッシュ・コンプ（消炎器/制退器）、コンペンセイター（制退器）、サイレンサー（制音器）2個、マズルブレーキ（制退器）、フラッシュハイダー（消炎器）

写真/グリフィン・アーマメント

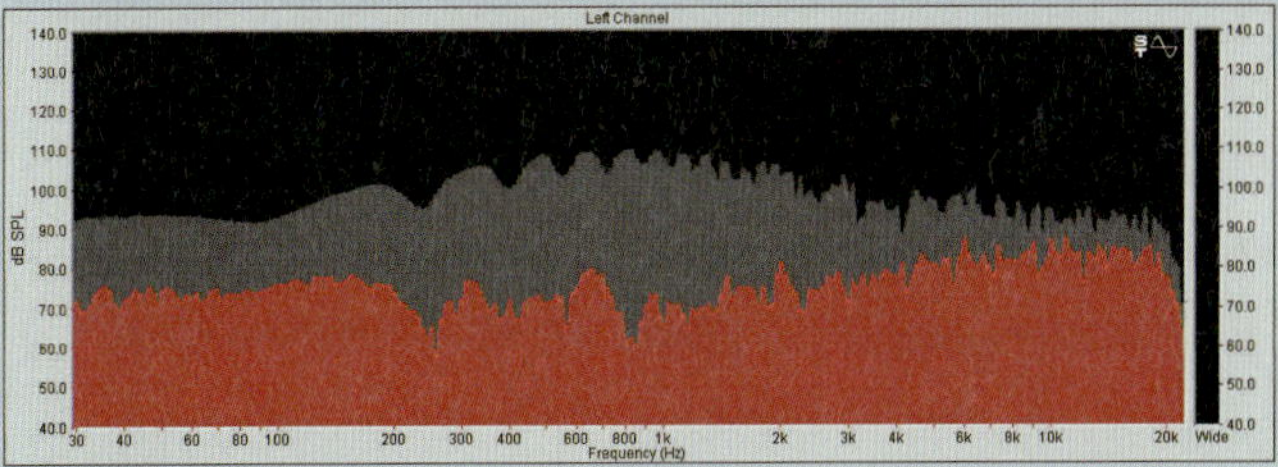

制音器の有無を比べたサウンド・スペクトラム。横軸が周波数（Hz、音の高低）、縦軸が音圧（dB SPL、音の大小）。グレーは制音器をつけない状態のM4カービン。赤はジェムテック社製M4-96D制音器をつけたときのもの。人間の耳につく300～2,000Hzの抑制効果が大きい

Image courtesy Robert Silvers,Silencertalk.com

M4A1カービンを覗く、海軍特殊部隊隊員。二脚とAN/PEQ-2レーザーサイト、AN/PVQ-31ドットサイト、そしてナイツ・アーマメント社製M4QD制音器を取りつけている

写真/米海軍

3-09 銃剣、タクティカルライト ～万が一の白兵戦や夜間の捜索に備える

銃剣は**バヨネット**ともいい、ナイフを銃の先端に着けて、短槍のように使います。現代戦において白兵戦が起きる可能性は非常に低いのですが、銃弾が尽きた後の最終的な手段として残されています。

M16/M4に取りつけられる銃剣はM7、M9、OKC-3Sの3種で、鍔《つば》に設けられた輪に銃身を通し、柄の後端をガスブロック下の着剣金具に固定する点は共通しています。M7はM14ライフル用の両刃のM6銃剣の焼き直しで、M16ライフルにつけられるように各部のサイズや形状を小改造したものです。

1984年に制式採用されたM9は片刃のナイフで、刀身の前方には穴が開いており、鞘の突起と組み合わせることで、**ワイヤーカッター**として使えます。陸軍は2010年から銃剣格闘訓練を廃止しましたが、海兵隊では続けており、M7/M9に代わる銃剣として、2003年よりオンタリオ・ナイフ社が製造するOKC-3S銃剣を配備しています。

対テロ戦、対ゲリラ戦のメインは地道な家宅捜索です。暗視装置、レーザーサイトを使った作戦は高コストで、ローラー作戦のような大規模捜索を行うとなると、とても機材の調達が追いつきません。また警察などの法執行機関の場合は、犯罪者相手にそこまでの機材を必要としません。そこで、低コストに夜間作戦、屋内掃討が行える機材として、**タクティカルライト**の出番となります。要はじょうぶな強力ライトなのですが、明るく消費電力の少ない白色発光ダイオードでかさばらないライトが実現し、一気に普及しました。ピカティニー・レールを介して被筒側面に取り

つけるのが一般的ですが、じゃまにならない位置、使いやすい形を求めて、銃口の直上につけたり、前方銃把と一体化した製品などもでています。

2011年5月に行われたオーストラリア陸軍小火器技倆大会にて、M9銃剣を取りつけたM4カービンで刺突する米海兵隊武器訓練大隊選出の戦闘射撃チームのマシュー・ガレット軍曹。この大会にはカナダ、インドネシア、マレーシアなど13カ国が参加している
写真/米海兵隊

ヘリコプターから降機後の機動と位置取りの訓練をする陸軍特殊部隊隊員。撃っているMk18 Mod1は、EOテック社製EXPS3ホロサイト、インサイト・テクノロジー社製AN/PEQ-15レーザーサイトとともに、被筒左側にはインサイト・テクノロジー社のタクティカルライトSU-233が取りつけられている
写真/米陸軍

3-10 アンダー・バレル・ウェポン
～擲弾や散弾を使用できるようになる

銃身の下に装着する火器を指します。M16/M4に装着するものとしてはM203/M320擲弾発射器とM26ショットガンの3つがあります。**擲弾発射器は火薬で遠方へ飛ばす手榴弾のようなもの**で、1961年から使われ始めます。まず、M16ライフルに発射器を搭載することが考えられ、いくつかの習作と運用試験を経て、1969年8月に制式採用されたのがM203 40mm擲弾発射器です。

M203は全長305mmで後半に滑り止めのリブがついたアルミ製チューブと、撃発機構のみの単純な機関部からなり、チューブは前後に動いて、装填・排莢は手動で行います。銃身にぶら下げるように取りつけ、被筒は専用のものに置き換わります。擲弾は山なりに飛ぶので、被筒上に専用の照準器**リーフサイト**をつけて狙います。M203A1はM4/M4A1カービン対応型で、チューブを229mmに詰め、専用の被筒は廃止しました。ピカティニー・レールで着脱が容易になっています。M203A2はA1と同様のもので、チューブを305mmに戻して、M16A4 MWS対応です。M203の後継として2008年より配備中なのが、M320擲弾発射器です。本質的にはM203と同じですが、照準器の位置を変え、精度を上げるなど、使い勝手が向上しています。

M26 MASSはM16/M4に搭載することで、携行性を高めた**散弾銃**です。1990年代末ごろから特殊部隊向けに開発を始めました。M26は12番※の散弾を3発、または5発を弾倉に収め、銃床と銃把をつければM26単体でも使えるようになっています。2003年より少数が先行配備され、2011年より陸軍はM500散弾銃に代わる装備として3万5,000挺導入しています。

※ 口径18.5mm、薬莢長70mm、軍で多用される00B弾（通称ダブルオーバック）の場合、直径8.4mmの鉛球9個が収められている。

アフガニスタンのメフター・ラム前進基地近くの演習場でM203擲弾発射器の実践演習をするジェフリー・ニーダム空軍曹長。2011年8月の撮影。M4カービンにM150 RCO ドットサイト、AN/PEQ-2レーザーサイト、そしてM203擲弾発射器を装着している。照準のために被筒上のリーフサイトを立てている

写真/米空軍

フォート・キャンベル基地にて、M4カービンの銃身下に取りつけたM26ショットガンを撃つ米陸軍第101空挺師団第2旅団戦闘団第2大隊“ストライク”の戦闘工兵ヴィンセント・メネル軍曹。2012年4月の撮影。ショットガンは、施錠されたドアを破るときや近接戦闘で威力を発揮する

写真/米陸軍第101空挺師団第2旅団戦闘団

3-11 二脚、前方銃把
～精密射撃や拠点防衛には欠かせない

バイポッドと呼ばれる**二脚**は銃前方下部に装着し、2本の脚を展張することで射撃時の安定性を上げ、命中率を向上させます。また銃を保持するために使われていた利き手の反対の腕が解放され、射撃姿勢を楽に維持できるので、**長い時間射撃姿勢をとらざるを得ない狙撃銃**や、**防御側にあって待ち時間の長い部隊の銃**は二脚を取りつける傾向があります。単純なアイアンサイトでも、二脚を使えば300mの距離にある人間大の目標の範囲に撃ち込めます。

M16/M4で二脚を標準装備しているのは、狙撃的運用をする選抜射手ライフルや、連射を浴びせかける分隊支援火器です。ハリス社やヴェルサ・ポッド社といったスポーツ銃や過去に実績のあるメーカーの、脚が伸縮できるモデルが採用されています。

前方銃把はフォア（フォワード）グリップ、もしくはバーティカル・フォアグリップともいいます。M16/M4の場合は利き腕の反対の手で被筒部分をもち、銃の前方重量を支えていますが、狭い場所では左右方向に銃の向きを変えることがひんぱんで、手首の左右方向を使うと動く範囲が狭いため、すばやい指向には不利です。前方銃把は**手の向きを90°変えることで、手首と前腕のねじれ方向への負担を軽くし、すばやく指向できるようにしたもの**です。各銃器アクセサリーメーカーから多数リリースされており、たんに握るだけでなく、中に予備電池を入れるスペースを設けたり、タクティカルライトを取りつけ可能としたり、二脚の機能を合わせもつ前方銃把も開発されています。

強行突入演習シナリオでの精密連続射撃を実演する米海兵隊特殊作戦連隊第2大隊隊員。電池収容部のあるクレーン銃床をつけたM4A1カービンに、SU-231ホロサイト、AN/PEQ-15もしくはLA-5レーザーサイト、SU-233タクティカルライト、そしてグリップ・ポッド社製二脚兼用前方銃把GPS-02を取りつけている。重量198gのGPS-02はボタンひとつでつけ外し可能だ。またGPS-02は、二脚状態でフル装備のM16/M4を1.2mの高さから落としても壊れない
写真/米海兵隊

FABディフェンス社の前方銃把FFA-T4。取りつけ基部にタクティカルライトの収納部分を設けることで、ピカティニー・レール上での取りつけ部分を節約している
写真/FABディフェンス

COLUMN-03

自分だけのM16やM4をつくれる

　人が扱うライフルにつける周辺装備は、これだけではありません。紙幅の関係で詳細な紹介を省きましたが、ほかにも以下のような周辺機器（カスタムパーツ）が存在します。

・**レールガード**……レールつき被筒での「握り」の部分となります。ぶつけても傷がつきにくくなり、レールも保護されます。

・**引金**……銃の「撃ち味」を決定する大きな要因です。引きしろや撃鉄が落ちるまでに要する力（トリガープル）などを変えられます。

・**負い紐（スリング）**……銃をもち歩く際の肩への負担や、射撃姿勢への転換、拳銃などサブアームへのもち替えなど、どの状況を優先するかで選ぶスリングも変わります。

・**負い紐金具（スウィベル）**……負い紐同様、さまざまな状況で体の動きをじゃませず、かつカチャカチャと音を立てないものが求められます。

・**ボタン、レバー**……押しやすくするためにボタンやレバーを大きくしたり、形を変えたりします。

　以上のように、M16とM4はすべての部分を改造・改修でき、ニーズを捉えて数多くのパーツがでているので、いろいろと手を入れて「自分だけのM16やM4」を手にできるのが魅力です。

周辺装備は使い勝手を向上させるが、行き過ぎたカスタマイズは軍全体の融通性と信頼性を落とすことになる。写真のM4は擲弾発射器用の照準器をつけていない、外装を塗装しているのが規律違反としている
写真/米陸軍

第4章

世界のアサルト・ライフル

アサルト・ライフルとひと口にいっても、実際には
いろいろな国が自国の戦闘教義に合わせた銃を開発しています。

イラク戦争の際に大統領宮殿で見つかった、金メッキを施されたAK MSライフル。サダム・フセインから息子のウダイに送られたものといわれる
写真/米陸軍

4-01 現代アサルト・ライフルの傾向 〜壊れにくい、安い、汎用性が高い

ここまでM16とM4シリーズを見てきましたが、アサルト・ライフルの世界ではどのような位置づけになるのでしょう？　ほどほどの射程で連射が利き、汎用性があるという、アサルト・ライフルの基本条件は押さえています。リュングマン式作動機構のおかげで軽くて安く、射撃精度の高い銃となっていますが、一方で「武人の蛮用」に耐えられない脆弱な銃という評価もあります。

しかしこれを欠点というのは早計です。米軍はローテーション配置により同一の部隊が長く戦地に留まるようなことはしませんし、銃は1回の戦闘の間さえもてばよく、壊れたらすぐ次の銃をもってくればよいのです。しかも安いから新しい銃を買っても問題ない……このように考えれば、**M16とM4シリーズが米軍の戦闘教義に合致した銃であることがわかる**でしょう。

ではこれを他国の銃にあてはめられるでしょうか？　結論からいうとそれは無理な話です。兵力、予算がかぎられている国の軍隊が壊れやすい兵器を使えば、戦場で兵力をいたずらに消耗する可能性があります。兵力が少なければ戦地に長くはりつくことになりますし、補給も予算も万全ではありませんから、壊れたらすぐ次の新品を回すというわけにはいきません。世界各国のアサルト・ライフルは、**壊れにくい、安い、汎用性が高い**の3条件に、各国が想定する戦場の特性を加味して開発されています。

一方、先進国の軍では歩兵を個人レベルで戦場ネットワークに組み込むことが次世代の鍵になるとみて、アサルト・ライフルから発展した個人携行火器を開発する動きがあります。しかしコストと重量、そして実際の必要性の薄さに、開発は難航しています。

演習でMk17 Mod0 SCAR-H（手前といちばん奥）とMk46 Mod0（中央、M60汎用機関銃の海軍特殊部隊向けモデル）を実演する海軍特殊部隊隊員

写真/米海軍

1999年段階でのXM29個人主体戦闘武器（ OICW）。H&K G36 5.56mmライフル、20mm炸裂弾発射器、ビデオカメラとレーザー測距儀がついた火器管制コンピュータの3段重ねで、非常に大きく高価。実際の運用にあたっては重量が8kg以上となり、個人携行できる重量からほど遠く、2004年に開発計画は中止された

写真/米陸軍

4-02 AK-47、AKM
〜総生産数は7,500万挺とも1億挺とも

AK-47は世界の紛争地でかならずといっていいほど登場する、M16/M4と双璧をなすアサルト・ライフルです。1945年、ドイツからソ連に抑留されたStuG44の開発者ヒューゴ・シュマイザーの助言のもと、ミハイル・カラシニコフが開発を始め、1949年に制式採用されました。新世代の銃弾として開発された7.62×39mm弾を使用し、大きなボルトグループを大量の発射ガスで駆動させるロングストローク・ガスピストン式を採用しています。

木製の銃床と被筒がつき、バナナマガジンと形容される大きく曲がった30連弾倉を備えます。**特筆すべきはそのがんじょうさ**で、ソ連軍の運用環境や教育水準、そして生産現場の工業水準を考慮し、部品精度などに余裕をもたせています。

半面、集弾率は2〜4分（1/30〜1/15度）と、**射撃精度はあまりよくありません**※。連射で撃つと銃口が跳ね上がってまったく当たらなくなります。しかしソ連軍が求めたのは、射程と威力が増した短機関銃だったので、問題視されませんでした。

AK-47は順次改良が加えられ、近代化したAKM、折り畳み銃床のAKS-47/AKMS、カービン化したAKMSUなどがあり、東欧や中国など21カ国でも生産され、そこで生産・改良されたモデルも含めると140種類を超えます。現在、闇市場などで流通しているAK-47は5,000万挺と推測されていますが、その多くは旧東側諸国の放出品や中国のコピー品で、**オリジナルは12％程度**にすぎません。冷戦集結直後は30ドルを下回る額まで値下がりしましたが、現在は平時で400〜600ドル、紛争地では1,500ドル以上で取引されています。

※ 最大有効射程の300mの射撃では、半径17.4〜35cmの円内に弾着することを意味する。

上がAK-47（中期生産型）、下が改良型のAKM。AKMは銃口の跳ね上がりを抑えるために、銃床の曲がりは小さくなり、銃口には右下へ押し下げる制退器をつけている
写真/米海兵隊、スウェーデン陸軍博物館

■弾薬 7.62×39mm弾（M43/M67/57-N-231）　■銃身長 415mm
■ライフリング・ピッチ 240mm　■装弾数 30発
■作動方式 ロングストローク・ガスピストン式、ロータリーボルト式閉鎖
■全長 870mm　■重量 3,900g（弾倉除く）　■発射速度 600発/分
■銃口初速 718m/s（57-N-231弾）　■有効射程 300m
（データは中期生産型）

アフガニスタン・パキスタン国境地域で、AMD-65を構えて警戒するアフガニスタン国家警察の指揮官。2010年9月の撮影。AMD-65はハンガリー火器機械工場社（FEG）が開発したAK-47のカービンモデル。この銃はほかの警察官がもっている銃より相当カスタマイズされている
写真/米陸軍

4-03 AK-74、イズマッシュ AK-105 〜ベストセラー AK-47系列の後継

1970年代初頭、ソ連はベトナムで捕獲されたM16を調査し、その結果をもとに5.45×39mm弾5N7を開発します。5N7の弾頭は内部に装甲貫徹力を上げるために鉄芯をもち、殺傷力を上げるため先端内部に5mmほどの空洞を設けています（7N10以降は空洞を廃止）。**この銃弾を使うためにAKMから改修したのがAK-74**で、銃身とボルトグループが5.45mm弾対応となったほかは、大きく変わっていません。非常によく似ているので、手探りでも適合弾薬がすぐわかるように銃床に溝が入っています。

AK-74を見分けるための大きな違いは、弾倉と銃口の消炎器の2カ所です。弾倉はプレス加工された鋼板製からプラスチック製となり、弾倉の曲がりが小さくなっています。**銃口につく消炎器は、反動を抑える制退器も兼ねており、形状を一新**しています。先端付近の左右に四角い窓を開けて発射ガスを当てる壁をつくり、さらに正面から見て1時、9時、11時半の位置に穴を開け、そこから発射ガスをだすことで**銃口の跳ね上がりを抑え、銃本体を射手に押しつける**ようにしています（右利きの場合）。

AK-74はAK-47/AKMの後継として、ソ連、ワルシャワ条約機構加盟国を中心に配備され、左に折れるパイプ銃床としたAKS-74とAKS-74M、木製の被筒と銃床をプラスチック製に置き換えて銃床が左側に折れるようにした近代化型のAK-74M、銃身を約半分の210mmに詰めたカービンモデルのAKS-74U、ソ連崩壊後に各種口径に対応するようにしたAK-100シリーズなどが存在します。AK-47同様に加盟国でも生産・改修されましたが、AK-47のようには世界中に拡散していません。

上はAK-74M、下はAK-105の折り畳み銃床型。AK-105は、イズマッシュ社が民営化後に販売したAK-100シリーズの5.45×39mm弾モデル。実質AK-74Mのカービンにあたる

写真/イズマッシュ

■弾薬 5.45×39mm弾　■銃身長 415mm
■ライフリング・ピッチ 200mm　■装弾数 30発/45発
■作動方式 ロングストローク・ガスピストン式、ロータリーボルト式閉鎖
■全長 943mm/705mm(銃床折り畳み時)　■重量 3,900g(弾倉、銃弾含む)
■発射速度 650発/分　■銃口初速 900m/s　■有効射程 500m
(データはAK-74M)

ロシア内務省下にある国内軍特殊部隊による対テロ演習。2013年3月の撮影。AK-74Mをベースにピカティニー・レール、伸縮式銃床、前方銃把、消炎器、ホロサイトを装着している

写真/Vitaly V. Kuzmin

4-04 イズマッシュ AN-94
～AK-74の後継と目されるも頓挫

ソ連陸軍はAK-74の後継として、1980年代初頭にAK-74の能力を150～200%上回るライフルの開発を企図し、1997年にゲンナジー・ニコノフの設計した銃を**AN-94**として制式採用します。

AN-94最大の特徴は**反動で照準がブレる前に2発連射する機構**で、まったく同じ位置に2発撃ち込むので、防弾ベストの貫通を期待できます。通常の連射では最初の2発だけがこの連射機構を使い、**3発目以降はロングストローク・ガスピストン式の作動機構で連射**します。銃身はこの機構のために前後に動き、銃身の下には銃身を制御するばねの入った棒が突きだしています。その先端にはレールがあり、銃身を保持しています。

銃身の先端には自己清掃機能つきの8字型消炎器がつき、その後には照星がつけられています。しかし、銃身の上にあるので前後に動き、連射時の照準はあてになりません。引金部分はモジュラー構造となっていて簡単に取り外せ、切替金、安全装置は銃把を握ったままでも指が届くところに配されています。これらの機構を避けるために、弾倉は右側に少し傾けて装着されます。

照門は本体上面右にある風車型ダイヤルで調整し、照準器や暗視装置は本体左側のレールに取りつけます。銃剣は銃身下の棒の右側に刃を寝かせて装着され、擲弾発射器もこの棒に取りつけます。FRP製の銃床は右側に折り畳めます。

このように複雑な構造から整備や扱いが難しく、エリート部隊から先行して配備を進めていました。しかし予算不足なうえに価格もAK-74の4～5倍で配備は進まず、近代化したAK-74Mを使い続けることになり、限定的な配備で終わりそうです。

下は銃身下にGP-30 40mm擲弾発射器を装着した状態　　写真/イズマッシュ

■弾薬 5.45×39mm弾　■銃身長 405mm
■ライフリング・ピッチ 200mm　■装弾数 30発/45発
■作動方式 ロングストローク・ガスピストン式と反動遅延ブローバック式、ロータリーボルト式閉鎖
■全長 943mm/728mm（銃床折り畳み時）　■重量 3,850g（弾倉除く）
■発射速度 600発/分（最初の2発のみ1,800発/分）　■銃口初速 900m/s
■有効射程 440m（上半身大目標）/625m（全身大目標）

AN-94を構えるロシア連邦保安庁（FSB）職員。銃の下部にはGP-25 40mm擲弾発射器を取りつけている
写真/Vladimir Makarov

4-05 H&K G3 ～源流はモーゼル45年式突撃銃

ドイツの敗戦でモーゼル45年式突撃銃（StG45（M））がフランスを経て、スペインのCETME※の手に移され、1950年にLV-50として完成しました。このころ西ドイツは再軍備に着手し、新生ドイツ軍の主力ライフルとしてこの銃に注目します。西ドイツ軍は導入にあたり7.62×51mm NATO弾を撃てるように要求、ヘッケラー＆コッホ社（H＆K）が改修したものが3号小銃（G3）です。

G3の特徴は**ローラー遅延ブローバック式の作動機構**です。基本的に反動を利用するショートリコイル式ですが、薬室をふさぐ遊底の閉鎖にローラーを使い、**ショートリコイル式につき物の反動と遊底重量の厳密なバランス取りが不要**です。射撃時に動作する部品が少ないので、移動モーメントによる振動が小さく**射撃精度が上がります**。しかし幅が広がったとはいえ、銃弾を選ぶのは変わりなく、**複雑な閉鎖機構は衝撃と汚れに弱い**のが難点です。

G3は銃身の上に通常のガス作動ライフルにおけるガスピストンのような筒が乗っていますが、この中には槓桿とそれを収めるばねが入っています。閉鎖機構の関係上、槓桿を引くのに非常に力がいるので、銃を立てて引くことを前提に、槓桿レバーは銃の上辺左側で非常に前の位置に設けられています。照門は射距離に合わせて円筒を回すドラム式で、前方の円環状の照星とセットで、4段階に調整できます。銃床は固定式、折り畳み式、伸縮式の各種があり、銃身は3番目の生産型であるG3A3から、ライフリングがねじれた多角形（ポリゴナル・ライフリング）となっています。

G3は世界70カ国以上の軍や警察で採用され、これをもとにしたPSG-1狙撃銃、HK11軽機関銃、5.56mm NATO弾、AK-47

※ 特殊材料技術研究センター（セトメ）。

が使う7.62×39mm弾を撃てるようにした派生形も開発されました。ドイツ軍では主力ライフルの座をG36に譲りましたが、少数がまだ運用中です。

イラクのアル・シャミアにて、スウェーデン版G3A3であるAk4ライフルをもって巡回するラトビア陸軍兵士。2006年10月撮影。Ak4はスウェーデンでライセンス生産されたG3A3で、銃床が約2cm長く、M203擲弾発射器、光学サイトが装着できる。現在、余剰となったAk4はエストニア、ラトビア、リトアニアに売却されている
写真/米空軍

■弾薬 7.62×51mm NATO弾
■銃身長 450mm
■ライフリング・ピッチ 305mm
■装弾数 5発/10発/20発
■作動方式 ローラーロッキング遅延ブローバック式
■全長 1,025mm
■重量 4,100g（弾倉除く）
■発射速度 500～600発/分
■銃口初速 800m/s
■有効射程 500m
（G3A3のデータ）

壁の背後でAG-3F2ライフル（ノルウェー版G3A4）をもって待機するノルウェー軍兵士。被筒をスイスのブリュッガー&トーメ社製レールつき被筒に換え、前方銃把、エイムポイント社製ドットサイトを装着している。排莢口からのぞく青いボルトキャリアーは空包用であることを示している。2008年5月、ドイツ・ホーエンフェルスにて対ゲリラ戦を想定して行われたNATO軍合同演習にて撮影
写真/米陸軍

4-06 H&K G36 ～5.56mm弾を使う安価で近代的なライフル

米国のM16をはじめ、NATO各国が5.56mm NATO弾を使用するライフルを採用するなか、西ドイツ陸軍（当時）はG3ライフルを使い続けました。それは金属薬莢をもたないケースレス弾薬を使う、革命的なライフルG11の完成を待っていたからです。

しかしG11は1990年に完成するものの、東西統一の負担で青息吐息のドイツ政府に高価なG11を配備する余裕はありませんでした。そこで**安価で近代的な5.56mm弾ライフルとして開発**され、1997年第3四半期より配備が始まったのが、HK50ことG36です。

G36はライバルであるシュタイアAUG（184ページ参照）を上回ることを目標に開発されましたが、その割には**古典的な機関配置、ショートストローク・ガスピストン式と保守的で、信頼性を重視した設計**です。銃全体を覆う外皮部分は炭素繊維でつくられ、冷間鍛造の銃身はフリーフローティング式で取りつけられています。銃床は右に折れ、銃床を折った状態でも発砲できます。

本体上部には大きな提げ手がつき、後頂部にはダットサイトが装着されています。サイト内の輝点は、光ファイバーによる外光導入、もしくは電池により発光します。ダットサイトの下には倍率3倍の光学照準器が配され、視野を確保するために提げ手の前面には台形の穴が開けられています。槓桿は提げ手の下の本体上面に折り畳んで収納され、両利き対応となっています。

弾倉はG36独自のもので、M16やM4の弾倉はアダプターを介さないと使えません。標準のG36のほか銃身を詰めたG36K、さらに全長の短いG36C、ダットサイトを廃して、提げ手を低くしピカティニー・レールを装着したG36A2などがあります。

G36KVで射撃訓練するラトビア陸軍兵士。銃床は穴の開いてないタイプで、H&K社製AG36 40mm擲弾発射器を取りつけている。2007年2月、イラク・アドディワニヤ近くでの撮影
写真/米国防総省

■弾薬 5.56×45mm NATO弾　■銃身長 480mm
■ライフリング・ピッチ 178mm　■装弾数 30発
■作動方式 ショートストローク・ガスピストン式、ロータリーボルト式閉鎖
■全長 1,002mm/758mm（銃床折り畳み時）　■重量 3,630g（弾倉除く）
■発射速度 750発/分　■銃口初速 920m/s　■有効射程 800m
（G36のデータ）

中南米の特殊部隊が一堂に会するフエルザス・コマンド2010にて、G36Cを撃つトリニーダ・トバゴ陸軍特殊部隊隊員。G36Cは228mmと、もっとも銃身が短いモデルで、銃床を伸ばした状態でも全長720mmとコンパクト
写真/米軍南米コマンド

4-07 FN FAL
～西側標準の第1世代アサルト・ライフル

世界90カ国以上で使用され「自由世界の右腕」と呼ばれた7.62mm弾世代の標準ライフルです。FALはフランス語で軽量自動ライフル（Fusil Automatique Léger）の頭文字です。

ベルギーのファブリック・ナショナル・デルスタル社（FN）は1946年、ドイツの7.92×33mmクルツ弾を使ったライフルの開発に着手します。ジュドネ・セヴとエルネスト・フェルヴィーが設計を手がけ、翌年に試作銃が完成します。

その後、英国と共同でさまざまな口径や形態を探っていましたが、1952年に米国が7.62×51mm弾をNATO標準の弾薬とすることを定めるとこれに合わせてつくり換え、米陸軍のライフル選定にT48として参加します（50ページ参照）。この選定では敗退するもののNATO加盟国や英連邦所属の国で次々と採用され、一気に西側世界の標準ライフルとして踊りでます。

FALはアサルト・ライフル第1世代にあたり、ショートストローク・ガスピストン式作動機構はソ連のトカレフM1940半自動小銃（SVT-40）を、ティルティング・ボルト式閉鎖機構はソ連のSKSカービン、フランスのMAS 49半自動小銃を参考にしています。銃床は固定と折り畳みの両方がありますが、リコイルスプリングを銃床に収めるか否かの差で、レシーバー部分の形状が違います。**巧みなレバー配置で各操作が片手で行え、分解も工具なしでできるなど、戦場での使い勝手にすぐれています**。数多くつくられたので、銃床や銃身の違い、二脚装備の有無などで、多くのモデルが存在します。反動の強い7.62mm弾では使いものにならないので、連射を外したモデルが大半を占めます。

上はFAL、下は肉厚銃身と二脚を追加し、30発弾倉を装備した分隊支援火器（軽機関銃）仕様のFALO

写真/Atirador、ファブリック・ナショナル・デルスタル

■弾薬 7.62×51mm NATO弾　■銃身長 533mm
■ライフリング・ピッチ 305mm　■装弾数 20発/30発
■作動方式 ショートストローク・ガスピストン式、ティルティング・ボルト式閉鎖
■全長 1,090mm　■重量 4,300g（弾倉除く）
■発射速度 650～700発/分　■銃口初速 840m/s　■有効射程 500m
（FAL 50.00のデータ）

L1A1ライフル（イギリス版FN FAL）を撃つ米海兵隊第1武装偵察中隊第7小隊隊員。1990年、砂漠の盾作戦の最中の撮影。L1A1はFALの連射機能を省略し、インチ単位で製作した銃で、本家FALとの部品の互換性は失われている

写真/米国防総省

4-08 FN FNC
～不発に終わったが、専用弾は標準化

M16ライフルが登場し、5.56mm弾が浸透し始めると、ファブリック・ナショナル・デルスタル社（FN）も、同弾を使用する銃の開発に乗りだします。FALを小型化したような軽量自動カービンことCAL（キャル）を1965年にだしましたが、CALの華奢な構造を原因とする事故が発生したので、FN社はCALを引っ込め、完全に一新したFNのカービンこと**FNC**を1976年にだします。

FNCはCALの反省を踏まえてがんじょうにつくられており、弾倉込みの重量では4kgを超えます。作動方式はロングストローク・ガスピストン式、**ボルトグループはAK-47の強い影響がうかがえる形状**で、これが重くなった要因のひとつです。

ライフルで449mm、カービンで363mmの長さをもつ銃身は、専用弾として同時に開発された弾頭の重いSS109の使用を前提につくられ、ライフリング・ピッチは178mmと、同時代のM16より非常に短くなっています（後にSS109がNATOで標準化）。

上下に分かれる本体は2本のピンで結合され、上部はプレス鋼板、下部はアルミ合金の削りだしです。後のピンを外すとM16同様に上下に開き、整備できます。銃床は右に折れる折り畳み式銃床を標準とし、オプションでプラスチック製の固定銃床もあります。発射モードは単射、3発連射、連射の切り替え式、照準はL型の照門を起倒させる250mと400mの切り替え式です。

M16を研究して、その欠点を埋める出来の銃でしたが、主力小銃として制式採用されたのは、ベルギーとスウェーデン、インドネシアにとどまり、先代FALのような成功を収めるには至りませんでした。

上は着剣状態のFNC、下はボフォース社(現BAEシステムズ社ボフォース部門)でライセンス生産されているスウェーデン軍版FNCの最新モデルAk5C。銃身を100mm詰め、レールつき被筒、伸縮式銃床、先が4つに割れた消炎器に換えたほか、細部にわたる改修が施されている

写真/Rama、Tjabo

■弾薬 5.56×45mm NATO弾　■銃身長 449mm　■ライフリング・ピッチ 178mm
■装弾数 30発　■作動方式 ロングストローク・ガスピストン式、ロータリーボルト式閉鎖
■全長 995mm/775mm(銃床折り畳み時)　■重量 3,840g(弾倉除く)
■発射速度 625〜675発/分　■銃口初速 965m/s
■有効射程 400m
(FNC折り畳み式銃床ライフルモデルのデータ)

オーストラリア陸軍銃器技術大会にて、ピンダッド SS-2V4を構えるインドネシア陸軍兵。2010年5月の撮影。SS-2はPTピンダッド社でライセンス生産していたSS-1(インドネシア軍版FNC)を近代化したもの。SS-1を代替するライフルとして2006年より配備されている。V4は選抜射手モデル

写真/オーストラリア国防省

4-09 FN SCAR
～特殊部隊向けのアサルト・ライフル

米国特殊作戦司令部が2003年10月に求めた**M16/M4に代わる特殊部隊向けライフル要求に応えて開発した銃**で、SCARは特殊部隊用戦闘アサルト・ライフルの略称です。銃床、銃身などを交換することで、選抜射手ライフル、分隊支援火器、近接戦闘用などに変えられます。同様のコンセプトで開発されたものに陸軍のXM8ライフル[※1]がありますが、SCARはわずかな部品交換で7.62mm NATO弾や6.8mm SPC弾など、ほかの口径にも転換できる点が大きく異なり、**口径が変わっても操作や機器を共通して使えること**を主眼に置いてます。

作動機構はショートストローク・ガスピストン式で、ミニミ機関銃[※2]の機関部によく似ています。本体は被筒と一体となったアルミ製上部レシーバーと、樹脂製下部レシーバーからなり、2本のピンで結合されます。被筒部分は銃身に触れないフリーフローティング式となっており、上下左右の四面にピカティニー・レールを配しています。6段階に伸縮する銃床は右に折れ、取りつけ基部のカバーは高さ調整のできるチークパッドとなっています。銃身は口径5.56mm、7.62mmともに標準、近接戦闘、長銃身の3種類を用意し、銃身の交換やほかの口径への転換は数分で行えます。FN社では5.56mm弾モデルをSCAR-L、7.62mm弾モデルをSCAR-Hと呼び、両者では部品の90%を共用しています。

2004年10月に特殊作戦軍は、SCAR-LをMk16 Mod0、SCAR-HをMk17 Mod0、さらに7.62mm弾の狙撃モデルをMk20 Mod0の名で制式採用しましたが、M4から替えるだけのメリットがないとして、2010年6月にMk16の購入は撤回されてしまいます。

※1 XM29計画（147ページ下段参照）のライフル部のみを取りだして暫定的に開発した銃。次期制式ライフルとされるも、2005年10月に撤回。

上は5.56mm弾モデルSCAR-Lの試作型、下は7.62mm弾モデルのSCAR-H
写真/ファブリック・ナショナル・デルスタルUSA

■弾薬 5.56×45mm NATO弾　■銃身長 355mm
■ライフリング・ピッチ 178mm　■装弾数 20発/30発
■作動方式 ショートストローク・ガスピストン式、ロータリーボルト式閉鎖
■全長 825.5～889mm/635mm（銃床折り畳み時）　■重量 3,280g
■発射速度 550～600発/分　■銃口初速 870m/s
■有効射程 500m
（SCAR-L標準型のデータ）

SCAR-Hを構える米空軍の戦闘管制チーム（CCT）。CCTは最前線での航空管制を担うので、特殊部隊と同等の装備・訓練を受ける。全員が制音器、擲弾発射器、タクティカルライト、レーザーサイトを装着している一方、照準器は2人がホロサイト、1人がダットサイトを装着している
写真/米空軍

※2 5.56mm弾を使う軽機関銃。米軍ではM249分隊支援火器として採用。陸上自衛隊でも5.56mm機関銃ミニミとして採用している。

4-10 FN F2000 ～SF映画にでてきそうな近未来フォルム

2001年3月に初めて公開されたF2000は、ファブリック・ナショナル・デルスタル社（FN）が独自につくりだした**個人主体戦闘武器**（OICW、147ページ下段参照）です。多様な任務に対応できるモジュラー・ウェポン・システム、人間工学にもとづいた完全な両利き対応、コンピューター制御の火器管制を取り入れた照準器といった新機軸が採り入れられています。銃全体は曲線的な形状をしたプラスチック製のカバーで覆われており、SFやコミックにでてくる銃にすら見えてしまいます。

機関部は密閉されているので、**ブルパップ・ライフル特有の問題である射手に対する騒音問題は解決**しています。空薬莢はカバー内のダクトを通じて、銃本体の前端部右側の排莢口から勢いを削がれて排出されます。切替金は引金の下の用心金の部分に設けられていて、発射モードは単射と連射が選べます。作動機構はショートストローク・ガスピストン式で、**硝煙もダクトを通じて前方へ排出**されます。

銃の前下方部分は取り外しできる先台となっていて、40mm擲弾発射器や、圧搾空気で催涙弾などを撃つM303発射器が取りつけられます。照準は標準型で倍率1.6倍の光学照準器がつきますが、タクティカル型だと銃本体上面がピカティニー・レールとなっています。さらにFN社ではレーザー測距儀と弾道コンピューターを内蔵した専用の照準器を用意しています。

非常に意欲的なライフルですが、**特殊部隊での採用がほとんど**で、大量に導入しているのは、スロベニア、パキスタン、サウジアラビアの3カ国のみです。

上はF2000標準型、下は照準器を外して、ピカティニー・レールを搭載したF2000タクティカル
写真/ファブリック・ナショナル・デルスタルUSA

■弾薬 5.56×45mm NATO弾　■銃身長 400mm
■ライフリング・ピッチ 178mm　■装弾数 10発/30発
■作動方式 ショートストローク・ガスピストン式、ロータリーボルト式閉鎖
■全長 688mm　■重量 3,600g　■発射速度 850発/分
■銃口初速 900m/s　■有効射程 500m
（F2000標準型のデータ）

中南米海軍の信頼醸成のための催事サザン・パートナーシップ・ステーション2012での射撃訓練において、F2000を構えるペルー海兵隊第1歩兵大隊隊員
写真/米海兵隊

4-11 豊和 64式7.92mm小銃 ～部品点数の多さと立てつけの悪さが難

国産初のアサルト・ライフルで、現在も後方部隊では多くが残っています。陸上自衛隊の前身である警察予備隊のころに米国から供与されたM1カービン、M1ガーランド、旧日本軍の九九式短小銃に代わる銃として、1957年より防衛庁、豊和工業の双方で開発を始め、1964年に制式採用されます。

64式小銃は端的にいうなら、60式106mm無反動砲の照準用についていた12.7mmスポットライフルをもとに、7.62mm弾に縮小したうえで発射速度を抑える緩速装置を取りつけた銃です。**防御的な使い方が前提なので、持続射撃と射撃精度を重視した個人携行できる軽機関銃といったほうが近い**でしょう。

作動機構はショートストローク・ガスピストン式で、反動を減らすために7.62mm NATO弾より発射薬を12%減らした減装弾を使用します。銃把、銃床はラワン材でつくり、鍛造銃身は連射時の過熱を抑えるために肉厚です。切替金は機関部右側面、槓桿は機関上面の照門の前に配されています。発射モードは単射と連射の2種です。標準装備の二脚で銃前部が重く、これが連射時の銃口の跳ね上がりを抑えます。

1挺14万円前後で、1988年までに23万挺以上が自衛隊のほか海上保安庁、警視庁に引き渡されました。**部品点数が多いうえに立てつけが悪く、演習中は脱落防止のためにビニルテープや針金を巻きつけている**のをしばしば見かけます。

派生型として64式7.62mm狙撃銃があります。基本的に64式小銃と同じですが、いわゆる「あたり」の個体に狙撃用照準器とチークパッド（頬あて）つき銃床を取りつけたものです。

写真/陸上自衛隊

■弾薬 M80普通弾(7.62×51mm 減装弾)　■銃身長 450mm
■ライフリング・ピッチ 254mm　■装弾数 20発
■作動方式 ショートストローク・ガスピストン式、落ち込み式閉鎖
■全長 990mm　■重量 4,300g(弾倉、負い紐を除く)　■発射速度 450発/分
■銃口初速 700m/s(減装弾)、800m/s(常装弾)　■有効射程 400m

64式小銃で射撃訓練する、航空自衛隊イラク復興支援派遣輸送航空隊隊員。2008年10月の撮影
写真/防衛省

●●● 4-12 豊和 89式5.56mm小銃 〜現在主力の国産アサルト・ライフル

「ハチキュー」と呼ばれる**陸上自衛隊の主力ライフル**です。自由主義諸国のライフルの弾薬が、5.56×45mm NATO弾に移行したのに合わせ、豊和工業も1974年から5.56mm弾ライフルの開発を始め、1989年に制式採用となりました。

89式小銃は、かつて豊和工業がライセンス生産したアーマライトAR-18（114ページ欄外参照）を参考にしていますが、作動機構をロングストローク・ガスピストン式にするなど、独自のアレンジも加えています。**前作64式小銃の欠点を払拭するような設計**となっており、64式小銃より800g軽く（弾倉なしの本体重量）、部品点数は3分の2となる約100点と大幅に減少、各部の立てつけもよくなって、緩みがでにくくなっています。形が似ていることから「**自衛隊がFNCを導入か**」と誤認されたこともあります。

同銃は、NATO標準のSS109弾を国産化した89式5.56mm普通弾を単射、3発連射、連射の3モードで撃ちだします。切替金はレシーバー右側面についていますが、現在は左側面にもつける改修が順次行われています。樹脂製の固定銃床が標準ですが、戦車の乗員や空挺隊員向けに銃床を左に畳める折り曲げ銃床型もあります。着脱式の二脚が標準でつき、敵を待ち構える防御的な運用に向いています。近年の周辺装備の取りつけに欠かせないピカティニー・レールは2010年以降になって装着が確認されていますが、照準器をつけるレシーバー上面のみと限定的です。

価格は年度ごとに変動しますが1挺33万円前後で、2012年度までに12万31挺が調達され、陸上自衛隊の戦闘職種の部隊には行き渡り、海上保安庁や警察の特殊部隊にも配備されています。

写真/陸上自衛隊

■弾薬 89式5.56mm普通弾(5.56×45mm NATO弾)　■銃身長 420mm
■ライフリング・ピッチ 178mm　■装弾数 20発/30発
■作動方式 ロングストローク・ガスピストン式、ロータリーボルト式閉鎖
■全長 916mm/670mm(銃床折り畳み時)　■重量 3,500g(弾倉除く)
■発射速度 650〜850発/分　■初速 920m/s
■有効射程 500m　※カッコ内は折り曲げ銃床式のデータ。

グアムのアンダーセン・サウス訓練場で、89式小銃を撃つ陸上自衛隊第3師団第37普通科連隊隊員。2004年10月の撮影
写真/米国防総省

4-13 81式自動歩槍 ～中国初のアサルト・ライフル

81式自動歩槍は、1970年代初めに開発に着手し、1981年に制式採用された銃で、**中国初の完全な国産自動小銃である63式自動歩槍を焼き直したもの**です。もともと63式歩槍は1968年に登場したライフルで、56式半自動歩槍（中国版SKSカービン）と56式歩槍（中国版AK-47）のいいとこ取りを狙ったものでしたが、「長距離射撃で足止めし、銃剣突撃で蹴散らす」大戦型の設計思想だったために、早々に陳腐化してしまいます。

81式自動歩槍は、この63式の機関部はそのままに、AK-47に似た木製の固定銃床と銃把、被筒（先台）をつけるなどして、アサルト・ライフルの体裁を取っています。よって一見してAK-47のようですが、作動方式はSKSと同じショートストローク・ガスピストン式です。使用する銃弾も詰める弾数も同じですが、弾倉はAK-47と互換性がありません。銃口に差し込んで空包で撃ちだすライフルグレネードが使え、銃口の外径はNATO準拠の22mmとなっています。これまでの中国製ライフルと比べると耐久性が高く、**単射での射撃精度はAK-47を超えて、M16に迫るものがあり、連射での集弾率もAK-47より良好**です。

この銃をもとに3つの派生形がつくられています。ひとつは銃床を右側に折り畳める81-1式歩槍、もうひとつは銃身を伸ばして、折り畳み式二脚と大型化した銃床に75発弾倉をつけて軽機関銃とした81式班用軽機槍、そして使用する銃弾を中国軍の新世代銃弾である5.8×42mm弾とした87式自動歩槍（QBZ-87）です。81式歩槍は中国では旧式化してしまいましたが、スーダン、パキスタン、バングラデッシュなどに、現在も積極的に輸出されています。

上は81式歩槍、下は折り畳み式銃床とした81-1式自動歩槍

■弾薬 7.62×39mm弾　■銃身長 456mm
■ライフリング・ピッチ N/A　■装弾数 30発/75発
■作動方式 ショートストローク・ガスピストン式、ロータリーボルト式閉鎖
■全長 955mm　■重量 3,400g　■発射速度 600発/分　■銃口初速 720m/s
■有効射程 600m
（データは81式歩槍）

81式歩槍は、56式歩槍（中国版AK-47）に酷似しているが、レシーバーの形状や、銃口から照星兼用のガスブロックに至る部分の形状が違うので見分けがつく（写真は81-1式歩槍）。中国軍はこの銃を56式歩槍と交替させた

4-14 95式自動歩槍/03式自動歩槍
～中国軍の新世代アサルト・ライフル

95式自動歩槍と03式自動歩槍は、1989年に81式歩槍の後継となる新型小口径アサルト・ライフルの方針が決まったとき、ブルパップ型と通常型の2案が同時にだされ、どちらも了承されて生まれました。先に完成したのは87式歩槍をブルパップ式に直した95式歩槍です。この銃は**銃身や弾倉を換えて系列化するだけでなく、夜間照準器や擲弾発射器といった周辺装備を組み込むことを前提に設計された中国初のライフル**です。

作動方式はショートストローク・ガスピストン式で、動作部品を小さくすることで振動を抑え、これまでの銃より射撃精度が上がっています。素材加工や表面処理も進歩して、腐食に悩まされなくなりました。一方、周辺装備がモジュラー化されていない、照準器の照準線が高すぎる、硝煙がケースから漏れて射手の眼や鼻を刺激する、といった問題点が指摘されています。最大の問題は弾薬で、5.8mm弾の発射薬の質が悪く、2,000発も撃つとたまった燃えカスで分解に支障をきたすことがままあります。

派生型としてカービン、軽機関銃、狙撃銃モデルがあり、輸出向けには5.56mm NATO弾を使用する97式自動歩槍もあります。おもにエリート部隊や重要拠点の部隊に配備されています。

03式歩槍は通常型として開発されたもので、当初は95式と主要部品を共通化するつもりでしたが、**開発が進むうちに作動機構、遊底閉鎖機構の方式と弾倉が共通するだけのまったく別物の銃**となりました。折り畳み式銃床をもち、プラスチックを多用して洗練されたAK-74のような外観をもちます。従来型の外形をもつことから、通常部隊への配備を進めています。

標準のライフルモデル 95式自動歩槍（QBZ-95）

■弾薬 5.8×42mm弾（DBP87式5.8mm普通弾薬）　■銃身長 463mm
■ライフリング・ピッチ N/A　■装弾数 30発/75発
■作動方式 ショートストローク・ガスピストン式、ロータリーボルト式閉鎖
■全長 745mm　■重量 3,250g　■発射速度 650発/分　■銃口初速 930m/s
■有効射程 400m
（95式歩槍「QBZ-95」のデータ）

03式自動歩槍の設計者が女性の範方梅氏であることに一時騒然となったが、03式の良好な評価が伝わるにつれ否定的な見解は影を潜めた

4-15 SIG SG550 ～山岳戦に特化したスイス製ライフル

スイス陸軍は1970年代遅くに、7.5×55mm弾を使う57年式突撃銃（SG510）の後継を模索し始め、5.6×48mmアイガー弾、6.5×48mm 80年式小銃弾（GP80）などを試したあと、5.56×45mm NATO弾（SS109）に準拠した90年式5.6mm小銃弾（GP90）を選定します。GP90は外形こそSS109と同じですが、弾頭内部がすべて鉛で0.1g重くなり、長射程での弾道特性が向上しています。

次に、この銃弾を使うライフルの選定を1979年に始め、スイス重工社（SIG）のSG541、ベルン銃器工場（W＋F）のC42が選定に参加しました。1983年にSG541が勝者となり、翌年、SG541を軽量化したSG550が90年式突撃銃（Stgw90/Fass90）として制式採用されます。

SG550は、複雑な構造から高価になってしまった前作SG530の反省を踏まえ、**自動装填機構は常識的なショートストローク・ガスピストン、遊底閉鎖機構はAK-47に酷似したロータリーボルト**としています。銃身長は528mmを標準に、226～660mmまで各種そろえ、重い弾頭に合わせてライフリング・ピッチが254mmとなっています。樹脂製の銃床は右に折り畳め、被筒の下には折り畳み式の二脚が標準で装備されます。弾倉はプラスチック製で、側面にあるホゾを噛み合わせて横に連結できます。**半透明で残弾が見えるようにしたのはSG550が先鞭をつけたもの**です。

照準器はH＆K G3と同じドラム式で、夜間でも狙えるように照星と照門はトリチウムで発光するようになっています。専用の銃弾とあいまって射撃精度は高いのですが、1挺3,000ドル前後と高価で、スイス軍以外は警察や特殊部隊での採用が大半です。

上はスイス軍90年式突撃銃ことSG550、下は銃身長226mmとなり、あわせて被筒が短くなった特殊部隊向けSG552
写真/Stw、Rama

■弾薬 GwPat90 5.6mm弾（5.56×45mm NATO弾準拠）　■銃身長 528mm
■ライフリング・ピッチ 254mm　■装弾数 5発/10発/20発/30発
■作動方式 ロングストローク・ガスピストン式、ロータリーボルト式閉鎖
■全長 998mm/772mm（銃床折り畳み時）　■重量 4,050g（弾倉除く）
■発射速度 700発/分　■初速 905m/s
■有効射程 300m
（SG550のデータ）

Stgw90（SG550）を構えるスイス軍兵士。銃身下には97年式小銃装備品ことGL5040 40mm擲弾発射器を取りつけている
写真/Alpha2412

4-16 ベレッタ AR70
～イタリア軍に2度採用されたライフル

ピエトロベレッタ火器工業社（ベレッタ）は1968年、スイス重工社（SIG）と協同でライフルの開発に着手します。途中、機関構造についての考え方の相違から袂を分かち、SIG社はSG530、ベレッタ社はAR70を開発します。

AR70の機関は弾頭重量の軽い.223レミントン弾（M193）を使うロングストローク・ガスピストン式で、ピストン内にばねを入れて、後退したボルトグループを引き戻す役目をもちます。**遊底はAK-47に範をとったがんじょうな形**です。発射モードは単射と連射の2種で、3発連射はオプションです。イタリア軍特殊部隊が1972年に採用したほか、少数国で採用されました。AR70には固定銃床のライフルAR70、右に折り畳める銃床をもつカービンのSC-70、SC-70の銃身を詰めた空挺兵向けカービンSCP-70と3つの型があります。後に区別のため、すべて名称の末尾に“/223”がつくようになります。

イタリア軍でも7.62mm弾使用ライフルであるベレッタM59の後継選定が始まると、ベレッタ社は1985年にAR70の改良型AR70/90を提出します。H＆K社のG41※、ベルナルデリ社のVB（イタリア版ガリル）との競争に勝ち、1990年にM70/90として制式採用されました。この銃は**SS109弾対応の薬室とし、合わせて上部レシーバーの断面を四角から台形にして強度を増しています**。槓桿以外のレバー、ボタンを両側に配して、左利きにも対応しています。レシーバー上部にM16のような取り外し式提げ手がついたのがもっとも目立つ違いです。派生型はAR70/223と同じくSC70，SCP70と展開しています。

※ G3ライフルを5.56mm弾対応に焼き直したような銃で、 イタリア・フランキ社との協同開発。1,700ドルと非常に高かった。

上は標準となるライフルモデルのAR70/90、折り畳み式銃床はカービンモデルSC70/90のためのもの。ただし銃身長は変わらない。下は空挺兵向けに銃身も短くしたカービンモデルのSCP70/90。ライフルグレネード発射のためにガスブロックより先の銃身を延長するキットもある

写真/ベレッタ

■弾薬 5.56×45mm NATO弾　■銃身長 450mm　■ライフリング・ピッチ 178mm
■装弾数 30発　■作動方式 ロングストローク・ガスピストン式、ロータリーボルト式閉鎖
■全長 995mm　■重量 4,370g　■発射速度 670発/分　■初速 920m/s
■有効射程 350m
（AR70/90のデータ）

2006年2月に開催されたトリノオリンピックで、会場警備に就くイタリア陸軍フォルゴーレ空挺旅団隊員。折り畳み式銃床を装備したカービンモデルSC70/90をもっている

写真/イタリア陸軍

4-17 IMI ガリル ～イスラエルで進化したAK-47

イスラエル軍はFN FALをもって第三次中東戦争[※1]を戦いますが、砂漠の戦場では故障が多発して使いものにならないことに閉口し、戦後、**中東の戦場に合ったライフルを選定**することにします。使用口径は5.56mmとし、M16、H＆K HK33[※2]など5者のなかから選ばれたのが、イスラエル軍事工業社（IMI）のガリルでした。

ガリルはフィンランド版AK-47であるヴァルメ Rk62をもとに小口径化したもので、いわば**イスラエル版AK-74に相当**します。折り畳み式銃床や提げ手は前任のFALから流用し、外形は違って見えますが、機関部はレシーバー左側に小さな切替金を設けた以外、AK-47とまったく変わりません。弾倉は専用の35発、または50発入り弾倉を用い、M16用弾倉を使う場合はアダプターが必要です。アサルト・ライフルのARを中心に、銃身長や装備品、口径の違いで、銃身長195mmのサブ・カービンから、銃身長508mmで7.62mm弾を撃ちだす狙撃銃までそろえています。

1973年に制式採用されますが、それ以前に米国から中古のM16が1挺5ドルと超低価格で入ってきており、ガリルの配備は機甲部隊や砲兵部隊、空軍にとどまり、以後は外貨獲得のため輸出に回されます。**使用環境の厳しいアフリカや中南米を中心に採用**され、南アフリカやミャンマーではライセンス生産されています。

2009年にイスラエル兵器工業社（IWI、2005年に改称）は、ピカティニー・レールを装備し、レバーなどの配置を操作しやすく変えて近代化したガリル・エースを発表します。主力はタボール（180ページ参照）に移りましたが、いまだに販売されています。

※1 1967年6月5日～10日に行われた2度目のイスラエル対アラブ連合の戦い。期間から六日戦争とも呼ばれる。
※2 G3ライフルを縮小して5.56mm弾対応にした銃。G41とは別系統。

上は銃身を331mmに詰めたカービンモデルSAR 5.56mm。左は近代化したガリル・エースのサブ・カービンモデルとなるエース21。被筒上部にはメプロ21ドットサイトが取りつけられている
写真/IWI

■弾薬 5.56×45mm NATO弾　■銃身長 460mm
■ライフリング・ピッチ 178mm　■装弾数 35発/50発
■作動方式 ロングストローク・ガスピストン式、ロータリーボルト式閉鎖
■全長 979mm/742mm（銃床折り畳み時）　■重量 3,800g（弾倉除く）
■発射速度 630〜750発/分　■銃口初速 915m/s
■有効射程 500m
（ガリルARのデータ）

7.62mm弾型のガリルARで刺突訓練するジブチ国家警察の特殊旅団の隊員。彼らは3日間、射撃、屋内掃討の訓練を受けたあと、在ジブチ・米国大使館の警備に就く。2006年12月の撮影
写真/米海軍

4-18 IMI タボール/X95 〜射撃精度や信頼性が高く取り回しもよい

イスラエル軍事工業社(IMI)は老朽化しつつあるM16、ガリルを代替するライフルの研究・開発を、1991年よりイスラエル軍と協同で始めます。1998年にタボール、もしくは21世紀のタボール・アサルト・ライフルの略称であるTAR-21として、銃が公開されます。2009年まで実証試験と改修に費やされ、**2013年よりイスラエル全軍への配備が始まります**。グルジア軍でも採用されたほか、15カ国の軍・警察の特殊部隊で用いられています。

タボール開発の際、**車輌乗車や近接戦闘に支障がなく、野戦でも十分な威力と射程をもつことを軍から要求**され、これを満たすためにブルパップ式の形となっています。銃全体は耐衝撃強化プラスチック製の一体カバーで覆われ、ボルトグループは銃床の底を開けて、引きだす形で取りだします。

作動方式はロングストローク・ガスピストンで、ピストン内にばねを入れて、後退したボルトグループを引き戻す役目をもたせています。銃身長は380mm、460mmの2種をそろえ、照準器取りつけ基部は銃身に固定されています。銃把には大きな用心金(グリップ・ガード)がつき、レバー、ボタン類は左右について両利き対応なのはもちろん、槓桿、排莢口も部品を組み換えることで、左右どちらにも配置できます。照準線の距離が足りないので、ドットサイトが標準で装着されます。

X95はイスラエル軍特殊部隊の助言でつくられた、銃身長330mmのモデルで、**短い銃身に合わせて銃の前部が切り落とされたような形**です。社外品の照準器を装着できるよう、ピカティニー・レールをつけたフラットトップモデルもあります。

上はコンパクト・タボールと呼ばれる銃身長380mmのカービンモデルCTAR 21。下はさらに銃身を50mm詰めて、全長580mmとしたX95。以前はマイクロ・タボールと呼ばれていたモデル
写真/IWI

■弾薬 5.56×45mm NATO弾　■銃身長 460mm　■ライフリング・ピッチ 178mm
■装弾数 30発　■作動方式 ロングストローク・ガスピストン式、ロータリーボルト式閉鎖
■全長 725mm　■重量 3,280g　■発射速度 700〜1,000発/分
■初速 920m/s　■有効射程 550m
（TAR 21のデータ）

ミトカン・アダム基地の射撃場にて、タボールCTARの射撃指導を受けるジラ・カリフィ・アミール准将（統合参謀本部女性問題担当）。2010年11月の撮影。M4との比較では、タボールはM4より射撃精度や信頼性ではすぐれるものの、価格は約3倍する　写真/イスラエル国防軍

4-19 ジアット FA-MAS
～国産にこだわったブルパップ式ライフル

FA-MAS（ファマス）はサンテティエンヌ造兵廠（MAS）製アサルト・ライフルの仏略語です。フランス軍は1960年代に入り、次期小銃選定を進めます。候補はM16、H&K HK33、FN CALで、HK33が勝者となりましたが、**宿敵ドイツのライフルを導入することに軍上層部は反発**し、マルセル・ビジャール准将[※]はMASにライフルの開発を求めます。こうして1967年から開発が始められ、1971年にFA-MASが完成します。しかし初期問題の解決に時間を要し、1978年になってようやく制式採用されました。

FA-MASはブルパップ式ライフルで、機関はレバー遅延ブローバック式となっています。この作動機構は遊底にレバーがついており、レシーバーとボルトキャリアに設けられた凹みにレバーが引っかかることで、薬莢が圧力で排出されるのを遅らせています。さらにこの部分で少し反動が吸収され、射手への反動は少なくなりましたが、薬莢がちぎれる事故が多発したので、薬莢をスチール製とした専用弾を使います。弾倉は当初、使い捨てでしたが、費用がかさみ装弾不良を多発したので、通常のものに換えられました。発射モードは単射と連射の2種となります。特徴的な提げ手を兼ねたガードは、上辺が照準器となっています。排莢口も含めた両利き対応で、被筒部分には二脚が標準でつきます。プラスチックを多用していますが、割れやすいのが欠点です。

初期モデルのF1、小改良したG1、NATO標準のSS109弾と弾倉を使うG2がありますが、大半はF1のままです。フランス軍は**2013年いっぱいでFA-MASを退役させることを発表**し、後継にはFN SCAR、H&K HK416が候補に挙がっています。

※ 愛称ブルーノ。第二次世界大戦での抵抗運動、戦後の植民地紛争で果敢に戦い、兵卒から中将、国防次官にまでのぼり詰めた人物。指揮下の部隊を精強に鍛え上げることで知られた。

上は初期型のF1、下は1994年から製造されている改良型のG2。装備品、銃身長を換えたカービン、狙撃銃、短機関銃モデルもある　写真/GIAT、Rama

■弾薬 5.56×45mm NATO弾(M193相当)　■銃身長 488mm
■ライフリング・ピッチ 305mm　■装弾数 25発/30発
■作動方式 レバー遅延ブローバック式　■全長 757mm　■重量 3,610g
■発射速度 900〜1,000発/分　■初速 960m/s　■有効射程 300m
(F1のデータ)

アフガニスタンにて、パトロールでの戦術訓練をするフランス兵。構えるFA-MAS F1は、エイムポイント社製ドットサイト、タクティカルライトと市販のレーザーサイトを取りつけた前方銃把を装着している
写真/ISAF

4-20 シュタイア AUG ～もっとも成功したブルパップ式ライフル

オーストリア、オーストラリアをはじめ世界34カ国の軍・法執行機関で採用され、**ブルパップ式としてはもっとも成功したライフル**で、AUG（オウグ）は陸軍汎用小銃の独語での略称です。

シュタイア・ダイムラー・プフ社は1960年代末、オーストリア軍の58年式突撃銃（Stg.58、オーストリア版FN FAL）の後継銃の開発に乗りだします。軍事技術局の監督下で開発が進められ、1977年に77年式突撃銃（Stg.77）として制式採用されました。

いまも未来的な印象を与えるこの銃は、**本体のほとんどを強化樹脂で構成**し、レシーバー部分はアルミ合金で照準器基部と一体鋳造しています。作動方式はショートストローク・ガスピストンで、ガスピストンは銃身の右側に配しています。銃身はライフリング・ピッチが新旧どちらでも使える229mmで、銃身長508mmを標準に、近接戦闘用の350mm、カービンの407mm、軽機関銃用に肉厚の621mmの4種をそろえています。前方銃把の基部はガスブロックを兼ね、**銃身交換は特別な道具なしにきわめて短時間で行え**、この際には前方銃把が取手となって作業を助けます。

引金機構はばねとピン以外は樹脂製で、引金を浅く引くと単射、深く引くと連射となっています。弾倉は半透明の強化樹脂製で、標準で30発、軽機関銃用は42発収容します。槓桿以外は、排莢口も含めて両利き対応です。照準は1.5倍の照準器が標準で装備されます。9mm拳銃弾を撃ちだす短機関銃型、ピカティニー・レールをつけた改良型などもあります。

射撃精度、信頼性が高く、**現在も軽量化、近代化を図ったF90がタレス・オーストラリア社によって開発**されています。

上は16インチ銃身をつけたA1、下はA3SF　　写真/シュタイア・マンリッヒャー

■弾薬 5.56×45mm NATO弾　■銃身長 508mm
■ライフリング・ピッチ 229mm　■装弾数 30発/42発
■作動方式 ショートストローク・ガスピストン式、ロータリーボルト式閉鎖
■全長 800mm　■重量 3,600g　■発射速度 680〜750発/分
■銃口初速 940m/s　■有効射程 300m
（A1ライフルのデータ）

アフガニスタン ミラバッド渓谷にて、F88S（オーストラリア版AUG、通称オースタイア）を構えるオーストラリア軍第2復興指導特務隊のアラン・ジャーニシジェヴィック軍曹。トリジコン社製ドットサイト、M203 IP擲弾発射器、レーザーサイト、タクティカルライトをつけている
写真/ISAF、オーストラリア国防省

4-21 王室小火器工廠 L85 ～改良しても使いにくさは変わらず

前項のAUGとは対極のブルパップライフルです。L1ライフル（イギリス版FN FAL）の後継として1969年より開発に着手し、当初はイギリス独自の4.85×49mm弾で開発していましたが、1976年、NATO標準弾薬にSS109 5.56×45mm弾が内定すると、これに合わせた銃に変更し、1984年に採用されます。

L85は、1つの本体から複数の派生型をつくりだす“80年代小火器（SA80）”の核となるライフルで、これをもとにL22カービン、L86分隊支援火器、L98汎用訓練銃、L103教練用訓練銃、L41 .22後継訓練銃をつくりだしました。本体はプレス鋼板でつくられ、スチールの補強材を溶接、もしくは鋲接しています。

樹脂の使用は銃把、被筒、銃床の底部と限定的で、短くなって軽くなるはずのブルパップでありながら、**弾倉、照準器込みの重量では5kg近くなっており、しかも後部に重量が偏りすぎています**。機関部はAR-18（114ページ欄外参照）そのままのショートストローク・ガスピストン式で、発射モードは単射と連射の2種です。**弾倉は外れやすく弾詰まりもひんぱん**です。

照準器は倍率4倍で、トリチウムで光るSUSATが標準でつきますが、後方部隊では提げ手につけ替えて、提げ手付属のアイアンサイトとなります。右利き専用なうえに、ボタンやレバーの配置がチグハグで非常に使いづらくなっています。

あまりの悪評にH＆K社に信頼性向上の改修を依頼し、2000年から3年かけて1挺あたり400ポンドで20万挺を改修しました。改良しても、**壊れやすい点が改善されただけで、現場の評価は悪いまま**ですが、英軍は2020年までL85を使い続ける予定です。

上はL85A1、左は銃身を646mmに伸ばし、二脚をつけたL86。分隊支援火器として開発されたが、非常に射撃精度が高いので選抜射手ライフルに転用されている

写真/米海兵隊、ロイヤル・オードナンス

■弾薬 5.56×45mm NATO弾　■銃身長 518mm　■ライフリング・ピッチ 178mm
■装弾数 30発　■作動方式 ショートストローク・ガスピストン式、ロータリーボルト式閉鎖
■全長 785mm　■重量 4,980g（照準器、弾倉含む）　■発射速度 610～775発/分
■初速 940m/s　■有効射程 400m（点目標）/600m（広域目標）
（L85A2のデータ）

米カリフォルニアで行われたブラック・アリゲーター演習において、小隊訓練を行うイギリス海兵隊第42コマンドM中隊隊員。ダニエル・ディフェンス社製のレール つき被筒をつけたL85A2を構えている

写真/米海兵隊

《 協 力 》（188ページ）

Custom Digital Designs（www.CDDonline.com）

Robert Silvers（www.silencertalk.com）

《 参 考 文 献 》

『Black Rifle : M16 Retrospective』 R.Blake Stevens、Edward C. Ezell/著（Collector Grade Publications、1992年）

『M16&ストーナーズ・ライフル』 床井雅美/著（大日本絵画、1991年）

『Gun12月別冊 GUN用語事典』 Turk Takano/監編（国際出版、1999年）

『最強軍用銃M4カービン』 飯柴智亮/著（並木書房、2007年）

『月刊Gun』各号 国際出版

『月刊アームズマガジン』各号 ホビージャパン

『銃の科学』 かのよしのり/著（ソフトバンク クリエイティブ、2012年）

『狙撃の科学』 かのよしのり/著（ソフトバンク クリエイティブ、2013年）

『陸上自衛隊「装備」のすべて』 毒島刀也/著（ソフトバンク クリエイティブ、2012年）

インターネット雑誌『Guns Magazine』『Guns & AMMO』『RIFLE SHOOTER』『Australian Defence Magazine』『Defense Industry Daily』の当該記事

※そのほか、インターネット上で閲覧できる各国政府機関、シンクタンクの発表論文、メーカー資料などを参考にしています。

索 引

サイエンス・アイ新書 発刊のことば

science·i

「科学の世紀」の羅針盤

20世紀に生まれた広域ネットワークとコンピュータサイエンスによって、科学技術は目を見張るほど発展し、高度情報化社会が訪れました。いまや科学は私たちの暮らしに身近なものとなり、それなくしては成り立たないほど強い影響力を持っているといえるでしょう。

『サイエンス・アイ新書』は、この「科学の世紀」と呼ぶにふさわしい21世紀の羅針盤を目指して創刊しました。情報通信と科学分野における革新的な発明や発見を誰にでも理解できるように、基本の原理や仕組みのところから図解を交えてわかりやすく解説します。科学技術に関心のある高校生や大学生、社会人にとって、サイエンス・アイ新書は科学的な視点で物事をとらえる機会になるだけでなく、論理的な思考法を学ぶ機会にもなることでしょう。もちろん、宇宙の歴史から生物の遺伝子の働きまで、複雑な自然科学の謎も単純な法則で明快に理解できるようになります。

一般教養を高めることはもちろん、科学の世界へ飛び立つためのガイドとしてサイエンス・アイ新書シリーズを役立てていただければ、それに勝る喜びはありません。21世紀を賢く生きるための科学の力をサイエンス・アイ新書で培っていただけると信じています。

2006年10月

※サイエンス・アイ（Science i）は、21世紀の科学を支える情報（Information）、知識（Intelligence）、革新（Innovation）を表現する「ｉ」からネーミングされています。

SoftBank Creative

science·i

サイエンス・アイ新書

SIS-280

http://sciencei.sbcr.jp/

M16ライフル
M4カービンの秘密《ひみつ》

傑作《けっさく》アサルト・ライフルの系譜《けいふ》をたどる

2013年6月25日　初版第1刷発行

著　　者　毒島《ぶすじま》刀《とう》也《や》
発 行 者　小川 淳
発 行 所　ソフトバンク クリエイティブ株式会社
〒106-0032　東京都港区六本木2-4-5
編集：科学書籍編集部
03(5549)1138
営業：03(5549)1201
装丁・組版　株式会社ビーワークス
印刷・製本　図書印刷株式会社

ISBN 978-4-7973-7145-1

SoftBank Creative

引きこもり・ニート・オタク・マニア・ロリコン・シスコン・ストーカー・フェチ・ヘタレ・電波

ダメ人間の日本史

山田昌弘&麓直浩

まえがき

歴史上に現れ、英雄として賢者として世の中を導く偉人達。彼らがしばしば均衡を欠いた歪な精神を持っていて、社会生活や社会常識、社会規範に様々な不適合を示すことをご存じの方は多いでしょう。少々回りくどい言い方になりました。もう少し簡単な形に言い直しますと、偉人の多くが変人であるということは割と社会一般の共通認識となっていると言えるでしょう。

そして、そのような偉人の変人ぶりは、色々なところで、いかに偉人が凡人と異なっているのかを強調する形で、ある場合には偉人を高みに持ち上げ崇拝するために、さる場合には崇拝への反発からあえて偉人を高みから引きずり落としコケにして楽しむために、何度も何度も繰り返し語られて来ています。

とはいえ、偉人の変人ぶりというのは、それほどまでに凡人と異なるものなのでしょうか？

よくよく偉人達を見てやって下さい。何となく、彼らが、どこかで会ったことのある人のような気がしては来ませんか？

それからここで自分の周りを見回してみてください。結構、簡単に、偉人達と似たような性格を示す人間が見つかったりはしませんか？

例えば、知り合いの誰とか彼とか、あるいは人には言えないけれど自分の中、そういった身近な人間の誰かの中に、歴史に名を轟かした偉人達とよく似た変態性、偏屈さなどなど、様々な人間的な偏りとキモさ、あるいは格好良ささえも、発見することはそんなに難しいことではないでしょう。実のところ、偉人が変わり者であるとは言いましても、偉人と凡人の間に絶対的な境界線を引かねばならないほど、その変の程度は特殊なものではなく、日常的に目にする程度の「変さ」に過ぎないのです。そう、偉人とは、私や、貴方や、知り合いの誰かみたいな、ちょっとだけねじけた、しようのないヤツが、ちょっとだけ才能と運と機会に恵まれて、妙に脚光浴びて立っているようなもの。ひょっとしたら明日には、私や、貴方や、知り合いの中の誰か一人や二人くらいは、彼らと肩を並べているかも知れない、偉人とはそんな感じの遠いが近い存在なのです。

　そしてそれなら、偉人を凡人とは遙かな別次元の存在のように祭り上げ、あるいはそれへの反発で貶める以外にも、偉人伝との接し方があっても良いはずです。例えば自分の精神的な同志・兄弟として、あるいはあたかも日頃付き合う近しい友がさらにもう一人増えたかのように、彼ら偉人達の伝記的事実に親愛の情を感じつつ、仲良くお付き合いする、そういう偉人伝の読み方、語り方が……。

　ですので、本書はそんな遠くて近い偉人たちへの親しみ溢れる伝記を目指してみました。敢えて崇敬に満ちた偉人伝の銘を打たず、さりとて偉人を異物扱いして排斥するかのような変人伝をも名乗らない。変人よりも、もっと軽いニュアンスで、溢れるばかりの親愛の情を裏に隠した、彼らの歪みへの少しのからかいと呆れの念を込めて、仲間の一人に呼びかけるかのような気持ちで、彼らを呼ぶは「ダメ人間」。描くは日本史ダメ人間列伝。タイトルは、名づけて『ダメ人間の日本史』。

　どうぞ、日本の偉人達の伝記の中に、もう一人の貴方の姿を、愛すべき貴方の友達を、見つけ出してあげてください。

「山」は山田昌弘、「麓」は麓直浩が執筆。

女房恐い、でも女漁りはやめられない　〜古代国家の名君の、何ともヘタレな憂鬱の種〜

仁徳天皇（五世紀頃）

五世紀頃の天皇。在位期間は王権が伸長した時代に相当し、後世から理想的帝王とされた。

仁徳天皇は、五世紀頃の我が国に君臨したとされる人物です。『古事記』や『日本書紀』といった歴史書によれば、この天皇は仁義に溢れ民政に心を配った理想的君主であったとされています。例えば人々の家から炊煙が上がっていないのを見てその暮らしが貧しいからではないかと心配し、宮廷生活も質素倹約で通して三年の間租税を免除したといいます。その後、民衆生活が豊かになったのを知り喜んだとか。

高き屋に登りて見れば煙立つ　民のかまどはにぎわいにけり

（高殿に上って人々の様子を眺望すれば、炊煙が家々から立ち昇っている。民の生活が豊かである印で喜ばしい）

という歌をその際に詠んだと伝えられています。また、彼の治世は茨田の堤を修復した事でも知られるように大阪平野の開発が盛んに行われた時代でもありました。この時期は大和政権の実力が伸長しており、仁徳天皇もその頂点である偉大な王者として人々の畏敬を受けていたと想像されます。

そうした仁慈と威光を兼ね備えた大君主である仁徳天皇ですが、私生活ではダメっぽい一面も垣間見せています。彼は王者の例に漏れず好色だったわけですが、その一方で恐妻家でもありました。というのは皇后・葛城磐媛が嫉妬深かったためで、例えば天皇の寵姫・黒比売が皇后を恐れて逃げてしまう程だったとか。まあ君主が好色なのは普通の事ですし、恐妻家である事だけでダメ人間とは呼べないでしょうが、両方の性格を併せ持ちその間をふらふらして騒ぎを起こしているとなるとちょっとどうかと思います。

例えば皇后が紀伊に行った時の事。その間に天皇は鬼の居ぬ間の洗濯とばかりに矢田皇女を新たに娶り、それを知った皇后は怒って山城へと篭ってしまいます。困った天皇は迎えの人を遣ったものの皇后は臍を曲げたまま帰還せず、とうとう天皇自ら迎えに行く羽目になったとか。別の妻を迎えるのが正妻のいない隙というのが何ともヘタレな話ですね、どう考えても問題の先送りでしかありません。実際、後で修羅場になりました。で、自ら妻に頭を下げざるをえなくなる羽目になり、君主の威厳も何もあったものではありません。やれやれ。どうしてもその女性を娶りたいなら、君主なんだから後継者候補を確保する必要が云々とか言って堂々とするべきです。それができないなら、妻が恐かったり後ろめたかったりするなら、自重すべきだと思いますけどね。

因みに、天皇はその後も別の皇女に求愛したものの相手が皇后の怒りを恐れて断ったそうです。仁徳はあれだけの騒ぎを起こして、まだ懲りていなかったみたいですね。全くもう。

女にだらしない名君も恐妻家な偉人も珍しくはありませんが、両者が化学反応を起こすとちょっとアレな事になるという好例ですね。

日本の宿痾、現実見ない外国かぶれのダメインテリは、既に1500年以上も昔から

菟道稚郎子

（5世紀初め頃）

古墳時代の政治家・文化人。学識に優れ、応神天皇の皇太子とされたが、兄であった仁徳天皇に遠慮して即位を拒み通した。

菟道稚郎子《うじのわきいらつこ》は、応神天皇の皇子で、非常に学才に優れており、漢籍を学んで通じないものはないと言われるほどの博識を誇っていました。

彼の学識は、応神天皇二八年の高麗（高句麗）の国書への対応に示されており、このとき彼は、国書冒頭記載の語句「高麗王教日本國也」が無礼であると激怒、国書を破り捨てます。なぜかというと、中国語では、親王等が臣下に命令する文書を「教」と言い、漢籍通の彼は、それを知っていて、国書の表現が無礼であることを見抜けたのだとか。

ちなみに応神天皇はこんな彼を大変愛し、彼は長兄の大山守命《おおやまもりのみこと》と、次兄の大鷦鷯尊《おおさざきのみこと》すなわち後の仁徳天皇を差し置いて、皇太子に指名されます。

ところが、兄を差し置いて菟道稚郎子が皇太子となったことに不満であった大山守命は、応神天皇の死後、皇位を狙って菟道稚郎子の殺害を計画。一方、これを察知した大鷦鷯尊の通報を受け、菟道稚郎子は兵を集め策を講じて大山守命を待ちかまえます。

菟道稚郎子は、山上に天幕を設置して自分の居場所に見せかけるとともに、そこへと至る渡し場に兵士を配置します。彼は川岸に伏兵を置くとともに、船乗りを手の者で固めて自身も変装してその船乗りの中に潜みます。そして大山守命を船に乗せて川の中程に差し掛かったとき、敵は山上と油断している大山守命を、いきなり船を傾けて落水させます。あとは川岸と船上で共同し、水中にいて反撃も逃亡も困難であろう大山守命を、確実に追い詰め溺死させてしまいました。

というわけで、菟道稚郎子は学才に優れているのみならず、狡猾な策略の実際的な知謀の人でもありました。どちらか一方でも大したものなのに、一級の学才と実際的な能力を兼備するとは、相当優秀なかなりの偉人です。ところがそんな彼は、これで結構ダメ人間。せっかく競争者を倒したのに皇位を拒み、三年も大鷦鷯尊と皇位を譲り合った挙げ句、ついには自殺してしまいます。曰く、長幼の序。当時の日本は先帝の指名で皇位が決まる慣習だったのに、漢籍通の彼は、長幼の序などと中国儒教の流儀を持ち出し、三年も皇位を空けて政治を迷走させやがったのです。日本の知識人には、外国を過剰に尊崇して、自国を否定したり、現実無視して外国の制度や思想を社会に押しつけたがる輩が頻出しますが、そんなダメ知識人は既にこんな太古の時代から。それにしても、ダメインテリの外国かぶれで政治を混乱させられては、国民はたまったもんじゃないですね。

ところで、長幼の序なのに長兄はなぜ？　先帝の意志無視して長幼の序とか言うなら、せめて長兄に位を譲っておけば、素早く丸く収まった気がしませんか？

人生どうせダメなら人間やめて酒びたり　〜不遇な勇将の文化的な愚痴〜

大伴旅人（665〜731）

八世紀の歌人・武将。九州南部の反乱を鎮圧し大宰帥として九州を統括した。子の家持も歌人として著名。

大伴旅人は『万葉集』に多数の和歌が掲載されているほかに『懐風藻』にも漢詩が一首採用されている事から分かるように、息子である家持ともども八世紀を代表する歌人です。それと同時に、彼はこの時代屈指の武将でもありました。大伴氏は代々武門の家柄として知られ壬申の乱でもその働きで名を轟かせていますが、彼もその例に漏れず将軍として武功を挙げています。その中で最も知られたものが隼人（九州南部の人々をこう呼んだ）の反乱鎮圧でした。九州南部は神話時代にも熊襲（熊本周辺の人々）対策が大和政権の重要課題であったように、古くから中央政府の支配が安定しておらず、重要な政治・軍事的課題となっていました。この時期も例外ではなく、養老四年（720）に隼人が大隈国守（鹿児島県東部の長官）を殺害して反乱にいたります。この時、旅人は征隼人持節大将軍に任じられて現地に向かい、戦闘の末に斬首・捕虜合わせて千四百に及ぶという大戦果を挙げています。この時期辺りから、九州南部はある程度安定し隼人は朝廷に奉仕する人員を献上するようになります。

このように当代有数の文化人であり有能な武人でもあった旅人は、偉人といってもそう問題は無いのではないかと思います。しかしながら、彼は中央での栄達が望めず大宰帥（九州を統括する役所の長官）として地方暮らしを余儀なくされ、しかも直後に妻が病没。最晩年になってようやく中央政府にポストを与えられたものの間もなくこの世を去るという割に不遇な生涯でした。

彼の歌はそうした状況下での鬱屈した心情を晴らそうとして大宰府で詠まれたもので、愛妻への想いや望郷の思い、人生の憂悶が込められているとして高く評価されています。とはいえ、その中にダメっぽさを伺わせるものがないでもないのです。

彼の作品の中では一連の酒を称えた歌が最もよく知られています。その例を挙げると

価無き　宝といふとも　一杯の　濁れる酒に　あに益さめやも
（値段が付けられないほどの宝物でも、一杯の濁り酒にかなうはずもない）

世のなかの　遊びの道に　すずしくは　酔泣きするに　あるべかるらし
（世間一般の付き合いを楽しめないなら、酔っ払って泣くに越した事はない）

といったところ。まあ、ここまでは良いとして

なかなかに　人とあらずば　酒壷に　成りにてしかも　酒に染みなむ
（中途半端な人間でいるくらいなら　いっそ酒壷になって酒が染み込むようでありたい）

というのはどうなのか。他の歌も厭世的な気分が溢れていますが、これはいくらなんでも酒に溺れすぎという気がします。これには元ネタがあり、古代中国の鄭泉という人物も酒を好み「三十石の船に酒を満たした中で過ごしたい」と言ったそうでその古事を踏まえたものと言われていますが、「いっそ人間やめて酒壷になりたいよ、だって酒に浸っていられるから」と希望する時点でダメっぽさにおいてオリジナルを越えています。旅人はこの歌から判断する限り、酒を借りて現実逃避の極致を望むというなかなかのダメっぷりを披露した人物と言えそうです。人気娯楽小説『銀河英雄伝説』で「世のなかは、やってもだめなことばかり。どうせだめなら酒飲んで寝よか」（田中芳樹『銀河英雄伝説5』徳間ノベルス、36頁）などと真面目な人が聞けば眉を顰めそうな鼻歌を歌っていた名将がいましたけど、人間やめたいとか言ってる時点で旅人はその上を行っています。

旅人は他にも

この世にし楽しくあらば来む世には虫に鳥にも我れはなりなむ

（現世でさえ楽しくやれるなら、来世には虫にだって鳥にだって生まれ変わっても構わないよ、私は）

という歌を残しています。これもまた随分と刹那主義的ですなあ。そんなにやけっぱちにならなくとも。そして、やっぱり人間やめたいんですかねえ。まあ、その不遇を思えば同情の余地は多々ありますが、酒に頼りすぎると身体を壊しますから程々にしたほうがよいと思います。

歴史に名を残した古の歴史家達（悪い意味で） ～パワハラ、オカルト、エロじじぃ～

石川名足（728～788） 春澄善縄（797～870） 大蔵善行（832～）

奈良時代と平安時代の歴史家。石川名足は『続日本紀』、春澄善縄は『続日本後紀』、大蔵善行は『日本三代実録』の編纂に貢献。

今回は奈良時代から平安時代にかけての偉大な歴史家の中にいるダメ人間達の話をしましょう。他人の行動性癖を記録する地位にいて、記録の場をウロウロしてたせいか、バッチリ自分たちのダメ性行を記録されてしまった人たちです。

まずは石川名足。奈良時代に文人政治家として辣腕を振るった人物で、歴史書『続日本紀』の中盤までの編纂に携わった他、閣僚等を務めました。

彼は記憶力と弁舌に優れ、判断に滞りがないという、切れ者だったんですが、残念なことに、性格が非常に偏狭短気でした。彼は人の過ちをガンガン問いつめ、報告の不合理を口を極めて罵しり、そのせいで彼が報告を受けようとしても、多くの役人が彼を避けて通ったとか。ちなみにこれを記す『続日本紀』は、無味乾燥な事件羅列が特徴の本なのですが、そんな本が記さずにいられないとは、よほど酷い態度だったんでしょう。たぶん、誤りを正すって大義名分と自分の才能と地位権力に酔い、サディスティックに嫌がらせとしか思えないくらい非道く部下を責め立てたんだと思います。地位権力を濫用して他人をなぶりものにすることを現代ではパワハラとかいうようですが、彼の行為はこのパワハラに該当するだろうと思います。こんな地位権力に酔って地位権力を使いこなせず地位権力に人格乗っ取られる程度の、中途半端に小利口な小才子は、これはこれで一種のダメ人間と言えるでしょう。

それにしても、このダメ人間、周りが萎縮して、全体として仕事に支障が出てるとか、思いつきもしないいんでしょうね。政治なんかせず、学者としてのみ生きてて欲しかった人物です。

春澄善縄《よしただ》は平安時代の学者で、優れた学才により、最終的に閣僚の地位にまで登っています。

彼は、幼い頃から明敏聡明で、若くして及ぶ者のないほどの学識を誇った人物ですが、名門とは言えない地方豪族の出身で、その上、慎み深く真面目で飾らない性格、学閥争いに加わるようなこともなく、それでも閣僚まで出世を遂げているということは、その学才がいかに際だっていたか分かるというものです。

今に残る彼の実績として歴史書『続日本後紀』があり、同書の編纂はほとんどこの人によると考えられています。ところで、こんな大学者の春澄善縄ですが、極度の迷信家であったと伝えられており、非常に情けない姿をさらしています。

すなわち、彼は陰陽道のオカルト話を過剰に信じて、物の怪を恐れまくり、一月に十回も門を閉じて、引きこもっていたとか。ボクお化けが恐くて家から出られないって状態に、三日に一度も陥るとは、いくら迷信深い昔の人でも、ちょっと迷信深すぎて、ダメ人間と呼ぶしかないように思います。ちなみに、そんな彼の性格のせいでしょうか、『続日本後紀』は当時の他の歴史書に比べて物の怪に関する記事が非常に多く、漢文の歴史書のくせに物怪という日本製単語が煩わしいくらい頻出しているそうです。

大蔵善行は、平安時代の学者で、歴史書『日本三代実録』の編纂に当たった人物です。彼は学問を究めていた上に、教育能力に優れていたので、その門下には非常に多数の弟子が集い、当時の官界の俊英も多くが彼の門下生でした。そのため彼は当時の学問の世界で非常に勢力を振るっていました。

ところで彼は、非常に長寿かつ健康な人物として知られていて、八六歳にして休暇もとらずに皇太子に講義を行って、びびった世間の人が彼のことを「地妖」と呼んだとか、九〇歳を超えてなお壮健で、若々しく、耳も脚も達者だったとか伝えられています。

で、それだけなら、お爺ちゃんいつまでも元気でよろしいですねって話なんですが、この男の元気には怪しげな秘密がありまして、なんでも鍾乳丸なる謎の薬を毎日一服していたそうです。おかげで既に述べたとおり九〇歳になっても耳も脚も達者だったんですが、なんというかそれだけじゃなくて、三本目の脚というか、真ん中の脚というか、そのおチンチンの方も大変お元気でいらっしゃって、いい歳して多くの女を囲って、八七の時には子供をもうけていらっしゃいます。

なんていうか、八〇超えて子をつくるジジイってのは、歴史上に時々あることなんですが、それも、強健な武人が八〇超えてなお馬にも乗って天然物の力を持て余して子供も作ったみたいな話ならともかく、文弱な学者のジジイがお薬に頼って人工的に精力上乗せしてハーレムセックスでは、もうみっともないから、いい加減枯れろよと。なんともやらしい感じのダメ人間です。

妹よ　ああ妹よ　妹よ　それにつけても　妹可愛い　～平安時代のシスコン天才歌人たち～

小野篁（802～852）　在原業平（825～880）

平安時代初期の天才詩人達。小野篁は漢詩の天才で、和歌にも長け、剛直賢明な政治家でもあった。在原業平は和歌と恋愛の天才。

小野篁は、一流の歌人にして漢詩の天才であった人物です。彼の漢詩の才を物語るものとしては、日本を訪れた中国人も彼の漢詩を賞賛したという逸話などが伝わっています。しかも、法に明るく事務に長け、政治家としても有能。自由奔放な性格で、よく直言し、その性格と才能を警戒する人間から野狂と呼ばれていました。小「野」「篁＝狂（音声的に）」。そして本人もその通りと開き直っていたとか。小賢しく大勢に媚びて穏当と言われるより、直言で粗野で酔狂に見られるほうが、政治家としては、名誉なことですよね。ちなみに、篁の家系は優れた文化人や政治家を輩出する多才なエリートの家系で、文人政治家である篁の父小野岑守や、軍人政治家の小野好古、書家の小野道風など、歴史に名を輝かせる逸材が一族にぞろぞろ揃っているのですが、篁も、一族の名を辱めない偉人だったと言えるでしょう。

ところが、このエリート一家の生んだ天才篁、最初から順調にエリート街道を歩んだわけではなく、成長過程は結構紆余曲折で、相当なダメ人間ぶりを発揮したこともあります。その過程を辿ってみると、少年期の彼は全く勉学しない人で、乗馬にばかり熱中し、一九歳の時には、文人政治家である彼の父を信任する嵯峨天皇に、この父の子が単なる弓馬の士になってしまうと嘆かれる始末。自由奔放な篁もさすがに天皇陛下がお嘆きあそばすのは堪えたらしく、初めて学問に心を向け、ついに二一歳で大学生となりました。で、勉強なんてなるべくしたくないのが人情ですから、自由奔放に勉強さぼったからと言って、それで篁をダメ人間呼ばわりしようとは思いません。しかし、大学入学後の彼は、その自由奔放な性格を暴発させ、ダメ人間ぶりを曝すことになるのです。

それは彼が、妹の家庭教師をさせられたときのこと。彼は、妹に恋するという自由奔放ルール無用な暴走を開始、妹に歌を詠みかけます。

なかにゆく吉野の河はあせななん妹背の山を越ゑてみるべく

（訳　河越えて妹背の山を越すようにタブーを越えて嫁は妹）

大学生篁は服装に無頓着だったようで、黒ずみ破れたヨレヨレの着物と踵のつぶれた靴にボロボロのブックケースというダメ人間臭漂う適当ファッションでほっつき歩く、まさに野人狂人なキモい男だったようなのですが、ひょっとしてそのせいで女にもてず、妹相手にさえ我慢できないほど追い詰められたんでしょうか?

ちなみに、妹は、

妹背山かげだに見えでやみぬべく吉野の河は濁れとぞ思ふ

（訳　妹背山寄ってこぬようバカ兄を流してしまえ麓の吉野河）

と返答、その後二人は、俺の嫁だー、わけ分からんこと言うなーって感じの歌を応酬したり、こっそり語らったりとかしてるうちに、やがて、会いたい会えないと嘆きの歌を洩らし合う境地に辿り着いてしまいます。

うちとけぬもののゆへ夢を見て覺めてあかぬもの思ふころにもあるかな

（訳　妹とベタつけないから一日中寝ても覚めても募る想いよ）

いを寝ずは夢にも見えじをあふことの嘆く嘆くもあかしはたしを

（訳　兄を恋い寝れず寝られぬ夢とさえ逢瀬無く泣くつらい夜明けよ）

そして妹は兄の子を孕み、切れた母親が妹を監禁、妹はハンガーストライキに突入し、兄に会えないならもう死ぬとか言い、灰になっても魂は兄の傍にと言って逝ってしまいました。

そんなわけで、小野篁は悲恋の激シスコンです。

ところで、彼の一世代後にもう一人のシスコン詩人が。その男の名は在原業平。官吏としては無能ですが、色恋と和歌の天才として抜群の実績名声を誇り、平安文学の世界に漢詩の篁とともに双璧を成す偉大な男。その男は、妹を見て歌いかけます。

うら若み寝よげに見ゆる若草を人のむすばむことをしぞ思ふ

（訳　恨めしい俺の萌えてる妹と俺は寝れずに人に犯られる）

というわけで、業平も超シスコン。でも、色恋以外に取り柄のない男なのに、手出しできないと嘆くのみとは、情けない。まあ、業平はニート状態で女中に手出しして将来心配する両親に引き離され、辛さの余り血の涙を流して死にかけたとか、女がちょっとつれなくしただけで我慢できず、怒って女に呪いをかけようとしていたとか、なんか色々ヘタレっぽくてキモい伝承を残している情けない感じの人物なので、妹相手の禁断の恋の実行に乗り出すような度胸とか決断力が無いのも仕方ないかも知れませんね。

なお、日本では、異母兄妹間の結婚が長く行われていたので、篁や業平のシスコンもダメ人間ではないと考える方がいるかもしれません。ですが、色恋の天才業平でさえ、妹に恋いながら手出しできないという事実から見て、妹への恋は当時もそれなりにタブーでシスコンはダメ人間だったんだと思います。

ところで、これらの兄妹恋話は出所が物語の『篁物語』と『伊勢物語』で、これを歴史的伝記的事実として扱って良いのかどうか、ちょっとばかり話の信憑性に難があるんですが、確実な伝記的事実と矛盾するわけではないので……。

恋の時代の平安朝の歪んだ恋の虜たち　～平安ロリコン英雄伝～

醍醐天皇（885～930）　藤原伊尹（924～972）　木曽義仲（1154～1184）

平安時代の人物。醍醐天皇はその治世が理想時代と讃えられる天皇。藤原伊尹は知略に長けた政治家。木曽義仲は天才的な名将。

さて今から、ロリコンぶりを歴史に留めた平安時代のダメ偉人達の話をしましょう。

まずはロリコンとは何かという問題ですが、ロリコンの言葉の元となった小説『ロリータ』の考え方を元にすると、九～一四歳の少女を性的に愛する人ということになるでしょう。

ところが、平安時代は今より早婚です。ですから平安人の少女との情交を捉えてロリコン呼ばわりすると、時代背景が違うからロリコンじゃないとか、ツッコミ入るかもしれないのですが、しかし、これについては、実は、現代人と感覚が変わりません。当時、幼児より上だが成年してない子供のことを童と言ったのですが、これは多くが十歳前後の者をさすそうです。その一方で、物語なんかを参考にすると、当時の女性の通常の結婚年齢は一六歳くらいだとか。つまり十～一五歳が平安人的に少女期ということになるようなんですが、当時の年齢が数え年であることを考慮すると、十～一五歳という当時の少女期は、現代に直すと、九～一四歳。我々がロリコン御用達の少女期と感じる年齢帯は、当時の人々にとってもロリコン御用達の少女期だったということです。

だから、そんな少女に手出しした平安人がいれば、それは容赦なくロリコンのダメ人間と呼んでやれば良いと言うことです。

というわけで、平安ロリコン偉人をダメ人間呼ばわりすることに何の問題も無くなったところで、まず紹介したいのは、醍醐天皇。その治世が理想時代として讃えられた帝王です。

醍醐天皇の時代は、豪奢・風流を好む帝とその父の宇多上皇に支えられ、あざやかな文学的創造の気運が湧き上がっており、『古今和歌集』の撰者紀貫之のような下級の文人の才能まで余さず発揮させて、一つの文化的黄金時代が築かれます。例えば、『古今和歌集』の編纂を初め、法典の『延喜格式』、歴史書の『三代実録』『類聚国史』の編纂などなど。そして、その華やかな文化的繁栄によって、彼の治世は貴族政治の理想時代と捉えられるようになり、「延喜の治」という尊称で呼ばれ、讃えられていくことになります。

ところが、そんな理想時代の聖帝さまが、ロリコンであるということは既に述べた通り。どういう事かといいますと、当時の文学界のうわさ話を集めて成立した『大和物語』という物語があるのですが、その百三十四段には醍醐天皇について、現代語訳すると以下のようになる文章があります。

　醍醐天皇の時代に、ある局に、ちょっときれいな「童」がいた。天皇が御覧になって、こっそりとお召しになった。このことを人にも知らせず、時々召し上がっていた。そして、仰せになった。

　　あかでのみ経ればなるべしあはぬ夜もあふ夜も人をあはれとぞ思ふ

（訳　たまにしか抱けぬお前のロリボディ抱き足りなくて毎晩悶える）

こう仰せになったところ、子供心にも、この上ないほどうれしくなって、黙っておくことができず友達に「こんなふうに言ってくれた」と語ってしまい、主人に当たる御息所が聞いて、追い出しなさったのであるが、酷い話だ。

「童」が何かは既に述べましたから、醍醐天皇の行動がどういうことなのか、明らかですよね。これについて偉い先生が、「人数にも入らぬ童女に対する帝の愛の純粋さ」とか「もったいないほどの、愛の溢れた帝の歌」とか解説してたりするんですが（今井源衛『大和物語評釈　下巻』笠間書院、１２４頁）、世間的には、こういう人は不純な劣情に溢れた変態と呼ばれます。『大和物語』は歌物語なので、歌さえ詠まねば、後世に向けてダメ人間ぶりをさらさずに済んだでしょうに、たった三十一文字のために、聖帝はダメ王に失墜してしまいましたとさ。めでたし、めでたし。

それでは次の人、藤原伊尹《これただ》さんのお出ましです。

彼は、抜群の才知と容姿で知られた政治家で、摂政、太政大臣の高位まで上り、一条大路に面した邸宅を構えていたことから、一条摂政と呼ばれました。

ちなみに、９６９年に起こった安和の変という事件において、藤原氏は政敵の皇子源高明《たかあきら》に謀反人の疑いをかけて失脚させ、宮廷に敵し得る者のない最強の名門貴族としての地位を完全に確立することになるのですが、この際、高明を陥れる陰謀の中心となったのが、この切れ者、伊尹だったと推測されています。

いわば、伊尹は知略をもって藤原氏最盛期を準備した人物なわけですが、彼は、この他、芸術的な才能にも恵まれており、自撰の歌物語を残したりしています。すなわち、『一条摂政御集』という彼の歌集中の『豊蔭』の名で知られる第一部は、晩年の彼が自撰したもので、伊尹が、自らの色恋話を架空の下級役人倉橋豊蔭に仮託して語る恋愛遍歴一代記となっています。

ところが、この歌物語『豊蔭』が彼のダメ人間な性癖を赤裸々に語るロリコン摂政俺様語りとなっているのです。彼のロリコン恋話が語られるのは、『豊蔭』所収の二一番から二三番の歌において。その箇所を現代語訳してみると、

ちょっとした縁があって、この豊蔭老人、かつて内裏のほうに務める女官に言い寄っていたことがあった。野辺という名の「女童」を召し使っていた女官の所に、昼のうちから約束を取り付けておき訪ねてみたものの、女は約束を聞いておらず、一人だけ居残っていた野辺と交わって過ごしていたが、主人の女の方には歌を送っておくことにした

知る人もあらじにかへる葛の葉のあきはてがたの野辺やしるらん

（訳　飽き果てて逢わずにかえる恋の道帰るかわりに野辺に乗り換え）

まつ虫の声もきこえぬ野辺にくる人もあらじに夜さへふけにき
(訳　待つ俺を無視して来ないお前より夜更けまで鳴く野辺のいとしさ)

次の年、この野辺が死んでしまったので

白露はむすびやすると花薄とふべき野辺も見えぬ秋かな
(訳　ペド公が白露そそぐロリっ娘は今は亡いから二度と来るなよ)

こう女官から歌を言い送ってきて、野辺が亡くなったのだと知った。その頃はとても可愛く思っていたものだが、特別な身分でない人のことだから完全に忘れてしまった。

ほら、また「童」ですよ。まったく、困ったものですね。ちなみに、最後の「特別な身分でない人のことだから完全に忘れてしまった」という文が、身分の低い役人と女達の恋物語という設定にそぐわないような気がしますが、これは、物語の設定を忘れて、作者本来の身分意識が顔を出したものだそうです。何のために下級役人に仮託したのやら、物語として見るならば、これでまったく台無しです。

ところが、伊尹という人物の個性を知る材料としては、むしろこの方が面白い。なにせ、ついつい「他人」設定を忘れて自分自身が出てきているわけで、この恋にかけた伊尹の本気度が現れていますから。自分のロリコンぶりをわざわざ語り記して後世に曝すだけでアレなのに、我を忘れて筆に抑えが効かなくなる程、ロリっ娘語りに熱中ですよ。しかも、忘れてしまったとか言いつつも、名前もどんな恋だったかも、爺（自称）になってなお、くっきりハッキリ憶えている。なるほど、あのブドウは酸っぱいってわけですね、分かります。酸味の残る青い果実を、逃して悔しい心の痛み、十分に十二分に伝わってきましたとも。このロリコンめ。

さらに、もう一人平安ロリコン偉人を紹介しましょう。それは源義仲（木曽義仲）。倶利伽羅峠の戦い等で知られる北陸地方での戦争で、四万の平家軍をわずか五千の軍勢で壊滅させたと、九条兼実の日記『玉葉』に伝えられる、平安時代末期最高の名将で、軍記物語『平家物語』中盤の主人公的な位置にいる英雄です。

彼はその軍事的才能によって、全国規模の動乱の中、一時とはいえ京都を制圧して天下を狙うことになりますが、その地で彼は、名門藤原氏の有力者藤原基房の美しい娘を、強いて娶ったと言われています。ところが、この娘の兄である師家が当時一二歳であったと伝わっていますから、この娘の年齢は……。この点、「特に十二歳の師家の妹に関する情事とあっては一層事実のほども疑わしい」（三浦周行『新編　歴史と人物』岩波文庫、100頁）との説もありますが、先人達の偉業を見てきた我々に疑う理由など何もありません。

ちなみに義仲の思いのほどは、京都から敗走する際、直ぐには京都を去らず、彼女のもとで名残を惜しんでいたくらいです。なお師家が兄とされる一方で、娘の年齢を一六とする伝承もありますが、京都における義仲は、陰険な京都人から田舎育ちの野蛮人扱いの侮辱を受け続け、心がすっかり荒みきっていました。そんな彼が、成熟し京都貴族の流儀と手練手管を身につけた女にそんなに思いを寄せるはずもなく、未だ京都の陰険の風に染まらぬ幼い少女であればこそ、惹かれ癒され、危険を冒してまで名残を惜しんだと言うべきでしょう。

世界を股に掛けた高僧の淫猥猟奇な黒歴史　～死体と過ごした濃厚な愛の日々～

寂照（962～1034）

平安時代の天台宗の僧侶。天台宗の祖国である中国に渡り、中国で大いに尊崇され、そのまま帰国することなく死去した。

寂照は、国際的に活躍し、広く世間の尊敬憧憬の対象となった平安時代の天台宗の高僧です。

彼は、俗姓を大江定基といい、優れた学識を持つ官吏として知られていましたが、９８８年に妻の死にあって無情を観じ、出家して僧となりました。そして、１００３年には、寂照は、日本の天台宗の抱える疑問の答えを得るために天台宗の祖国中国へと渡ったのですが、中国においても彼は非常な尊崇を受けることになります。答えを得た彼が帰国しようとすると、中国の宰相は彼の帰国を押しとどめましたし、その上、彼は中国皇帝の深い帰依も受けます。すなわち、寂照は、中国皇帝から勲功を讃える紫衣を賜るとともに、円通大師の称号を贈られたのです。そして、彼は、ついに日本に帰国することなく没しました。

ということで、寂照は、日本の枠を越え、海外雄飛して国内外の尊崇を集めた偉大な僧侶と評価できるわけですが、彼はその一方で強烈なダメ人間であったりもします。

既に述べた通り、彼が出家した切っ掛けは妻の死によって無情を観じたことなんですが、妻が死んだ際の彼の行動は、いかに愛妻の死に打ちのめされた人間の行動とはいえ、とうてい弁護しきれないダメダメな代物で、見事なまでに寂照の名をダメ人間として歴史に留めてくれています。彼の妻は、若く美しく、彼はこれに惚れ込む余り、それまでの本妻との仲をこじらせ、本妻と別れるに至ったほどなのですが、これほど愛した妻の死の悲しみに寂照は堪えられませんでした。

すなわち、寂照の弟子念救が伝えた話の内容を掲載する『今昔物語集』によると、寂照は妻の死後、長らく葬送をせずに、女の死体を抱いて寝ていたというのです。そして、

日来ヲ経ルニ、口ヲ吸ケルニ、女ノ口ヨリ奇異キ臭キ香ノ出来タリケルニ、踈ム心出来テ、泣々ク葬シテケリ。

（『新編日本古典文学全集　36』小学館、433頁）

〈訳〉何日もたってから、寂照が死体の口を吸ったところ、女の口からは凄まじくくさい臭いが出てきたので、うとましく思うようになって、ようやく寂照は妻を泣く泣く葬ることにした。

ここからは、寂照が死体と同衾して、あまつさえ死体に吸い付きしゃぶり付き、濃厚に性的な愛撫を加えていたことが分かりますね。書かれてはいないものの、おそらくは、死体を犯してもいたでしょう。そして、死亡直後の生きているかのような死体に取りすがったとか、そんなレベルをはるかに超えて、死体が腐り衰えてくところに何日もまとわりつき、舐めしゃぶり交わったりできたのですから、ここに、ネクロフィリア（死体愛好）の変態傾向を読みとることは、全く妥当な推論として許されるでしょう。ということで、偉大な僧侶寂照はネクロフィリアの変態さんです。

華やかな王朝時代の若き帝王は政治行為も性行為もフリーダム

花山天皇

（968〜1008）

十世紀末の天皇。若い貴族を抜擢して革新的政策を試みたが、外戚の力が弱く早期に退位。奇行が多いことで知られた。

花山天皇は藤原氏が摂政・関白として政治を牛耳っていた十世紀後半の天皇です。在位期間は二年と短期間でしたが、若年の藤原義懐《よしちか》（摂政藤原伊尹の子）や門地が低いが切れ者の藤原惟成を抜擢して腕を振るわせ、革新的な政治を打ち出しています。

この時代、中央政府の力が弱体化して貨幣を鋳造しなくなり国内経済の掌握すらままならなくなっていましたし、国有地の荒廃による減収や宮廷内の儀式や奢侈による出費によって慢性的財政難に悩まされていました。地方豪族は国の直接支配を受けるのを拒み大貴族・有力寺社の保護を受けるため土地を彼らに寄進する傾向があり、これが国有地減少による財政難に拍車をかける結果になりました。そこで貨幣流通に介入して経済活性化を図ると共に饗宴を禁じて綱紀粛正・倹約に手を出しました。更に八十年ぶりの荘園整理令により土地所有の情報を把握し、契約関係の不明瞭な私有地は没収し国有地とする方針を打ち出しています。これは、以後頻繁に出される荘園整理令の嚆矢となりました。加えて貴族社会から広く政事に関する意見を集め人心を掌握しようともしています。これらの改革は当時直面していた政治課題に正面から取り組んだものであり、国家再建へ向けて中々適切な処方箋が打ち出されていたと評価できるかと思います。

このように花山天皇の時代は意欲的な新政策がなされたのですが、後ろ盾となる強力な外戚を持たなかったため、寵妃を失った悲嘆に付け込まれる形で早期の退位を余儀なくされ、実績を出す時間すら与えられませんでした。大胆な改革を遂行するには強い政府内での基盤と政府自体の実力が必要とされるのを考えると、やはり当時の花山天皇らには情勢が厳しかったかと。退位後の花山は播磨書写山や熊野で修行に励み強い法力を手に入れたと伝えられます。彼は文化的素養にも優れ、『拾遺和歌集』の撰者を自ら勤めそれ以降の勅撰和歌集にも多く作品が収録されました。更に絵画や作庭の分野でも才能を発揮したとか。こうして政治・文化の両分野で鮮烈な印象を残した花山天皇は、中途退場させられた改革者と位置づけられなくもないかもしれません。

そんな花山天皇ですが、性愛レベルではどうしようもないダメ人間だったようです。出家による退位をした後にも多くの女性と関係を持ち、中でも愛人に仕える女房・平某女とその娘・平平子とに同時期に子を産ませた、すなわち「親子丼」をやったと伝えられます。母娘の両方に手出しするのは律令で禁じられているのですが、それを帝王御自ら御破りあそばした訳ですな。流石にこうした無軌道な振る舞いは悪評を呼び、当時の一条天皇からも不興を買ったといわれています。そりゃそうでしょう。というか、出家したら少なくとも建前としては女色を絶つ事になっていたはずなんですが、えらく大っぴらですね。これだと修行して法力を身に付けたといってもありがたみを感じられません。むしろ怪しげな何かと契約してうさんくさい魔力を得たんじゃないかと勘繰りたくなってしまいます。陰陽師・安倍晴明と親しかったらしく彼絡みでオカルトめいた逸話が残っていますから余計にその疑いが濃厚に思えます。花山が熊野参詣を希望した際に一条天皇が許可しなかったのも、ひょっとするとその辺りの懸念があったからかもしれません。当時は呪術的なものが大真面目に信じられていた時代でしたから。

また、『古事談』によれば即位式の際にも女官を御簾の内に引き入れて高御座（玉座）で性交したという伝説があるとか。要は、帝位の権威を天下に示す神聖な儀式の真っ最中に、最も厳粛たるべき主役が式典の聖性を不埒な振る舞いによって侵したということを意味します。社会秩序も王朝の権威も知ったこっちゃないと言わんばかりの、ある意味達観した御方ですね。ダメっぷりもここまでくれば天晴れ。

女性関係以外にも、宮中で貴族が頭に被っていた冠を奪い取って脱がしたり、蜜柑を玉にした数珠を身につけて都を練り歩いたりといった奇行の目だった人物であったと言われています。その他にも貴族相手に騒乱を煽ってみたりしてます。これらの風紀や治安を紊乱する行動は、当時の政治担当者にとっては頭の痛いものであった事は想像に難くありません。元天皇ですから余り強くも言えませんしねえ。ひょっとすると、意思に反して政治の中枢から放逐された意趣返しもあったのかもしれませんね。……いや、在位中から十分に無茶苦茶だったみたいなのでそれはないかな。父親の冷泉天皇も精神的に問題があり政務遂行に支障があったそうですが、源俊賢（この時代を代表する有能な官僚貴族）は「冷泉院より花山院の方が始末に困る」とこぼしたとか。先例と秩序を重んじる貴族社会にあって、花山天皇は色んな意味で少しばかりフリーダム過ぎたように思われます。

日本史上最長の政権を維持した大物政治家の政権前夜のヘタレでマザコンな姿

藤原頼通（９９２〜１０７４）

平安時代の貴族政治家。摂政・関白として五十年もの長期政権を保ち、名門藤原氏の盛期を維持した。

藤原頼通は平安時代の貴族政治家で、彼の父藤原道長と彼の時代こそが、藤原氏の権勢の盛期であったとされています。彼は藤原氏全盛期を築いた父藤原道長の摂政辞任を受けて１０１７年摂政となり、さらに１９年には関白となりました。こうして、彼は父の後見を受けながら政権を担当し始めましたが、その後、１０６７年に隠遁するまで、「摂政からあわせて五十年（道長死後でも四十年）という、日本史上例を見ない最長の政権を保」（大津透『日本の歴史０６　道長と宮廷社会』講談社学術文庫、３４７頁）ちました。

彼は穏和な性格だったので、父の後見を受けた政権担当初期においては父と良く調和協同しましたし、また天皇や他の貴族との関係も良好でよく人々の信頼を集め、大体において大過なく政権運営を続けたようです。

彼の時代は良質の史料に乏しかったことなどが原因で、従来は、頼通の時代に藤原氏は衰退し頼通は失意の中で隠遁したとの説が根拠もなく行われていたらしいのですが、現在は彼の時代につき「なるほど頼通の時代は、父道長の時代よりも劣っていたであろう。しかし道長より前の時期と比較すれば、優れているといっても差支えなく」（坂本賞三『藤原頼通の時代――摂関政治から院政へ』平凡社、１５１〜１５２頁）などと評価されています。したがって、彼は偉大な父の後を継いで、非常に長きに渡って良く藤原氏の盛期を維持した人物と言って良いようです。というわけで、藤原頼通は平安政治史の偉人の一人ということになるわけですが、この人、若き日には、相当ヘタレなダメ人間ぶりをさらしたことがあります。

それは１０１５年のこと。当時、頼通は妻の体質なのか子供が生まれない状況にあったのですが、おそらくはそれを捉えてのことでしょう。娘の禔子内親王に良い縁談をと望んでいた三条天皇が、内親王を頼通に降嫁させようと彼の父道長に打診してくるということがありました。そして頼通は、これを道長から聞いた際、どのようにでも仰せのままにと了承の意を示しつつも、愛する妻の隆姫を大切に思って苦悩、つい悲しげに涙を浮かべてしまいます。ところが、これが道長の怒りを買い、男が妻を一人しか持たないようでどうする馬鹿者、ここまで子宝に恵まれない以上、子作り第一に考えて、皇女に子を生んでいただけと叱りつけられます。そして、この件を悩み続けた頼通は、やがて病に伏せるようになり、ついには幼児退行とでもいうべき状況に陥って周囲を大いに悩ませます。すなわち、

大将殿に御湯などまゐらせたまひて、上の御前ただ児のやうに抱きたてまつらせたまひて、いみじと思しめしたることかぎりなし。

（『栄花物語②　新編日本古典文学全集３２』小学館、６１、６２頁）

〈訳〉大将殿（頼通）にお湯などおあげになっては、上の御前（頼通の母倫子）はひたすら幼子のように（頼通を）お抱き申し上げて、大変なことになったと悩みつづけておられる。

というわけで頼通さん、「神経衰弱が昂じて、重症の幼児退行現象が発生」（中村真一郎『色好みの構造——王朝文化の深層』岩波新書、１２頁）、結果、天晴れにヘタレなマザコンぶりを披露してくださりました。父や天皇という偉い人々に圧力かけられて愛と忠孝の板挟みになり、道徳的にも色々苦しかったでしょうし、また一族の跡継ぎである自分に子供が出来ないことへの非難や一夫多妻の社会習慣に敢えて逆らうことの精神的負担も相当こたえたことでしょう。ですから彼が、ちょっとくらいヘタレて、誰かにすがりついて依存したくなったとしても、それくらいはある程度大目に見てあげなくてはなりますまい。ですが、それにしたって、依存対象は、せめて愛する妻の方にしておいて欲しいものです。それが、ママンにすがりついて幼子のように抱っこされているとは、権勢を誇る立派な家柄の跡継ぎのくせに、何とも柔弱で情けないダメ人間ですねえ。歴史上の偉人には、どうも母親との精神的な結びつきが強い例が多いようなのですが、それにしたって、母親に幼児のようにすがりついて抱かれているというのは、ＮＧでしょう。というわけで、藤原頼通は恥ずかしいレベルの重症のマザコンです。

ちなみに、パパが縁談を断念したら、頼通は平癒したそうです。

それにしても、こんなヘタレが、ここからわずか二年後には政権を担当するようになり、以後五十年も政界に君臨したってのは、ちょっと信じられませんよね。

可愛さ余って（義理だけど）我が子に手出し　～好色専制君主の過剰な愛情～

白河天皇

（1053～1129）

十世紀の天皇。退位後も天皇の父・祖父として実権を握り権力を有力貴族から皇室に奪回した。

白河天皇は十世紀に我が国で政治権力を掌握した天皇で、上皇（退位した天皇）となった後も子孫を天皇として擁立し親権者として政治を行いました。この方式は「院政」と呼ばれ、以降一世紀にわたって政治の主流となり朝廷が実権を失った後も形式として長らく続けられています。

白河の父である後三条天皇が即位するまで、朝廷の政治は大貴族である藤原摂関家が外戚として握っており天皇自身の存在感は小さくなりがちでした。藤原氏と直接の血縁関係にない後三条・白河父子は実権を皇室に取り戻すため、国司（地方長官）を勤める中流・下級貴族を支持層として摂関家を抑えようと図ったのです。そして白河の代にいたって、束縛の多い「天皇」という公的な地位からも離れた自由な立場となり中流・下級貴族すなわち実務官僚に加えて軍事貴族を優遇して独自の武力を形成すると共に、皇室の家長としての権威を利用して専制的な権力を振るったのです。院政を開始した直接の契機は別にそうした長期的展望からじゃなくて、自身の弟である輔仁親王の名望が高かったためそれに対抗し自身の子孫に皇位を伝えるためであったようですけどね。その権勢は「天下三不如意」すなわち意のままにならないものは鴨川の水と双六の賽と山法師（比叡山の僧兵）以外ないと言われるほどで、同時代の貴族である藤原宗忠は日記『中右記』中で「法皇の威光は四海に満ち、天下これに帰服した」と評価しています。

院政が可能になった背景として、この頃における婚姻・家族制度の変化が影響しているという説もあるようです。つまり従来は結婚すると夫は妻方の家に婿入りし子供は母方の実家で育てられるのが中心だったが、この時期から妻の実家から独立して新たに家を設ける夫婦の割合が増えてきた。そのため母系親族の発言力が相対的に低下しその分だけ父系の実力が増大した。だから母系親族である摂関家より実父である上皇が力関係で上回る事がありうるようになったと。まあ、婿入り婚は貴族社会で十四世紀頃まで多く見られたようですし、『源氏物語』なんかを見ても分かるように、夫婦が独立した家庭を構えることは以前にもなかったわけではありませんからどの程度当てはまる説かは分かりませんが。

白河の行為は権門による政治の私物化と見る事も出来ますが、ともかく皇室に政治の実権を取り戻すと共に新たに台頭する実務官僚や軍事貴族の登用をその豪腕によって行い新時代を開いた人物ではあり、偉人と呼ぶことに問題は無いと思われます。

そんな白河天皇ですが、専制君主には珍しくない事ながら好色で多くの女性と恋愛遍歴を残しています。で、その中には少々問題になる事例も入っていました。白河は藤原公実の娘である璋子を自らの養子として養育し、その庇護下で彼女は十八歳で鳥羽天皇に入内して崇徳・後白河を生んでいます。しかしながら、白河は成長した璋子に手を出し、崇徳天皇は実は白河の子であったとの噂が早くから流れているのです。例えば『古事談』によれば鳥羽天皇は崇徳を「叔父子」と呼んでいたそうですし、角田文衛氏によれば璋子の動向と月経に関する記録を基にオギノ式で計算したところ、崇徳はやはり白河の子であるという結論に達したとか。まあ、『今鏡』によれば三人が一つの車に乗って移動する事もしばしばであり、少なくとも白河生前は三角関係というべき三人の関係は悪くなかったようですので、現在の価値観から男女関係を云々するのは適切ではないかもしれません。それでも、義理とはいえ父娘の間で男女関係となってしまうのはいくら性的に寛容だった当時の貴族社会から見てもやっぱり不道徳だったようです。例えば藤原伊尹の四女は源致方に嫁ぎ、夫の死後はその父（彼女にとって義父）である重信と関係を持ち「不倫」であると非難されています。さて当時の摂関家当主であった藤原忠実は日記『殿暦』で璋子を「奇怪」で「乱行」のある人と強く非難し、彼女が鳥羽天皇に入内した事を「日本第一の奇怪事」とまで極論しています。素直に読めば彼女が様々な男性と関係を持った事について非難されているように見えるのですが、当時としてはそれは珍しい事ではありませんでした。実際、忠実自身の妻も白河の愛人であった女性でありその点では彼も彼女を非難できる立場ではないのです。すると忠実が彼女を攻撃する理由は別にあるという事。そして、貴族の日記においては子孫が目にする事を前提にしていますから、天皇関連のゴシップに関しては記述しなかったりぼかしたりする事が常でした。以上から、白河が璋子と愛人関係という伝説が事実であり、忠実はそれを仄めかしていると解釈するのが自然という結論に達するのです。

　そう考えると、情欲に負けて親子関係のタブーをも踏み越えてしまった白河はその点に関してはダメ人間と呼んでよいんじゃないかと。どうも、専制君主は力量のある人ほど性愛面で人倫を踏み越えたがるような傾向があるようですね。

露出狂の受動男色家　～余が犯される姿をとくと見ろ、余がレイプされて感じる様を目に焼き付けろ～

藤原頼長

（１１２０～５６）

平安末期の学識に優れた辣腕政治家。苛烈な姿勢で衰退期にある貴族政治再建に尽力するが、政界で孤立して反乱に追い込まれる。

藤原頼長は、政界の名門藤原氏の中心家として摂政関白の高位を受け継ぐ摂関家出身の政治家で、「日本一の大学生」と賞賛されたほどの学才を持ち、その知能の限りを尽くして、当時の衰退堕落した貴族政治の再生・綱紀粛正に情熱を燃やした人物です。

彼は、貴族政治の盛時を理想とする人物で、古い儀式・政治慣習の復興に努めましたが、その一方で実学・合理を追求する気質の持ち主でもあり、形式面での復古に熱中するのみならず、実質的現実的な政治刷新も行っています。

当時の政界は、役人・政治家の欠席・遅刻が常態化し、公事の夜間開始や中止さえ珍しくないという弛緩した状態だったのですが、頼長は峻厳かつ熱心な態度で政界の弛緩に挑み、役人・政治家の怠慢や非行を厳しく処断し、役人の上奏を奨励し、時間厳守を貫き、政治記録をつけさせるなどして、政界の綱紀粛正にかなりの成功を収めています。そして、このように政務に精励し、峻厳・果断・精力的な態度で事に臨む彼のことを、世の人は、猛々しいという意味の「悪」の字を彼の地位左大臣（彼は１１５０年に左大臣に昇進している）を意味する「左府」につけ「悪左府」と呼び、畏敬しつつ恐れ嫌ったそうです。ちなみに当時はいい加減な政治が乱発する恩赦のせいで、治安の悪化が問題化していたのですが、彼は恩赦を得た殺人犯を秘かに刺客を放って暗殺し、世間が気づかないことを日記『台記』に記してほくそ笑んでおり、こういった行動を見ても、悪左府というのは彼の性格を上手く表した異名と言えるのではないかと思います。

　頼長は最終的には政界で孤立して謀反するところまで追い詰められていき、このような活躍は長くは続かなかったのですが、それでも「頼長の治績は種々の条件に制約されながら、ともかく貴族政治の最後の華であったと言ってもよいであろう。」（橋本義彦『藤原頼長』吉川弘文館、１１５頁）と評価されており、一応、偉人であると言って良いようです。

　で、この偉人ですが、性的な面で結構なダメ人間だったりします。当時の貴族には男色が大流行で、頼長も男色の愛好家でして、別にそれだけだと変でもダメでもないんですが、彼は日記『台記』に自己の性行動を、あいつは犯すと射精するから良いとか、あいつと同時に射精できたのは素晴らしいとか、露骨に書き連ねています。当時の日記は、貴族生活で重要な先例・伝統に関する知識を書き残すための、他人に読ませること前提な文章ですから、そういう日記というものにそんなこと書いてしまう露出癖こそが彼の異常なダメ人間ポイントなのです。先人の遺した叡智を期待して日記を開いた人間が、男色行為の精子の記述にうっかり出会ってしまった刹那の、切ない気持ちを考えろ、変態め。

　とはいえ露出癖の事実だけ取り上げても、彼のダメさを完全に評価したことにはなりません。彼のダメな真価を理解するには露出された行為の具体的内容まで踏み込まなくてはならないのです。すなわち、

あの人が初めて余を犯した、大胆不敵なやつだ（彼の人始めて余を犯す、不敵々々）【天養元年十一月二三日】

ある人が来て、お互いに犯し合った（或る人来る、相互に濫吹を行う）【同年一二月六日】

今夜、義賢を寝床に入れたら、レイプされたのに、気持ちよかった〈はじめは良くなかったが、後から良くなってきた〉（今夜、義賢を臥内に入れ、無礼に及ぶも、景味あり〈不快の後、初めてこの事有り〉）【久安四年一月五日】

これを単なる男色行為の露出と見る事なかれ。男色行為において女役の受動的地位を甘受した記録という点に重大な意味があるのです。そもそも世界と時代を通じて、男色は普遍的に存在するのですが、その全般的傾向として、受動的男色者は不名誉を受けるものなのです。それ故に、基本的に男色というのは目上が目下を犯すものであったし、また男色大国であった古代ギリシアなど、男色の対象となると年長者に指導されて成長できるから素晴らしいなど論じて、犯される少年の不名誉の払拭に非常な努力をしているのです。ですから、自己の受動男色を、レイプされて感じたなんて所まで赤裸々に記録するというのは、余りに型破りで世間を恐れぬ非常な露悪と言って良いのです。しかも上記行為に及んだ者は高官である頼長から見て目下の者ばかりですから……、露出癖・露悪癖ここに極まれり。というわけで、藤原頼長はケタ外れに超露出狂なダメダメな男色者です。

エロマンガ大王　～天皇家の権威よりエロマンガ趣味を優先する背徳異形の天皇家首領～

後白河法皇

（1127～1192）

平安末期の謀略に長けた政治家で、衰退期にある貴族政権を守るため陰謀を駆使して大天狗と恐れられた。芸術的才能に優れる。

後白河法皇は、京都の貴族勢力が衰退し、武士すなわち地方の武装豪族の結集した軍事政権に圧倒されるようになった時代にあって、貴族勢力を統べる天皇・上皇として、柔軟かつ果断な性格と老獪な謀略の才により武士政権に巧みに対処、軍事政権鎌倉幕府の創始者源頼朝に「日本国第一の大天狗」と恐れられた男。その業績は、

この後白河天皇（上皇）は、その波乱に満ちた一生の間に、巧みに自らの保身に成功したのみならず、結果的には、貴族達の政権、すなわち京都の公家政権の衰退の流れを堰きとめ、時代に適応したかたちでの公家政権の存続という歴史の動向を決定づける上に、大きな政治的寄与を果たした。……武家政権は京都の公家政権に一応の対立を見せながらも、公家政権及び天皇の地位を否定し去ることはできなかった。（安田元久『後白河上皇』吉川弘文館、5、6頁）

ということになります。そしてまた後白河法皇は、武士の台頭という次元を超えた、より大きな社会変動に則して天皇権力を変容させようとした、革新的な発想を持つ新時代の政権構想者とも評価されています。なんでも彼は、人脈という利権と情報のネットワークによって社会全体が網羅束縛される日本中世という時代にあって、流浪の芸能者や流通・商工業者の持つ特に高度な情報ネットワークに着目、自己のカリスマ性と文化的パフォーマンス、交通の結節点への頻繁な顔見せによって、天皇権力とこのネットワークの連結を達成して、衰退期にある天皇権力の護持・再生を図ったのだとか。すなわち、

> 帝王後白河は、王権と文化（芸能）と漂泊の社会集団と、この三つを紡ぎ合わせる網目を発見していた。その網目こそ、迫り来る王権の危機、武士と在地集団の怒濤のごとき反乱の中で、王権を間一髪のところで防禦し、それどころかその危機を養分として、中央突破、すなわち王権の中世的再生をはかるための、ほとんど奇跡的とでも言うべき生命線だったのだ。（棚橋光男『後白河法皇』講談社、122〜123頁）

というわけで、一般的な評価として、後白河法皇は知謀に長け創造力にあふれた偉大な政治家であると言えます。個人的には、非力な自勢力についての自己認識とか誰と組むべきかの理性的な見通しに不足し、とにかく高慢な身分意識ばかり先走り、場当たり的に好き嫌いで平清盛だとか木曽義仲だとか目の前のヤツを手当たり次第に衝突・陰謀の標的にして怒らせてしまい、何度も必然性のない危機を呼び寄せまくったアホの人ってイメージなんですけどね……。

で、この一般的評価として偉人と目されている後白河法皇ですが、低俗趣味に耽溺するダメ人間としても割と一般的に有名だったりします。

実は、後白河法皇、ひたすら遊興の日々を過ごし遊び狂っていた人物で、その遊びに耽溺する有り様は例えば「今様ぐるい」として知られています。今様というのは、当時の流行の低俗歌なんですが、なんと後白河法皇はやんごとなき身分のくせにそんなもんにハマっていたと言うことです。それで喉を潰したことさえあったそうですが、そんな「今様ぐるい」は天皇即位後も、年寄ってもずーーーっっっっと続いていたそうです（自称）。ついでに言うと、後白河法皇、今様の熟練の程も半端なく、その道の名人の域に達していて、保存する方法のない声の芸能は自分の死後に残しようがないことを嘆かねばならない程だったりもしました。

この他、後白河法皇は絵巻物マニアでも有名です。絵巻物とは絵と文章を交互に配列して物語を描き出す絵画作品のことで、いわば漫画みたいなものなんですが、彼はこの絵巻物製作の「パトロン兼チーフプロデューサー」（棚橋光男『後白河法皇』講談社、９２頁）として辣腕を振るい、エログロ趣味、哲学性、写実性、異形異端の美意識といった様々な要素を溶かし込んだハイクオリティーな絵巻物多数を作成させています。そして、そのうちの『病草紙』なんか、病気や奇形を冷徹な視線で描き出し人間の苦悶をえぐり出す魔的な作品で、性器も露わにフタナリの絵を描いたりなんかしてるんですが、そこに低俗なエログロ出歯亀趣味が含まれていることも否定しようのない事実ではあります。要は、後白河法皇は、低俗趣味と漫画好きが高じて、妙に力の入ったクオリティ高い低俗漫画の原作者になってしまったってことです。

で、これらの遊びへの入れ込みようですが、文化に耽溺庇護する権力者は世界中の歴史上に数多いるのだから、わざわざダメ人間呼ばわりして取り沙汰するには値しないと考える方もいるかもしれません。まして、後白河は中世の人的ネットワークを掌握するために文化を活用していたと言われているのですから。

ですが、それでも物には限度があります。とりあえず以下の流れるように美しいが内容的にアレな文章を見て頂きたい。普通はあまり目にする機会も無さそうな文章である上、訳だけ書いても実在を信じてもらえるか分からない内容の文章なので、まずは原文を御覧に入れた上で、そのあとで拙いものですが訳文を提示するという形で行きますね。

寛和の頃、滝口平致光とて聞ある美男ならびなき好色あり。見人恋にしつみ聞者思をかけぬはなかりけり。斎宮野宮におわしましける、口役に参たるを、御簾の中より御覧しければ、みめ有さま所のしなしなすきてはれやかなる姿世の人に勝りてみえけるを、男のかけさす事もまれなるに、たまたま御覧しける御心のうちいかゝ覚食けむ。

月傾夜ふくるほとに、こしはのもとにふしたる所へ、いかなる神のいさめをか遁出給けん、かうらむのはつれより御足をさしおろしてにくからす御覧しつゝ、顔を踏ませ給ひたるに、あきれて見あけたれは、なへてならすうつくしき女房の御くしはいと心くるしくこほれかゝりて、御小袖の引合しとけなけにしろくうつくしき所又くろくにくさけなる所月のかけにほのかに見ゆる、心まとひいはんかたなし。

御足にとりつくまゝにおしはたけたてまつりて、したをさし入れてねふりまわすに、玉門はものゝ心なかりけれは、かしらもきらはす、水はしきなとのやうにはせいたさせ給ひける。

ひもとく程のてまとひ猶おそしともよをす大物いつしかはら立いかりまうけたるに、ねふりそゝのかしたるしゝむらは御はたよりもたかく利き出たるに、さしあてゝかみさまにあらゝかにやりわたすに、玉門のうるおひも玉茎のかねもいよいよつよくまさるさまはいはむかたなし。

ふとくゆかしき御こしをやすくもてあはせはねあけさせ給ふに、玉茎もいよいよのふる心地してのひあかりてせめたてまつるに、こし方行すゑ神代のことも忘られ給ふにや、いやしき口にすひ付給ひてしのひかねたる御けしきはことはりも過たりし。

（リチャード・レイン編著『定本浮世絵春画名品集成17　秘画絵巻【小柴垣草子】』河出書房新社、53〜54頁より京大本を源豊宗が校訂したものを引用、段番号省略、一部文中記号を改編、句読点追加）

〈訳〉

寛和の頃、滝口の武士の平致光《むねみつ》という有名な美男で並ぶ者なき好色漢がいた。その姿を見た者は恋に落ち、評判を聞いて思いを寄せない者はなかった。斎宮が野宮におられたとき、公役にやってきたのを御簾の中から御覧になったところ、見目と有様と諸々の装いの風流で晴れやかな姿が、世の人よりも優って見えたのを、男の影さえ見ることは稀であるのに偶々御覧になってしまった御心の内は、どのような思いでおられたのだろう。

月が傾き夜も更ける頃、小柴垣の下に臥していた所に、なんと神の掟を破って、高欄の端から御足をそっと下ろして惚れ惚れと御覧になりつつ顔をお踏みになったので、驚いて見上げたところ並々ならぬ美しい女性の、御髪が思いを抑えきれない風情にこぼれかかり、御小袖の合わせ目の乱れた姿、白く美しい所から黒くかわいげのない所まで月の光にほのかに見えては、心乱れて言い表しようもない。

御足にとりついた勢いのまま押しはだけ、舌を差し入れてしゃぶりまわせば、玉門に理性も道理もないというわけで、頭に嫌との思いも浮かばず、水はじきなどにも似た有様で、濡れ散るところまで達したのであった。

下紐解いてまごつく程の時もなお待ちきれず、もよおした大物は早くも腹立ち怒ったかの様に準備万端、しゃぶってかき立てた肉塊が御肌の奥から露わにさらけ出されたところに、押し当てて上向きに荒々しく進み行けば、玉門のうるおいも玉茎の固さもいよいよ増し優っていく様で言いようもない。

ふっくらと好ましげな尻を容易く組み敷きあるいは持ち上げ、そこで玉茎もますます奮い立つ心地で伸び上がって攻めたてれば、過去も未来も神々のこともはやどうでも良くなって、卑しい口に吸い付き感に堪えないといった御様子はあまりにいき過ぎた有様であった。

これは『小柴垣草子』あるいは『灌頂絵巻』と呼ばれる日本史上初の純然たるエロ絵巻物、すなわちエロマンガ、の詞書き（絵に付属する文章）の冒頭三分の一ほど、絵に描かれた情景にほぼ相当する部分を抜き出した物なんですが、なんとこのエロテキスト、後白河法皇が書いた物と言われていたりするのです（藤原為家が詞書作者とも言われてますが、とりあえずここでは、その説は無視）。いや、もう別に絵巻物好きは構いませんし、それがエロ作品でも別に構いませんとも。挙げ句に作成に携わっていたって、別にとやかく言いません。だって政治に文化を利用する必要があったんですものね。エロマンガでハァハァするのも、理想のエロを求めてエロマンガ描いちゃうのも、キンタマ的に必要だったんじゃない、あくまで政治的に必要だったんだと善意に解釈して、それだけでダメ人間呼ばわりは勘弁してあげますとも。

ですが、この内容はどうなんでしょう？　斎宮ってのは天皇家のために処女を守って神に仕える皇女様のことなんです。それなのに、天皇家の中心人物が、そんな鎮護国家のロイヤル聖処女汚してハァハァするエロマンガの原作書いてどうするんですか？　聖なる物を汚すのが興奮するってのは良く分かりますが、だからって天皇家のリーダーが、率先して天皇家のカリスマに精液もとい泥塗るような真似をするとは……。何か、文化的パフォーマンスによる天皇権力の護持とかいう話が、信じられなくなってきました。少なくとも『小柴垣草子』について言えば、ただただエロマンガが好きすぎて興奮するエロマンガを作りたかっただけだと思います。というわけで、後白河法皇は、超エロマンガ好きなダメ人間だと思います。

天才文人は中二病ラノベオタ　～いい大人になって中学生の妄想レベルの小説を書き散らす恥ずかしい男の話～

藤原定家　（1162～1241）

妖艶優美な歌風で知られる天才歌人で『新古今和歌集』の選者を務める。古典学者としても後代の模範となる偉大な業績を残す。

こんなあらすじの物語があります。とある男が主人公。神奈備の皇女《かんなびのみこ》への想いを育んでいた男は、この初恋を実らせることができぬまま、遣唐副使として中国に渡る。そこで、彼は、皇帝の妹で仙女の華陽公主《かようのみこ》に琴の秘儀を学んで恋に落ちるが、華陽公主は魔法の水晶球を形見に急死する。また彼の中国滞在中、中国皇帝が死亡、剛勇の武将の宇文会の策動もあって中国は動乱に陥るが、ここで彼は、都を追われた新帝と母后を補佐して武将として戦いに参加することになる。帝国軍は母后の知略と、彼の武勇によって、圧倒的戦力の反乱軍に立ち向かっていくことになったが、帝国軍は母后の戦略によって反乱軍の主力を山の迫る海岸に包囲殲滅、その際、男は住吉明神の加護による分身の術で宇文会を倒す。男はさらに武勲を重ねて救国の英雄となり、母后とも結ばれることとなった。これは実は、母后が、やがて阿修羅の生まれ変わりである宇文会によって生じるであろう中国動乱を鎮めるため、天界から転生した天女で、彼はそれを補佐して戦うよう天帝に命じられた天童であったという前世の縁の故であった。母后の賢明な統治により国家再建が成った後、男は日本に帰ることにするが、母后は別れに際して彼に自分の姿の映る魔法の鏡を与える。帰国後、彼は魔法の水晶球で華陽公主を蘇らせて結ばれるが、その一方で鏡を見て母后のことを忍び、公主の嫉妬を受ける。また神奈備皇女は、彼の心変わりを寂しく思った。男の心はあちこちフラフラ、ヘタレな恋の物思いは尽きない。

それでこの物語の名前ですが『松浦宮物語』と言います。平安・鎌倉時代に隆盛を誇った物語という創作文芸の一作品で、文治（１１８５〜９０）から建久（１１９０〜９９）初期に成立したと推測される立派な古典作品です。

……嘘じゃないですよ。信じられないかもしれませんが、本当にこんな古典があるんです。しかも、古代から伝わる神話集とか、宗教的な説話集ではなく、創作物語作品として。そう、この『松浦宮物語』のストーリーは、古い神話の原始的心性がもたらす超常展開や、宗教心のもたらす奇跡超常描写とは全く別次元において、純粋な創作活動として荒唐無稽な超常展開を追求した代物なんです。

ところで、現在の日本の小説には、ライトノベルというジャンルが存在します（略称ラノベ）。このラノベとは、大ざっぱに言うと、マンガのような内容の娯楽小説と言うことになりまして、主要成分として、さえない俺が大抜擢されて俺様最強ォォォとか、前世の因縁とか、異世界とか、超能力とか、マジックアイテムとか、戦闘とか、冒険とか、美少女溢れる恋愛やハーレムとか、その他諸々の、中学生のオトコノコが心中秘かに願望・妄想してそうなパーツが色々含有されています。で、そんな中学男子的要素は娯楽の肝ですから、ラノベがそれを含むのは当然であり、むしろそれらを含んでいることは、よく自らの存在意義を弁えているとして基本的には肯定的に評価すべき事です。とはいえ、そういった要素が過剰になってバランスが狂いますと、異才の超凄い主人公が好き放題に世界を転がす構図の向こうから、全能の主人公に仮託した作者もしくは愛読者の陶酔的で夢幻的で過剰な自己愛が匂い立ち、一般読者は少々胸焼け胃もたれしてしまうわけで、そういったラノベ作品は、中二病ラノベなどと揶揄されてしまうものなのです（中二病という言葉は、意味を次第に拡大・混乱させているようで、人によっては娯楽小説のファンタジー的設定全般への罵倒語として使うことまであるらしく、いまいち明確に定義するのが難しい状況にあるのですが、とりあえず、中学男子的要素を小道具に過剰に自己愛を満たし陶酔的夢幻的な自己肯定に走ることを、中学生ど真ん中の二年生に中学生を代表させて、中二病と呼んでいるのだと理解しておけば良いように思われます。なお、余談ながら、先述の中学男子的要素は、だいたいにおいて、前に挙げた物の方が後の物より中二病臭が強い傾向にあるように見受けられます）。

それで、『松浦宮物語』ですが、そのストーリーは男の子が、異世界で、前世の因縁に導かれて大抜擢され、超能力で戦闘・冒険、ヒーローになって俺様最強、マジックアイテムで美少女と恋愛しハーレムを形成する……。どんな文学だってラノベ的、中学男子的な要素を多少は含んでいるものですが、さすがにこれだけ含んでると……。どう見てもこってりと成分過剰な中二病ラノベです、ごちそうさまでした。

ところで、この物語の作者ですが、なんと藤原定家と言われています。優美華麗妖艶な歌風の和歌の天才で、『新古今和歌集』等の選者として、いくつもの歌学書の著者として、和歌の歴史に屹立する巨人です。また彼は、古典研究者としても偉大であり、彼が行った多くの古典作品の書写・校訂は、以後の古典本文研究の規範となった見事なもの。現代人も大きな恩恵を蒙っていて、例えば、現存する『源氏物語』本文で最も原本に近いとされるのが定家校訂の青表紙本である等。

というわけで、偉大な古典学者藤原定家は、現代的にねじけた中二病ラノベ作家だったのです。なので、定家さんは、中学生の好きそうなカッコ良さげな漢字を多用して、不死輪邏帝華とか名乗れば良いと思いますよ。

三次元に逃げるな！　男は黙って二次元、二次元！　〜イケメン坊主はいかにして童貞を貫いたか〜

明恵 （1173〜1232）

鎌倉初期の僧。戒律復興・密教導入により学問と修行の両立を目指し、形式化に堕した旧仏教を再興した。北条泰時の帰依を受ける。

　明恵は鎌倉初期の僧で、形式化に流れた南都仏教を再興した傑僧の一人です。諱は高弁。高雄山の文覚に師事した後は紀伊白上峰で修行しました。後鳥羽上皇から栂尾山を賜り、高山寺を創建して華厳宗興隆の中心道場としています。華厳と密教との融合や学問研究と実践修行の統一を目指し、戒律を重んじた上で講義・説戒・坐禅修行に励みつつ光明真言の普及にも努めました。著書『摧邪輪』では法然の専修念仏を批判しています。また、宋から栄西が持ち帰った茶を栂尾山で栽培した事でも有名です。晩年には時の権力者である北条泰時の帰依を受けました。主著に『入解脱門義』『華厳信種義』『光明真言句義釈』があります。明恵は形式的な学問に流れがちで堕落しつつあった南都仏教を再興し、密教を取り入れることによって学問と修行が両立できるよう努力したのです。

　さてこの明恵、美男として有名だったようです。そしていつの時代でも、男性が美女を好きなのと同様に女性も美男が好きです。それが僧侶であったとしても同じ事。『春日権現験記』は次のような逸話を伝えています。明恵が紀伊国白神で渡宋を考えていた時のことでした。近くに住んでいた妊婦が障子の敷居に新しい筵を掛け、ひらりと宙に浮かび上がって筵に腰掛けて「私は春日大明神である。御坊が唐へお渡りと聞いて、大変嘆かわしく思っているので、これを制止申し上げるため参上したのだ」と述べたので明恵は渡宋を断念したというのです。この女性は妊娠中であるのに断食し、毎日風呂に入って念仏していたとか。何だか危ない匂いがしますね。南方熊楠によれば、この女性は明恵が美男であるため懸想していたところ、彼が渡海するというのを聞いて何とか思いとどまらせようと言う気持ちが募って精神の均衡を失ったのではないかというのです。宗教家などが常識ではありえない奇跡を実現するのはそういう場合が多いのだとか。……それでも空中に浮き上がった云々というのはやっぱり信じがたいですけど。こうして明恵は渡海をあきらめ国内で活動したわけですが、これは女性がイケメン坊主に熱を上げる事により日本仏教史を動かした一例と言えるかもしれません。

　余談ですが、女性がイケメン坊主に熱中した事で日本仏教史に影響が出た事例がもう一つあります。建永二年（１２０７）二月、朝廷は法然が唱える専修念仏を禁止し、法然を土佐に流罪としその弟子の親鸞は越後へ流罪、安楽・住蓮らは死罪とされました。これまでにも法然らには興福寺などから処罰が要求されていたとはいえ、寧ろ後鳥羽上皇は法然をかばう姿勢を見せていました。それが急に態度を変えた理由には、直前の一不祥事があったようです。前年末、後鳥羽が熊野参詣に出かけていた間のこと、院の小御所の女房達が安楽らを招き寄せ宿泊させました。一説によると、その際に安楽と女房が仏事の最中に灯明を消して「不思議の事」に及んだとも言われます。これが露見し、後鳥羽が激怒して法然らへの厳罰を決定したと言うのです。安楽が小御所の女房と密通したかはともかく、女房達がそろって安楽に帰依したのは彼が日本一の美僧であったからだとか。何と言っても人は見かけが九割、女房達が熱を上げたのは念仏そのものよりもイケメン坊主だったわけですね。そりゃ、御所の主である後鳥羽も怒るでしょう。この念仏弾圧事件は法然・親鸞らが流罪先で布教に励み特に親鸞が東国への念仏を広げる契機となったことを考えると、日本仏教史に残る意義を持つものといえます。その陰にはイケメンを巡る騒動があったのですね。これもイケメン坊主への熱狂が歴史に影響した一例でしょう。

御仏の教えを説く僧侶はありがたい（※ただしイケメンにかぎる）。昔も今も人間は変わりません。さてそんなイケメン坊主の明恵ですが、本人は生涯不犯を貫いたそうです。『栂尾明恵上人伝』によれば「私は貴い僧侶になるため、一生不犯でいようと思った。それでも魔が差して、淫事を犯そうとしたことが度々あったが、不思議にもいつも妨害が生じて我に返り、ついに志を遂げなかった」（上横手雅敬『日本史の快楽』角川ソフィア文庫、１０２頁）といった内容の発言をしています。

不淫戒がある僧侶なので不犯は当たり前だと思われるかもしれませんが、当時の仏僧の間では男色は普通でしたし僧の実子が「真弟子」と呼ばれる風習があった事から分かるように女色に耽り子を儲けるのも珍しくありませんでした。そんな中で、

「私は　童貞だ」（ロベスピエール、長谷川哲也『ナポレオン　獅子の時代』少年画報社、第2巻第１０話、８０頁）

なんて明言するような僧は寧ろ異端の部類だったようです。何しろ彼は修行に当たり雑念や驕りの念を捨て去るため、尊崇する仏眼尊像の前で己の右耳を切り落としたと言いますから凄まじい。

とはいえ、彼も生身の人間ですから性欲はあります。実際、女性と契った夢を見たことがあると述懐しています。戒律に従い童貞を貫くだけでなく、頭の中で姦淫した事も隠さない正直な姿勢には感銘を禁じえませんね。そんな明恵は、どうやって欲望を抑えていたのでしょうか。

高山寺には、華厳宗の守護神である善妙神の物語を描いた『華厳縁起』絵巻があります。それによれば、七世紀頃に新羅僧・義湘が渡唐し善妙という女性にめぐり合いました。善妙は義湘に言い寄りますが、義湘は自分は色欲を断っているからとこれを拒絶。それでも善妙は義湘のために尽くし、義湘が帰国の途につくと海に身を投げて竜神となり彼を守護したというのです。明恵はこの絵巻を特に尊重しており「汚い所で見ないように」と記しています。彼は自らを義湘になぞらえていたと言いますから、善妙を理想の恋人として心の支えにしていたのかもしれません。要は、明恵は絵に描かれた二次元ヒロインを「俺の嫁」として「萌え」続けることによってリアルな性欲を抑え込み不犯完遂に繋げた訳ですね。そう考えると、その点に限っては現代オタクと似ていると言えます。という訳で、鎌倉初期の華厳宗を再興した傑僧明恵は二次萌えでした。……結果が立派な割にダメ人間っぽい匂いが微妙に漂ってますね。何だかなあ。

明恵以外にも仏教界の乱れを憂い求道生活に入る僧が当時一定の割合でいました。明恵と親交のあった法相宗の貞慶もその一人で、彼は興福寺の最重要儀式である維摩会の講師を務めた事もあるエリート僧でしたが官僧の世界から離脱して笠置寺に篭り遁世、その後は戒律復興や社会事業に尽力しました。

彼が遁世したきっかけは明恵と同じで春日神のお告げによると公式にはなっていますが、足利時代の書『碧山日録』は異説を紹介しています。それによれば、貞慶は呉竹という美しい稚児を寵愛していましたが、ある時に呉竹は行方不明に。その美貌に懸想した誰か別の僧に浚われたかと心配して捜索したところ、呉竹は農家で一心に小麦餅を食べていた。その様子は自分と接している際と大違いだったそうです。そこで貞慶は「自分より小麦餅の方が呉竹の心を捉えているのか」と失望し、笠置への遁世を決意したという結末になっています。この話が事実かどうかは分かりませんが、当時の仏教界における男色の普及ぶりを考えるとありえない話とはいえません。もしそうだとすると、三次元の恋人に絶望した結果として現世に失望して真の悟りを志向したという事に。うーむ。

以上のように、明恵にしろ貞慶にしろ、求道生活の入ったきっかけとして「二次元ヒロインが俺の嫁」とか「絶望した！　俺より食い物が大事なリアル恋人に絶望した！」とかいった話が根底にあったという説があるようです。まるで現代に生きる非モテな大きいお兄さんみたいな話ですな。まあ、だからといって二人の宗教者としての偉大さが損なわれるとは思いませんけどね。

鎌倉期は、現代からは想像も出来ないほど仏教の教えが真剣に受け入れられていた時代でした。とはいえ、現場レベルでは女性達が教えの内容そっちのけでイケメン坊主にキャーキャーと熱を上げていたり、僧侶達も男色や女色に溺れていたりしました。そして、それに反発して悟りを追及する傑僧たちも少なからずいましたが、その中には二次元の「嫁」に萌えることでリアル女性から護身したり三次元恋人に失望したりといった微妙にダメ人間っぽい事を偉業の原動力にしたのもいた。人間と言うのは昔も今も変わらないものだ、と思うと共に傑僧に少しだけ親近感を抱いてしまう話ですね。

禁酒なんて簡単さ、ボクはもう数日で二回も禁酒している　～口だけの断酒を繰り返すダメ酒飲み～

北条泰時

（１１８３～１２４２）

鎌倉幕府第三代執権。義時の子。連署・評定衆を設置し、１２３２年に制定した『御成敗式目』は以後の武家法の規範となった。

北条泰時は、鎌倉政権において最も評価が高い政治家の一人です。泰時は鎌倉政権において第三代執権となり道理を重んじる政治を行い、武家初の成文法である『御成敗式目』を制定。有力武家との合議制を取ると共に、かつて軍事的対立を生じた朝廷とも協調関係をとってその権益を保護。一方で四条天皇死後には武力を背景に貴族達の反対を押し切って承久の乱に反対した土御門上皇の系統を帝位に就けるなど硬軟を使い分けた対応をしたのです。そのため後世からは理想的為政者として仰がれ、十四世紀の貴族至上主義者である北畠親房すらも著作『神皇正統記』でその治世を賞賛しています。また個人としてみても信仰心が深く明恵上人に帰依したと伝えられています。因みに明恵と親交を持つようになった契機は、承久の乱後に明恵が敵兵を匿っていたのを追求した事だったそうで、泰時の度量の広さが伺えます。

そんな大政治家・泰時にも、ちょっと格好悪い逸話が残されています。

まだ若年であった建暦三年（１２１３）のこと、有力御家人である和田義盛が北条氏と敵対して挙兵。和田軍に襲撃をかけられたとき、泰時は酒宴の最中であったと伝えられています。そのため迎え撃って出陣した後も酔いが残っていたとか。それが非常に悔やまれたため今後は絶対に酒を呑むまいと心中で神仏に誓いを立てながら戦っていたのですが、何しろ酔っているもので喉が渇いてならず葛西六郎が差し出してくれた酒につい手を出してしまったとか。……願を立てた先からこれですか。しかもその際の旨さがたまらず、断酒の誓願もすっかり頭から飛んでしまったと自白しています。やれやれ。まあ戦いには無事勝利したのですが、流石に神仏の誓いを舌の根も乾かぬうちに反故にしたのを反省したのか、戦勝祝いに詰め掛けた人々を相手に「今後は酒を止めようと思う」と宣言。しかし、禁酒の誓いを破った事を正直に告白して懺悔したのは立派ですが、話の終わりに「だから今後は深酒を止めようと思う」と早くもトーンダウンしているのはどうなのか。で、結局その誓いはどうなったのかといえば、執権になった後もしばしば酒宴を催している事から考えると案の定どうやら守られなかったようです。それどころか和田合戦の翌年である建保二年（１２１４）正月には将軍実朝を囲んで「上下盃酌数巡、こと美を尽くす、終夜諸人淵酔す」という具合だったそうで、北条氏後継者であった泰時もその中にいたと考えるのが自然でしょう。断酒どころか深酒すら止められてません。

「禁酒なんて簡単さ、俺はもう二回も禁酒している」なんて言わんばかりですな。出来ないのなら言わなきゃ良いのに。この件について、歴史家の和歌森太郎氏は「禁酒の宣言を他人に言う人は、たいてい意志薄弱な人である。友だちをいわば監視役にたのんでおいて、公約にそむくことをして笑われまいとする意趣からである。自力で自縛自律できそうもない、意志の弱いものほど、禁酒したぞと人に言いふらす。」（和歌森太郎『酒が語る日本史』河出文庫、１１７頁）とバッサリ切り捨てています。

因みに酒宴を催したといっても、社交としての性格が強いので飲酒したとは限らないという反論も予想されますが、『吾妻鏡』は北条氏を称揚する性格が強いといわれる事を考えると断酒したならしたと特記しそうなものです。というか、戦場という極限状況で神仏相手に立てた誓いすら速攻で破ってしまった彼が目の前に酒があり、皆が楽しそうに飲んでいる場面で耐えられるとは信じられません。恐らくはその後も禁酒は果たせなかったと見るのが自然でしょう。

泰時が口先だけの断酒を繰り返す様は、やっぱりちょっとみっともないと思います。酒に関する限り、泰時はダメ人間と言って問題はないかと。というか飲酒によって直前の禁酒の誓いを忘れてしまったって辺り、酒をやめようとしたり罪悪感を感じているにもかかわらずやめられないという事を意味しており、アルコール依存症の疑いすら出てきます。もし泰時がアルコール依存症となると、ダメ人間などと呼んで笑って見ていられるレベルではなくなってしまいます、実際問題として。深酒をやめるなんて甘っちょろい事言ってないですぐに断酒しないと身の破滅になりますよ。まあ、この時以外に泰時が酒がらみの問題を起こしたという話は聞かないので依存症疑いのレベルで留まったものと思いますが。彼は清廉で中庸を心得た政治を行い、それでいて必要があれば強硬な態度に出る事もできました。しかも長年にわたり衰えを見せる事もなく名君であり続けた訳ですから理性・意志力・決断力とも並ではなかったはずです。それなのに、酒となると別人のようにダメっぷりを露呈してしまう所に人間というものの面白さや業の深さを見る思いがします。

鎌倉時代の名裁判官は浮世離れた屁理屈魔

青砥藤綱（13世紀）

鎌倉幕府の政務・訴訟に携わって活躍し、人格と識見を讃えられた。民衆の味方として歴史的に英雄視されてきた。

鎌倉時代、幕府の実権を握った北条氏に仕えた武士に青砥藤綱という人がいます。彼は学問に励んで優れた識見を身につけ、評定衆として幕府の政務・訴訟に携わって大いに活躍しました。彼は権門に媚びず、裁判に当たっては主家である北条氏を敗訴させることさえ辞さない公正な人物として、名を残しています。また彼は質素な生活を貫いた清廉な生き様でも知られており、施しを好んで弱者を助けたことも伝えられています。そして、彼の人格識見は、彼のような賢者が支えたからこそ北条氏の支配体制が長続きしたのであると、絶賛されており、彼の名は庶民の守護神的な為政者、民衆の英雄として語り継がれてきました。そのため歴史上には名裁判官青砥藤綱を扱った文学や演劇が多数存在しています。

近代の歴史学では彼の実在や彼の有能清廉を語る逸話の真実性に疑問を呈する向きもあったりするのですが、実在説・非実在説ともに決定打に欠ける状況のようなので、とりあえずここでは、彼を史上の実在の偉人として認識しておくことにしたいと思います。で、この偉大な人物は、夢のお告げを根拠に彼を抜擢しようとした主君を叱っただとか、勝訴させてもらった恩返しとして贈られた金をはるか遠方まで送り返したとか、色々優れた人格識見を物語る逸話を残しているのですが、その中に以下のようなものがあります。それは彼が夜中に鎌倉の滑川を通過したときのこと、

いつも燧袋に入れて持っていた銭十文を取りこぼして、滑川へと落としてしまったのであるが、大したことのない物であるから、普通ならまあ仕方ないとそのまま立ち去るはずのところ、意外なほどに慌てふためいて、その付近の町人の家へ人を走らせて、銭五十文で松明を十把買って来させ、これを灯して最後に十文の銭を探し出すことができた。後日、これを聞いた人が、「十文の銭を探し出そうと、五十で松明を買って灯したのでは、小利のために大損しているではないか」と笑ったところ、青砥藤綱は眉をひそめて、「だからお前達はアホなのだ、社会の損失も理解せず、民に恵みをもたらす心もないやつめ。銭十文をあの時探さねば滑川の底に沈んで永遠に失われたろう。私が松明を買わせた五十銭は商人の家に留まっていて永遠に失われたりはしない。私が損をしても商人は得をしている。天下にとっては、彼が得をすることと私が得をすることといずれも等しい価値を持つ。かれこれ六十の銭が一銭も失われず、天下にとって利益になったと言うべきではないか。」と、爪弾きして軽蔑の念を示し言ったのであるが、彼を非難して嗤った人々は、恐れおののき感じ入った。（『太平記』巻三十五を現代語訳）

これについて『太平記』は、私欲のなさを神にも通じると大絶賛。しかし、藤綱の賢明さの証拠として有名なこの逸話、あえて藤綱のダメ人間ぶりを証明するものと解釈させていただきたい。なぜなら実は、この部分、

「又或時此青砥左衛門夜ニ入テ出仕シケルニ」（『日本古典文学大系　太平記　三』岩波書店、３２５頁）という語句に続いてのものなのです。差し出がましく訳しておくと、「またある時この青砥藤綱が夜になってから出仕している途中のこと」って感じ。そう、藤綱この時、出勤途上だったんですね。しかも夜中に入ってから出勤せざるを得なくなってるのですから、割と緊急気味なんじゃないでしょうか。なのにその緊急の出勤途上、落としたお金を必死で探す男。

ちなみに中世では公定で銭一貫文＝千文が米一石＝米百升。ですから十文というのは米一升分＝1.5キログラムなわけです。ところで、世間の米10キロの購入価格は「三千円以上三千五百円未満」が24％、「二千五百円以上三千円未満」が21％、「三千五百円以上四千円未満」が21％」（『平成一九年度食料品消費モニター第4回定期調査結果』農林水産省）とのことなので、現在の感覚としては。米は10キロで三千円程度ということになります。ですから、米1.5キロ＝十文は、五百円弱相当。

藤綱さん、五百円必死に探して、天下の損失を防いだとかなんとか、自分の理屈に陶酔して悦に入ってる場合じゃないですよ。そんなことより仕事、仕事。どう考えても五百円探すことより緊急の出勤の方が大事です。なんというか、理屈に酔って、少々現実的な配慮が疎かになってますね。

彼は非常に実績を残した人ですから、その人物を理屈倒れとまでは言えないのですが、それでも理屈倒れに陥りかけていたとは言わざるを得ません。したがって彼のことを、学問に長けたインテリらしい浮世離れ気味のダメさを持っていた人物と、評価しても良かろうと思います。というわけで、鎌倉時代の名裁判官、民衆のヒーロー青砥藤綱は、すっとぼけたインテリぶりがほんのり間抜けな、ちょっぴりダメ人間の人でした。

女など心に浮かぶ虚像で十分　～700年前の二次元大好きキモオタのリアル女弾劾の声を聞け～

吉田兼好

（1283～1352）

随筆の傑作『徒然草』の著者として知られる優れた文化人。和歌の名手としても名を残し、また古典研究にも才能を発揮した。

　吉田兼好という文人がいます。吉田兼好というのは江戸時代の俗称で、本当は卜部兼好とか兼好法師と呼ぶべきだそうです。当時の和歌の世界の重鎮であった二条為世門下の高弟で、為世門下の四天王と讃えられた男にして、著書『徒然草』によって、日本文学史上最高の随筆家とされている男です。

　しかも、彼は古典研究者としても優秀。彼は『徒然草』第226段で、軍記物語『平家物語』の成立について書き記しており、その記述は平家物語の成立を論じる際の最重要史料として、現代でも研究者の強い支持を受けているのです。そこで彼は、高僧の慈円をパトロンとする複数の人々によって平家物語が作られたと述べているのですが、複数人合作などの「文中に示された平家物語作者のみたすべき条件が、非常に的確な指摘だった」（『平家物語の成立　●あなたが詠む平家物語　1』有精堂、220頁）、平家物語の創造の人脈の中核として「その点で『徒然草』が慈円をあげているのは、史実か否かを別にしても卓見というべきであろう。経済面や精神面、身分の問題なども含んだ集約点について言及しているのは『徒然草』のみなのである。」（同、232頁）と高く評価されており、いわば彼は平家物語研究の父に当たります。

また彼は、『枕草子』の受容読解の新境地を開いたとの評価もされています。

というわけで、偉大な古典研究者にして、多才を誇る文人の兼好ですが、『徒然草』で示した才知が人々を魅了した結果、江戸時代には妙にヒーロー扱いされていて、カッコイイ人生の達人兼好が、超モテモテだったり、天下国家のため隠密として奔走したりする、色んなフィクション作品が作られています。ですが、実際の彼は、こんな皆の期待を裏切って、極上の凶悪ダメ人間（性的な意味で）。ということで『徒然草』から訳出、要約した、以下の性的な文章にちょっと目を通していただきたい。

第3段

万事に優れていても、エロを好まない男は、ひどく物足りない奴であって、せっかくの宝玉でできた杯の底が抜けているようなものだ。

野の露や霜に濡れながら、エロ心をリアルに満足させる当てもなくふらつき通し、親が苦言を呈し、世間から馬鹿にされるのを気にする心の余裕もなく、あれこれ妄想に萌え狂いつつ、結局独り寝するばかりで、しかも悶々と熟睡できる日もないような、モテないエロい奴が最高だ。

とはいえ、そんな風にエロにおぼれるだけではなく、女に侮られないようにしておくのが、望ましくはあるのだが。


この段は要するに現代ならばリアル女そっちのけで悶々とエロゲ（かわいい少女がパソコンの画面上であられもな

い姿になってくれる一部の好事家にとって超御機嫌なゲームの事）とかにハマって世間にキモがられながら生きていくことが、日本男児最高の生き方ということになろうかと思います。その上で、その姿はお世辞にも女受けが良いとは言えますまいから、馬鹿にしてくる女に反撃できるよう理論武装はやっておけってところでしょうか？

とはいえ兼好は、リアルな当て無く妄想エロだけで生きていく、悟りの境地が容易ではないとは分かっていたようで、第８段では、超賢明な隠者の俺様でも思わず香りに惑わされ、魔法使いの久米仙人も生足に釣られた性欲のせいで魔力を失う、愚かなことだと、リアル女への欲望を捨て切れぬ、自分を含めた人間たちのオールドタイプぶりを、自嘲しています。

そして、第９段では、見た目に釣られるな、中身は恐いぞ、髪に見とれる前に理性を保って中身を警戒しろと語って、必死に、リアル・エロ自重の主張を唱えます。

そして再び兼好は、非リアルエロの境地へと立ち戻る。

第１３７段

……

万事、始まるまでの期待と終わった後の余韻こそ趣があるというものだ。男女の恋情も、たかが逢って犯る程度のことを言うものだろうか。逢うこともなく終わった憂いを思いやり、実らなかった契りを嘆き、長い夜を独り悶々と明かして、はるかかなたの思い人を恋い、茅の茂る荒れ家に昔の思い人を偲ぶ、それこそ正しいエロの好み方だ。

……
この段は、要は、女なんて現実に目の前に置いて楽しむモンじゃない。心に浮かぶ虚像で充分、ということ。
ちなみに、こんなこと書く男ですから兼好の女性観は凄まじい。

第１０７段

……

このように人々が意識している女というものが、どれほど優れているのかと思ってみれば、女の本性は皆ねじくれている。酷い自己中で、激しく欲深、物の道理は知らず、ただ不分別な考えにばかり突っ走り、口は巧いが、質問されれば返答に差し支えのない答えるべき事項は答えず、慎み深くしているように見えても、今度は、あきれるような事を、聞かれもしないのに語り出す。深く企み上辺を飾りたてるから、男より知恵に勝っているのかと思えば、虚飾が後でばれてしまうことにも気づけない。素直さを欠くのに、巧妙さもないのが女というものだ。そのような者の心に追従して良く思われようなど、情けない話である。それなのに、どうして女を気にする必要があろう。まあ賢女がいても、親しみにくく興ざめなだけだ。結局女などというものは、気の迷いで追いかけてみた場合にのみ、優美で魅力的な気がするだけのものなのだ。

当然、兼好は結婚にも否定的。第１９０段では、妻など男は持つものではない、ふんぞり返って家を切り盛りし始めた女は鬱陶しくて仕方ない、ガキなどひり出して世話焼きしてる姿は不愉快だ、男が死んだらババァの尼が残って男の死後まで結婚は無様な残骸を残す、と口を極めて結婚を罵ります。

そして最後に、彼はモテない平凡な男達に警告を発します。恋愛とか結婚は、モテモテの美男子のものだから、お前達は諦めた方が良いんだよと。

第２４０段

忍んで逢うのに人の目が煩わしく、闇に紛れて逢うにも見張りが多く、これをどうにかして女の元になどと親兄弟の目をかいくぐって思いを燃やす恋の体験においては、忘れられない素敵な思いも多くできるであろう。だが惚れてももらえぬモテない男が、親兄弟のほうに取り入って、やっとのことで嫁に据えるなんてことをしたところで、確実に、目も当てられないことになるぞ。

生活苦に陥った女が、ハゲジジィや卑しい関東人が金持ってるのにつられて、「お話があれば」などと言っているのをいいことに、仲人が、どちらも素敵だなどと言いつくろって、どこの馬の骨とも分からん女を迎えてしまうのも悲惨なものだ。何かを語り合うことさえできはしない。経た年月のつらさを振り返り「一緒に色々乗り越えてようやくここに」などと語り合えるならば、言葉も尽きないだろうが。

だいたい、当人同士が惚れ合ったでもなしに、人の取りはからった結婚なんてものは、居心地が悪く、不愉快なことが多いものだ。相手がいい女だった場合でさえ、ブサイクで年食った男は、こんなキモい俺を愛して人生無駄にするなんてことがあるはずがないと、相手の下心に気づいて幻滅することになるし、向かい合っては、キモい我が身を気まずく思うことになるだろう。この上なく、痛々しい結婚生活だ。

梅の花の香る朧月夜に通い、邸の庭の露をかき分けて帰るといった物語で描かれたような美しい情景を自然と体験し、我が身の出来事として思い返せる恋愛の素質に恵まれた人間でなければ、色事は恋という醍醐味なしに寒々しい結婚をもたらすだけだから、リアルで性欲満たそうなどと考えない方が身のためだろうよ。

以上、兼好の恋愛観女性観ですが、短くまとめると、モテない奴は恋愛捨てて、リアル女と縁を切れ、リアル女はめちゃくちゃ恐い、二次元オナニー超最高。

二次元ってのは妄想上の美女美少女のことですよ。現在、日本では、漫画など絵に描かれた二次元美少女が性対象として多用されるので、二次元って単語で妄想上の女性を指すことができます。
で、原文挙げてないから信じてもらえないかも知れませんが、ホントに『徒然草』こんなんです。原文挙げる替わりに、証拠になりそうな文章として、文学者の中村真一郎さんの兼好の恋愛観に対するコメントを紹介しておくと、「女性抜きの「色好み」――これ以上、滑稽な観念世界への転落は考えられないだろう」（中村真一郎『色好みの構造――王朝文化の深層』岩波新書、１８９頁）。これで信用してもらえましたか?

ところで現代のオタクの中には、女は紙か.ｊｐｇで十分とか、二次元最高三次元はグロ画像とか言う人がいるのですが（マンガとかデジタル画像の女を眺めてれば満足で、話が合わず馬鹿にしたりしてくる女と実際に交流したいとは思わないって意味）、兼好はまさに七百年前のこれですね。江戸時代の人の描いたモテモテヒーローなんてとんでもない、どうみてもキモいオタクなダメ人間です。

後醍醐天皇

（１２８８～１３３９）

鎌倉末期・南北朝期の天皇。鎌倉政権を打倒して天皇専制政治を実現するが足利尊氏の反乱で失敗。吉野に逃れ抵抗するが病死。

　十四世紀において鎌倉政権を倒し、天皇中心の政治を樹立するために奮闘した人物、それが後醍醐天皇です。後醍醐天皇は皇統譜によれば第九六代（在位１３１８～１３３９）。名は尊治で後宇多天皇の子です。親政を企てて鎌倉政権打倒を目指すも一旦失敗し、隠岐に流されます。しかし翌年に脱出し、楠木正成・新田義貞・足利尊氏らの活躍で鎌倉政権を滅ぼし建武政権を樹立。天皇独裁を目指すものの広く不満を呼び失敗し、尊氏の離反により３６年吉野に移り南朝を立てて反攻を目論見ますが失敗し病死しました。才能に恵まれ、自らの手に権力を集中させる野心を持ち一旦は成功させた異色の天皇といえます。彼の理想実現への執念はすさまじく自ら祈祷をも行ったといわれ、珍しい事に密教の法具を手に持って祈祷をしている姿の肖像画が残っています。網野善彦氏を始めとする多くの歴史家が彼を「異形」と呼んでいますが、なるほどと思われます。ちなみに多くの「忠臣」たちに支えられ一度は天皇中心の政権を打ち立てたことから明治維新の際には模範として仰がれており、「帝王後醍醐なくして明治大帝なし」と評価する人もいるようです。

　なお、彼の試みは歴史を逆行させる時代錯誤なものと批判された事もありましたが、むしろ商業の発達を背景に勃興した新興層を味方につけて近世的な専制君主制を実現しようと試みたものであり、逆に時代を先取りしたものと考える事も出来るのではないかと思います。そんな彼ですが、英気溢れる余り若き日にダメな行動を残しています。

皇太子時代の正和二年（1313）、太政大臣西園寺実兼の娘・禧子を密かに浚って我が物としています。後醍醐は時に数えで二十六歳、禧子は数えで十一歳。翌年に発覚した際には彼女は後醍醐の子を身籠っていたました。ナボコフ『ロリータ』でハンバート先生が提唱された九歳から十四歳という定義にしっかりと当てはまっており、後醍醐をロリコンと呼ぶのに問題はなさそうですね。後醍醐が彼女を浚った理由は恋愛云々より、朝廷で権勢を振るっている西園寺家の娘を妻とする事でその後ろ盾を期待する政治的打算からのようですが、だとしても満年齢で十歳程度の少女が相手でも性的欲望を起す事が出来る人間であったという証明にはなります。とはいえ、後醍醐は二十歳前後の際に自分より十五近く年上と考えられる「民部卿三位」や洞院実雄の娘とも関係を持っており、「ロリコン」な年代しか愛せないわけではなく、この年代でも抵抗なく愛せるという程度でロリコンとしても軽度ですが。まあ、ロリコンだけなら決して珍しいわけではないですが、わざわざ幼女誘拐し、即効で関係を持った点は特筆しダメ人間と称してよいのではないでしょうか。『源氏物語』の主人公・光源氏が幼少の若紫を浚って養育し妻にした話を連想させますが、手の早さに関しては光源氏を上回っていますね。

この禧子、後醍醐が即位した際には正室とされたものの彼の寵愛はその侍女である阿野廉子に移っており、不遇な生涯を送ったといわれています。成長した彼女にはもう用は無いって事でしょうか？

因みに彼は祖父や父、兄の側室を寝取ったり亀山院皇女すなわち叔母に自らの子を産ませたりと乱脈な女性関係が目立っていますし、歴代天皇の中でも有数の子沢山でもありました。実にパワフルですね。そしてその子供達を各地に派遣してその地域の名目上の大将とするなど、有効活用する強かさを持ち合わせています。

あと、後醍醐は素行が悪い事で知られた千種忠顕やひねくれ者の日野資朝といった貴族社会の中でもダメっぽい臭いのする人間を寵愛したり、髑髏を用いて怪しい儀式を行いセックスに耽る事で悟りを得られると主張するいかがわしさ満点の「淫祀邪教」立川流を信仰したと言われるなど、即位後にもダメな逸話が色々とありました。もっとも、これも自身の手足となり重大な秘密も共有できる忠実な側近を作るためだったり、立川流大成者といわれる文観が持つ寺社勢力のコネを手に入れるためという側面があったようです。当時の寺社は、単に宗教勢力というだけでなく強大な経済力・軍事力を持ち情報収集能力や最先端技術という面でも頭一つ抜けた存在でしたからね。そして文観は単なるエロ坊主や破戒僧ではなくその寺社勢力の中でかなり有力な人脈の持ち主だったのです。後醍醐は「朕の新儀は未来の先例たるべし」と豪語して前例のない事もあえて行う行動力の持ち主でしたし、朝廷の劣勢を跳ね返すためあらゆる手を打つ必要がありましたから、その中にそうした奇妙なものが混じってきたという面もあると思われます。禧子の例といい、立川流の例といい、ダメ人間であるのは間違いないのですが、そうしたダメ人間な要素にすら戦略的な打算も見え隠れする。もしくは戦略的行動にもダメ人間の匂いが漏れ出てくると解するべきなのかもしれませんが。後醍醐の恐ろしさは能力・執念・行動力・カリスマに加えて案外この辺りにあるのかもしれません。

スケベで知られた権力者、思い焦がれた挙げ句に美女の風呂覗き

高師直 （?～1315）

南北朝時代の武将。足利尊氏の側近として初期足利幕府を軍政面で支えた。指揮能力も高く、南朝の有力武将を多く討ち取る。

十四世紀、朝廷すらも南北に分かれて争った乱世の日本。一方の陣営、足利政権の総帥であった足利尊氏を執事として支えたのが高師直でした。高家は代々足利家の執事を勤める家柄でしたが、足利政権成立後も尊氏の側近として政権の軍事面を支えました。敵対勢力・南朝の支持基盤であった畿内新興豪族を支配下に組み入れて足利政権の優位確立に少なからず貢献していますし、指揮官としても北畠顕家・楠木正行《まさつら》といった南朝有数の武将を討ち取るという殊勲を挙げています。このように、足利政権初期に政戦両略で活躍した師直は偉人といって大きな問題は無いかと思います。

さて、師直はこれらの功績から政権内部で権勢を振るうようになります。そして彼は権力者の御多分にもれず、好色で知られていました。それに関して軍記物語『太平記』には以下のような逸話が伝えられています。

ある時、師直は侍女から有力者の一人・塩冶高貞の妻である西の台が美人であると聞かされ、我が物にしたいと考えて恋文を送ります。その際に当時歌人として名高かった隠者・兼好法師に代筆を頼んだのですが、西の台からは読みもされずつき返されたとか。いくら有名な歌人だからって重度の非モテな兼好（「吉田兼好」参照）

に恋愛の口説き文句を考えさせるというのはどう考えても明白な人選ミスだと思います。それはさておき、師直が予想外の執着を見せるのに恐れをなした侍女は、西の台の化粧をしていない素顔を見せれば師直の想いも冷めるのではないかと考え垣間見をさせる事にします。かくして師直は侍女の案内で心躍らせて塩冶の屋敷に忍び込み、西の台の風呂上り姿を覗き見たのです。その結果、侍女の思惑と異なり尋常でない美しさの西の台に師直はますますのぼせ上がる始末。考えてみれば当たり前で、美女に恋する男がその風呂上り姿を見る事によって恋慕の情がさめるはずもありません。寧ろより興奮するのが普通の反応じゃないかと。結局、師直は嫉妬の情にかられ高貞を讒言して追い落とすという洒落にならない話に繋がっていきます。

それにしても、天下に号令する将軍の片腕たる執事様が女の屋敷に忍び込んで入浴姿を覗くというのは中々に滑稽な図ですな。この場面は後世の人々の想像力を刺激したらしく、近代に裸体画の題材として用いられたりしています。女風呂の覗きというのは今の基準で考えても十分にダメ人間ですが、当時の社会では貴人女性が肌を見せる事へのタブーは現代より強かったでしょうから師直の行為は我々が思うより破廉恥なものとして捉えられたかもしれません。

ただ実を言うと、この逸話は『太平記』以外には見られず、同書による創作と考える向きが多いようです。塩冶高貞が足利政権から討伐を受けて滅亡したのは事実ですが、南朝と通じているのが露見したというのが真相だと言われています。とはいえ、『太平記』が同時代に成立した書物であることを考えると、リアルタイムの人々に師直が度し難いエロオヤジとして認識されていたとは言えそうです。

ヘタレなのになぜかモテモテ、リアルエロゲ主人公

足利尊氏 （１３０５〜１３５８）

足利幕府初代将軍。当初は後醍醐天皇に味方して鎌倉幕府倒幕に貢献するが、後に後醍醐に背いて京に足利幕府を樹立した。

前項の高師直が主君と仰いだ人物が、足利尊氏です。足利尊氏は室町幕府の初代将軍（在職 １３３８〜１３５８）で、初名は高氏といいました。当初は鎌倉政権の有力者でしたが、元弘の乱で後醍醐天皇に味方して六波羅探題を滅ぼし鎌倉政権打倒に貢献しています。その功績により後醍醐天皇の諱である尊治の一字を賜り「尊氏」と改名しましたが、後醍醐の政権が不評を呼ぶ中で天皇に反逆して１３３６年に光明天皇を擁立し足利政権を樹立。吉野に逃れた後醍醐の朝廷（南朝）と対立し優勢に戦いを進めましたが、足利政権の内紛に悩まされつつ死去しています。

この尊氏の性格について、夢窓疎石の有名な評があります。尊氏には仁徳のほかに、戦場にあって怯まない心の強さ、敵を憎まない慈悲の深さ、物惜しみしない度量の広さ、の三つ大きな徳があったというのです。

しかし、実際の尊氏の心理と行動はそう単純に美化してしまえるものではないようです。

建武政権に背く際にも、勝手に東上・論功行賞を行い、すでに謀反として後戻りができない段階になったにもかかわらず、天皇に刃向かうことを忌み出家して世を捨てようと試みて寺に籠ってしまい、弟である直義が

一人で新田軍を迎え撃たざるを得なくなり緒戦で大敗するという事態が起こっています。

更には、光明天皇を擁立し政権を樹立した直後という得意絶頂と思われる時期でさえ、清水寺に「この世は夢のように儚い。この世の果報は全て弟直義に与えてほしい、自分にはただ来世での安寧を授けてほしい」と願った祈願文を奉納しています。

同じ時期の話になりますが、尊氏が政務を顧みず田楽に熱中しているのを直義が諫めた際、尊氏は「政務は全てお前達に任せてある。自分は人生半ばを過ぎたのであるから、後は楽しんで過ごしたい」と答えました。それに対し直義は「細事は自分たちがやりますので、将軍は日を決めて田楽を御覧になり、大事については決済していただきたい」と願い出たため尊氏もその通りにしたそうです。

権力欲に乏しいと言うと良く聞こえますが、優柔不断で覇気に乏しいと見ることも出来そうです。特に、最後の逸話に関しては、まるで「ゲームは一日一時間まで」と約束させられている一昔前の小学生と同レベルにも思える話で、三十路を越えた一人前の男性、それも一国の頂点に立つ人物のそれとは思えません。

後醍醐が足利軍の監視下から吉野へと脱出した事が判明した際も、血相を変える直義らを余所に、尊氏は「正直、今後後醍醐院の待遇について思い悩んでいたところであった。島流しにするわけに行かず、玉体に何かあれば有らぬ疑いをも掛けられる。自らの御意志で脱出されたのなら我らに責任はない。最終的には落ち着くところに落ち着くであろう」と落ち着き払って述べたといいます。武将達は尊氏の度量に感銘を受けたといいますが、これも、後醍醐の脱出が六十年近くにわたる内乱という結果となる事を考えれば、見ようによっては他人事で投げ遣りな態度と言えます。また、多々良浜など大軍を目の前にした際の戦いの直前や敗北した直後、時には合戦最中の一時的劣勢においてさえ意気消沈して切腹を図り、直義や側近らにとどめられることが再三ならず記録されています。前述の夢窓国師が述べた姿とは大きく異なっており、佐藤進一氏のように尊氏が躁鬱気質である可能性を指摘する学者も存在します。その説の当否はともかく、この逸話からも尊氏の粘りのなさ・覇気の欠如を読み取ることが出来るかと思います。

ここの逸話だけでなく尊氏の人生全体を概観して考慮しても、人生の岐路となる場合にはいつも弟の直義に諫められ決心しています。後年の師直と直義との争いの際にも、尊氏はそれを処断したり仲介したりするより、傍観者として局外中立であろうとした節があります。直義と師直の対立を上手く利用して自分の子・義詮を後継者にしたとの見方もありますけどここではその説は採らない事にします。政治指導者として見ても、尊氏自身が積極的に決断し構想を描いたことはほとんど無く、基本的にその時々の状況に対応していた感があります。

夢窓疎石の評価や後世の逆賊としての指弾などから得られる先入観を除外して尊氏を見ると、温順・善良だが優柔不断で覇気に乏しい、ともすれば意志薄弱気味の人物像が浮かび上がってきます。一方で内弁慶でもあったようですが。もし現代に生まれていたら、引きこもりになっていたんじゃないかと思わされますね。事実、尊氏自身も何度か世の中に背を向けて自分の世界に篭ろうとしています。

しかし、尊氏の生まれついた場所は、日本有数の名門の当主。すなわち多くの家臣を養わねばならず、乱世においては事あれば上からは警戒され、下からは担ぎ出される位置。自身や家臣が生き残るためは戦いに勝ち残らざるを得ず、引きこもることなどとても許されませんでした。なので、直義や側近たちも必死で尊氏を引っ張り出さねばなりませんでした。直義は兄とは異なり軍事的才能は乏しかったので尚更です。かくして、引きこもり予備軍であった尊氏も、引くに引けない環境にあった事と、周囲が見捨てず、というか見捨てられず上手く宥めすかして引っ張り出した事で、その才能が引き出される結果になったと言えるでしょう。家臣たちにとっては頭痛の種だったに違いありませんが。

さて、尊氏はヘタレなだけではなく、もう一つダメな点がありました。彼の伝記を書いた歴史家・高柳光寿氏がその筆跡を評価しているのですが、曰く「尊氏の筆跡は、従来の概念、すなはち普通の書道からいふと、決して上手とはいへない。」「彼の筆法は従来の書道にない筆法であるし、また後世の書道にもない筆法である。だがしかし一種の筆法として特殊の味を持つものであることには相違ない。」「味が深い」（高柳光寿『足利尊氏』春秋社、４３３頁、最後のみ４３６頁）といった具合です。「味がある」とかその類の台詞って、他に褒めようがない時に使うものじゃないでしょうか。高柳氏は更に「尊氏の筆跡と比較すると、従来の感覚からいへば正成の方が尊氏よりも上手といへるであらう。しかし、それは三流四流の画家の絵の方が素人の絵よりも上手だといふ類」（同、４３５頁）とも言っていますが、低い身分出身で出自不明の正成が曲がりなりにもプロレベルなのに、当時有数の名門出身で最高レベルの教育を受けた尊氏は素人の域ですか、やれやれ。そして高柳氏の褒め殺しはまだ止まりません。秀吉の筆跡を引き合いに出し、「児童の文字と思へばよい。運筆は不自由である、しかし運筆をさせる精神は自由である。規格といふものを知らない。」「上手に書かうなどといふようなケチな心が少しもない」（同、４３６頁、４３７頁）と秀吉を評価し、その上で尊氏も秀吉には及ばないものの同様な観点から評価すべきだと述べています。何だかかなり無理して褒めていますが、要は尊氏は悪筆で読む人のことを考えてないという事ですね。

比較のために、尊氏と同じ環境にいたといえる弟・直義や執事・高師直についても述べておきます。直義の筆跡はけれん味のない正直なものと評され、禅宗の影響を強く受けたか唐様の字を書いていたそうです。また、師直の筆跡も教養人といってよい見事なものと言われています。尊氏の字が下手な理由は、あくまでも彼個人に帰せられると見てよいでしょう。ただ、誤解のないように言っておきますと、尊氏の書く文字に見るべき所がない訳ではないようです。尊氏の花押は歴史家・中村直勝氏に歴代武将の中でも最も立派なものの一つだと評価されていますし、和歌を数多く詠むなどかなりの教養人であったのは事実です。まあ、小さな事には拘らない大鷹な人物だったという事の現れでしょうね。

そんな尊氏ですが、同時代の武将たちに対しては不思議なカリスマ性があり、物欲の乏しさに伴う気前のよさや、一旦敵に回ったものも許す寛容さもあって人気は高かったと言えます。乱世にあって、自分の権益を守ろうとする者や勢力を拡大しようとする者が数多く、誰もが欲望をギラギラさせている感がある時代。高貴な家に生まれ、人々に担がれ天下人を目指す身で、当代屈指の名将でありながら、執着なく淡白でどこか浮世離れした雰囲気を漂わせていたであろう尊氏は、当時の人々にとって新鮮で魅力的に映ったのかもしれません。

以上、まとめると足利尊氏は軍事的才能は豊かで大局観にも優れ性質も善良であるが、内弁慶・優柔不断・意志薄弱気味で覇気に乏しいヘタレ男。一つ間違えば引きこもりニートの道を歩んだ可能性も強い引きこもり予備軍。でもって、教育を受けてるくせに下手な字を気にもせずに書き散らしていた無頓着野郎。にもかかわらず多くの同時代人を魅了し不思議な人気があった点は、中国三国時代の劉備や『水滸伝』の宋江、更にはラブコメや恋愛ゲームの主人公を彷彿とさせるものがあります。

性愛グルメの行き着く先は親子丼、タブー破りは蜜の味

足利義満（1358～1408）

足利幕府第三代将軍。南北朝を合一して戦乱を一旦終結させ、足利政権の全盛期を現出した。

尊氏が樹立した足利政権の第三代将軍が義満です。周知の通り義満は足利政権の全盛期を築いた人物であり、彼が日本史上の巨人であった事に異論がある人は少ないと思います。まず、天皇が二人いるという異常事態が六十年続いた南北朝の争乱を勝利のうちに終結させ、自分が擁立する北朝を唯一の正統な朝廷とすることに成功。南朝は既に畿内南部を中心に細々と存続するだけの弱小勢力となっていましたが、正統な皇位継承者である事を示す「三種の神器」は南朝が保持していました。そのため、北朝および北朝から政権を預けられた形をとっている足利政権の正統性を確立するためには神器を平和的に接収する必要があったのです。また、義満に反乱を起こした勢力に大義名分を与える事を防ぐためにも敵対的な「朝廷」を消滅させなくてはなりませんでした。加えて、政権内部の強化にも成功しています。そもそも、足利将軍家は有力豪族の連合体によって盟主として推戴されておりその立場は不安定なものでした。しかし彼は有力者の世代交代や内紛を利用して、必要と認めれば政権にとって危険のある有力者は陥れたり討伐する事で勢力を削り、足利家の優位を確立しました。そして当時台頭していた観阿弥・世阿弥らの能楽を保護する事によって少なからぬ文化的貢献も果たしています。こうした義満の絶頂ぶりは京都北山の鹿苑寺金閣によって今日まで伝えられています。

この義満は世阿弥を寵愛するなど女色・男色とも盛んであった事で知られていますが、それ自体は当時の権力者としてはありふれた話であり取り立ててダメということは出来ません。それでも、彼ほど派手な性遍歴の持ち主だと、その中にはどうしてもダメっぽいものが混じるようです。

彼はその生涯において二回正室を迎えているのですが、中でも二度目の正室・日野康子は応永元年（１３９４）頃に義満の下に嫁いで栄華を共にしています。彼女の母は『教言卿記』によれば「池尻殿」と呼ばれる女性で、泉阿なる人物の養女であったとか。しかし一方でこの頃に義満の側室にやはり「池尻殿」が存在し、応永八年（１４０１）には義満の娘を産んでいます。更にやはり『教言卿記』によると応永十二年（１４０５）には「池尻殿」が産んだ三歳になる若君が食い初めの儀式をしたという記事があるのです。これは一体どうした事でしょうか？　常識で考えると康子の母と義満側室「池尻殿」とは別人と言う事になるんでしょうが、義満が催した仏事において収められた側室「池尻殿」の願文（仏に願い事などを述べる文書）は他の妻妾とは異なり一家の繁栄を謝する内容となっているのが不思議です。この「池尻殿」はやはり康子の母であり、この願文は康子や日野重光（康子の同母弟、義満に引き立てられていた）の栄達を意味すると考えるのが自然でしょう。彼女がしばしば康子と行動を共にしているのもその推測を補強します。となると、義満は康子とその母の両方に手を出した、すなわち「親子丼」をしたという事になります。おそらく、「池尻殿」は夫が亡くなった後に一族の繁栄のため最高権力者である義満に近づいたのでしょう。彼女は応永三十一年（１３２４）に数え七十歳で没したとされていますから、義満の子を産んだ際には数えで五十近かったことになります。閉経年齢かなりギリギリですが、年齢を感じさせない妖艶な女性であった事が想像されますね。それにしても義満は美少年・世阿弥を寵愛し更に女性関係も相当派手だったようで、守備範囲も美少年から女性なら生殖可能な限界年齢あたりまでと相当なものですね。しかしまあ、家のためといえ娘の夫に我が身を差し出す「池尻殿」も平然と「親子丼」を食う義満も現代における一般人の神経では理解できかねるものが正直あります。律令では「親子丼」は禁じられており、基本的にタブーであったと見て差し支えありません。絶大な権力と絶倫な性欲に任せ、タブーをも踏み荒らすその様は、流石にダメ人間といってよいように思います。

　しかし考えてみると、古代にだって后の母・藤原薬子を寵愛した平城天皇のような例があり、十世紀末の花山法皇にも出家後に母娘ともに手を出して子を産ませたという話が伝えられています。……探せば結構いますね「親子丼」を召し上がった貴人。それだけ律令が形骸化しつつあったという事なんでしょうか。でもまあ、花山法皇の事例は一条天皇から顰蹙を買っていますし、平城天皇も批判的に見られていたように思います。やっぱり、親子丼は基本的にアウトだったんですね。考えようによると、そうしたダメ人間ぶりを大っぴらに示す有様も、その権勢ぶりを人々に如実に印象付ける結果となったのでしょうか。親子丼、それは恐い者なしの専制君主にだけ許された性的美食（グルメ）だったのかもしれません。だからといって羨ましいとは思いませんけどね。

仏教の戒律だからお前ら飲酒禁止な、でもオレは酒びたり～　他人に厳しく自分に甘い、酒に呑まれた将軍様～

足利義持 （１３８６～１４２８）

室町幕府四代将軍（在職１３９４～１４２３）。義満の子。義満の死後、有力豪族らと協調して政治を行い室町幕府の安定期を築く。

足利義満の後継者として足利政権の安定期を現出したのが義持です。義持は父義満の直後であり影の薄い存在ですが、有力者との合議制によって比較的安定した政治情勢を現出し、足利将軍家の有り方の手本となっています。義満時代の栄光は、義満自身の個人的力量や、有力者の世代交代が相次いだという幸運に支えられた一面もあり、決して安定したものではありませんでした。そして独裁的な義満に対する有力豪族の不満が高まっており、義持は彼らと協調する事で支持を勝ち得て地位を固めたのです。また朝廷や伝統貴族に対しても父が築いた優位を崩すことなく協調関係を保つ事に成功。この時期、東国で上杉禅秀の乱があったもののそれ以外に大きな戦乱はなく、足利政権の安定期と目される事が多いようです。

また義持は深く禅宗を信仰した事で知られ自ら筆を執って禅画も描く教養人でしたが、しばしばその教えに沿って禁酒令を発しています。まず応永二十六年（１４１９）には五山へ酒を持ち込まない事を命じ、翌年には二度にわたって当時の繁華街であった嵯峨地域や禅寺全般での飲酒が禁じられるに至っています。そして応永二十八年（１４２１）には御所内に酒を持ち込む事も戒められ、義持の許可が必要とされるよう定められました。しかも、僧侶は勿論の事として俗人にも禁令が当てはめられるのですからかなり厳しい。個人の信念や宗教的戒律を他人にも法令で押し付けるのには賛同しかねるのですが、禅宗の教えに則ったり綱紀粛正を図るというだけでなく、大飢饉に当って米の消費を抑える目的もあったであろうことは、この禁酒令を評価するに当って指摘しておく必要があるでしょうね。

　そんな義持でしたから、さぞかし日常生活も禁欲的だったのかと思えばさにあらず。女色・男色を好むのは当時の君主として通例でしたからともかく、禁酒令を出した期間においても自身はしばしば酒宴を催していたそうです。しかも、本人は「御沈酔もってのほか」とか「大飲の御酒」といった具合に当時の貴族にも記録されている有様。更に「二日御酔気」（二日酔い）と書かれるのもしばしばだったそうですから何と言って良いのやら。宗教的理由を掲げて禁酒を命じるのなら、まず自分が率先して見本を示すのが筋でしょう。それが、酒に呑まれて取り締まり対象である貴族達からも評判となり呆れられるレベルじゃ話になりません。せめて禁酒できないにしても、大酒を止めるとか努力しているならまだ弁護の余地はあるのですけど。全く救いようのないダメ人間です。普通、欲望に弱い人間は人の事を言えないのを知っているため他人にも寛容な事が多いのですが、その逆というのは人間性という面でもどうしようもないように思います。これでは、いくら本人が神仏に祈りを捧げたとしてもちゃんと聞き届けられるのか、かなり疑問ではないかと。彼は跡継ぎ息子が病弱で早世するなど家庭的には不幸でしたが、そうした事情も彼をこうした困った振る舞いに駆り立てたのかもしれません。

ボクは神様よりも偉いんだ、神像なんか破っちゃえ　～貴族文化の権威者はプライド持て余したヒスなロリコン～

一条兼良（1402～1481）

室町中期の関白太政大臣。有職故実・古典に通じた当代随一の学者。著作は『花鳥余情』『古今集童蒙抄』『樵談治要』など。

一条兼良は、室町中期における朝廷の重鎮であり古典研究で知られた人物です。

兼良は摂関家の一つである一条家に生まれ自身も摂政・関白を歴任しましたが、朝廷の権力が衰微しきった時代であり政治的な事跡はありません。しかし一方で学問に関しては「五百年来の大学者」であると評される才人でした。将軍足利義尚に政治論を説いた『樵談治要』や源氏物語研究の集大成である『花鳥余情』といった著作で知られており、戦乱で荒廃した社会を通じて後世に貴族の伝統文化や古典知識を無事伝えた功績から和学の祖に擬されています。徳川時代に国学が栄えたのも、彼の努力が実った結果といえるのですね。彼の著作は独創性には乏しいものの博覧強記であったため古今の説を網羅した感があったとか。兼良は戦乱の中で経済的パトロンを求めて各国の有力者をまわっていますが、これも伝統文化が地方にまで普及するのに貢献したと言えるでしょう。

そんな兼良でしたから、自負心も相当なものでした。当時既に学問の神として崇められていた菅原道真と自身を比較して、自分が三つの点で勝っていると豪語。何でも一つ目は道真は右大臣止まりだが自分は太政大臣に達している、二つ目は道真は身分低い家柄であるが自分は摂関家の生まれである、三つ目は道真は唐代や醍醐帝時代までしか知らないが自分はそれ以降も熟知している、という事らしいです。考えてみれば三つ目は当たり前ですし、一つ目も二つ目の条件を勘案すると当たり前であり、本人の偉さを証明する事にはなりません。二つ目に関しては低い身分出身でいながら、大臣に上った道真の偉さが逆に際立つだけの気がするんですけどね。でもまあ、この位なら全て承知の上での冗談とも取れますし、逆にその意気や壮であると褒める事も出来なくもありません。

　しかし、『続本朝通鑑』が伝えている連歌会で天神像が描かれた掛軸が掛けられていると「この私よりも菅丞相の方を尊崇すると言うのか」と怒って画像を破り捨てたという逸話はどうかと思います。冗談にしても度が過ぎていますし本気ならもっと悪い。人の家の神像を何だと思っているんだか。プライドが高すぎて癇癪をおこし、他人の崇拝する神を攻撃した挙げ句に宝物を破却する。弁護の仕様がないダメ人間です。決しておつき合いしたくないタイプです。天神様といえばかつて怨霊として、藤原氏に祟りをなした恐ろしい一面のある神様なんですが、そこのところ分かってるんでしょうかね。恐れを知らないというか無謀というか。当時、連歌の席には天神像を掛ける事が通例になっていましたから、像を破られた被害者は別に特別な事をしたわけではありません。それで、怒られた上にこの仕打ち。酷すぎる。

　因みに、連歌の神として崇拝された道真は和歌や漢詩にも長じていましたが、兼良はといえば特別に歌が得意というわけではなかったようです。だったら、せめて連歌の席くらいは大人しく天神様に頭下げてなさいよ、全くもう。

もっとも、兼良自身も天神を尊崇し天神像に賛を書き入れたものが残っているそうですから、この話が事実かどうかは疑問な気がしますが。因みに、兼良の母は菅原氏一族である東坊城家出身ですから、彼にとって道真は母方の祖先でもあります。ひょっとすると兼良の学問好きも碩学として知られた祖父・二条良基だけでなく母方の実家による影響なのかも知れませんね。

兼良は老年に至っても側室との間に子作りを続けており、六十三歳の時にも三条局という愛妾に息子冬良を産ませています。興福寺大乗院門跡の尋尊（兼良の子）が後年に記した彼女の享年から逆算すると、彼女は冬良出産時には数え十二歳という事になります。という事は、妊娠した時には数えで十一。……このロリコンめ。まあ、『実隆公記』の記録によれば三条局はもっと年長だったということになるんですが、細かい事は気にしない。この時代の六十三歳といえば現在の八十歳くらいに感覚としては相当するんですけど、老いて益々盛んですな。兼良は七十五歳の時にもこの三条局に女子を産ませており、彼女を大層寵愛していた事がわかります。

以上、まとめますと兼良はプライドが異常に高い癇癪もちでロリコン。定家といい兼好といい徳川期の国学者連中といい、我が国の偉大な古典研究者というのはどうしてこう癖の強い困った人ばっかりなんでしょうねえ。全くもう。

魔法遣いに大切なこと、それは童貞を守る事　～リアル魔法使いを目指した戦国武将～

細川政元

（1466～1507）

足利後期の武将。将軍足利義材を追放して中央政府の実権を独占し細川氏の最盛期を築くが、自身の後継者争いの中で殺された。

細川氏が最大勢力を誇ったのは、実は応仁の乱後。細川政元の時代です。細川政元は応仁の乱で東軍の大将であった細川勝元の子。細川氏は足利政権で将軍を補佐する家柄でしたが、政元は明応二年（1493）に畠山政長を殺害して将軍義材《よしき》を追放し実権を握りました。そして彼は以降十三年にわたる専制体制を背景に摂津・丹波・土佐などを中心に勢力を強化し細川家の最盛期を現出しましたが、養子である澄之・澄元・高国の家督争いにまき込まれ澄之派の家臣に殺されました。

そんな政元には、変わった一面がありました。彼は、「天狗」になりたかったのです。天狗は過去や未来を悟り虚空を飛ぶ事が出来、世を乱し人々を惑わせるものと考えられていました。正体については諸説あり、『源平盛衰記』では信仰心のない僧侶の死後の姿とされ、『今昔物語集』『十訓抄』では年を経た鳶が化身したものと言われます。また愛宕山など山の神霊が姿を変えたものともいわれ、『聖財集』で「日本の天狗は山伏の如し」とある様に修験道と結び付けられました。『太平記』やそれ以降の物語でも世を乱し争いを好む存在として天狗は描かれています。当時人々は何かが起こるにつけ「天狗じゃ、天狗の仕業じゃ！」と恐れましたが、そんなものになりたいとは物好きな話です。

政元は修験道に触れた結果、美味を食わず女性を遠ざけて天狗の術を身に付けようとするようになったそうで、『舟岡記』には「京管領細川右京太夫政元は四十歳の比まで女人禁制にて、魔法飯綱の法愛宕の法を行ひ、さながら出家の如く、山伏の如し。」（幸田露伴『幻談・観画談他三篇』岩波文庫、１４３頁）と記されています。幸田露伴は『魔法修行者』で彼について「段々魔法に凝り募って、種々の不思議を現わし、空中へ飛上ったり空中へ立ったりし、喜怒も常人とは異り、分らぬことなど言う折もあった。空中へ上るのは西洋の魔法使もする事で、それだけ永い間修業したのだから、その位の事は出来たことと見て置こう。感情が測られず、超常的言語など発するというのは、もともと普通凡庸の世界を出たいというので修行したのだから、修業を積めばそうなるのは当然の道理で、ここが慥に魔法の有難いところである。」（同１４５頁）と評しています。……露伴もサラッととんでもない事言ってますね。

さて政元が女色を近づけなかったのは理由があります。天狗・仙人の不可思議な能力を手に入れるには、女性を遠ざける事が重要であると考えられていたのです。例えば久米の仙人には、長年の修行の末に法力を得たものの女性の素足に欲情して力を失ったと言う伝承が残されています。インドの一角仙人にも美女の虜となり、彼女に頼まれるままに背負って都へ連れて行き人々に貧相さを笑われた話が。また、歌舞伎『鳴神』に登場する上人も美女に謀られて術に失敗。そのせいか修験道においても女性と交わらない事が重要な修行項目と考えられていました。そういえば現代でもオタク世界を中心に「三十歳まで童貞でいると魔法使いになれる」という俗説が囁かれていますね。魔法遣いに大切なこと、それは童貞を守る事でした。最近になって言われ始めた与太話かと思いきや、昔から同じような事が言われているんですね。

しかし、これは後継者確保が出来ない事を意味し、大名家としては重大な欠陥でした。おまけに養子を複数別々に迎えたものだから、家臣達を巻き込んで内紛を巻き起こしています。政元の修行には勢力圏の豪族を抑えるために修験道を利用した政治的側面もあるという説もありますが、これでは本末転倒だと思います。

ところで、上述した三十歳まで童貞なら魔法が使えるというのは、一般世間に馴染めない事を揶揄したものであるようです、具体的な魔法の内容を見ても「自分の周囲に人が近寄ってこなくなる」だの「周囲の人間に不快感を与える力が倍増する」だの「空気を読めないとんちんかんな発言で周囲を絶句させる」だの全くありがたくない、というかノーサンキューなものばっかりです。そういえば山伏が「天狗」として恐れられたのも人間社会を嫌って隠れ住む人々の姿に、異質なものを感じて畏怖の念を抱いたためだという説がありました。要は「魔法使い」というのは一般社会からキモがられた人間に与えられる称号なんでしょう。

結局、こうした数々の奇行が家中から不信をかい、後継者争いも絡んで政元は非業の最期を遂げますが、「魔法使い」を目指し周囲の理解を拒む道を一直線だったわけですから自業自得というべきかもしれません。それにしても、同じ「信仰のため童貞を貫いた戦国大名」でも上杉謙信は格好よいのに、政元は怪しいだけなのは不思議です。やっぱり、戦場の英雄であるか否かがイメージの分かれ目なんでしょうね。

戦国美女と野獣　～猿顔のロリコン武将とその美少女嫁の話～

豊臣秀吉（1537～98）　おね（1548～1624）

豊臣秀吉は戦国時代の日本を統一した武将・政治家。おねはその妻で、秀吉を助けて大いに内助の功があり賢夫人として名高い。

　豊臣秀吉は、言うまでもなく偉人です。彼は、百姓の子とまで言われる卑賤な生まれでありながら、戦国時代の地方領主織田信長に使えて、厚い忠誠、優れた才覚、機敏な働きを示し、天下統一を目指す信長を支えて武将として栄達しました。そして信長が志半ばで死亡すると、彼はその事業を継承、天下統一を成し遂げます。彼がそこで示した神速の用兵、壮大巧妙な戦争指導、政治的才覚は圧倒的なもので、最下層からのし上がった経歴とその能力を合わせて評価すれば、彼は日本史上最高の英傑と言って良いのではないかと思います。

　で、こんな超偉人の秀吉ですが、いたいけな少女に手を出したロリコンのダメ人間だったりします。別にロリコンなんて大して珍しくもなく、例えば彼の政敵であった徳川家康なんか年老いてからロリコン開眼してせっせと幼い少女に手出ししまくってたりしますし、他にも幼い少女に手を出した人間なんて歴史上にいくらでも出てくるでしょう。また、ロリコンとは少し違いますが、政略結婚まで含めれば幼い少女と交わった人間はさらにさらに増えてくるのではないかと思います。とはいえ、そんな色々溢れかえるロリコン的な事象の山の中で、敢えて秀吉は特記しておきたい。なにせ、秀吉の場合はロリコンはロリコンでも、なかなか感動的な良いロリコン物語って雰囲気が漂っているので。

どういうことかと言いますと、秀吉は１５６１年、二四歳にして今に美しき賢夫人として名を残すおねを妻に迎えるのですが、おねは通常、生年が１５４８年とされていて、この時わずかに十三歳だったのです。そして、秀吉とおねの結婚につき、おねの母は秀吉の身分の低さを嫌って反対しており、この婚姻を野合すなわち正式の手続きを経ない不当な同棲であるとして、一生認めなかったそうなのです。つまり、秀吉は、周囲の反対に逆らって、ロリっ娘と熱烈な恋愛結婚したということになるのです。で、秀吉がその身に天才を秘めつつも、身分的には卑賤中の卑賤で、色黒で目の光が異常な猿顔という醜男であったことを思えば、なかなかに見事なロマンスではありませんか。醜男と彼の秘めたる天才を見抜いた利発な美少女が、周囲の反対を乗り越えて結ばれて、二人手を取り合って、王座へとつながる運命の旅路を切り開いていく。童話か何かなら、王座についたとたん猿の姿が砕け散り、中から呪いを解かれたイケメン登場メデタシメデタシとかなりそうな、感動的な物語ですよ。

でまあ、素敵なロリコンモンキー秀吉の話はこの辺で置いといて、猿の嫁の方に話を移したく思います。秀吉の嫁おねは、非常な才媛として知られる女性で、夫秀吉と領国統治や天下の大事を語らい、夫の留守を守っては主君信長や朝廷、諸侯など諸方面との交流折衝をこなし、あるいは秀吉の遠征への物資輸送を支えるなどして、偉大な英雄の天下取りをよく助けた偉大な妻です。

ところがこの偉大な女性も、実はわりかしダメ人間。彼女は、夫秀吉が領地を与えられ一国一城の主となり、ますます才能を伸ばして、各地の戦場を駆けめぐっていた１５７６年頃、夫に代わって進物を持ち、主君信長への挨拶に出向いたことがありました。そして、それに返礼した信長のおね宛の書状が今に残っているのですが、そこで彼女のちょっとアレな人間性が明らかになります。この礼状で信長は、おねの進物が素晴らしく返礼のしようもないと大変褒めていて、そこでおねが立派に役目を果たしたことがわかるのですが、ところがこの書状の内容はそれだけに留まりませんでした。それに続けて、信長は、おねの容貌が大変美しくなった、おねは秀吉には過ぎた妻だと、しきりにおねをおだててすかして機嫌を取り、おねに嫉妬を起こしてガミガミ言ったりせず上手く夫を操縦するようにと、深く戒めの言葉を与えているのです。

どうも信長の書簡の内容から言って、おねは挨拶に行ったついでに、側室を抱えるやら女遊びするやら行いのよろしくないエロ猿秀吉について、信長相手に不満タラタラぶーたれてきたらしいです。それにしても、公的な仕事として主君に挨拶に出かけたついでに、主君を愚痴の聞き手にやりたい放題、私生活の不満を垂れ流して、主君からこんなおだててすかして教え諭す戒めの手紙を頂いてしまうというのはどうなんでしょう。良く言えば天真爛漫、自由奔放無邪気な性格ですが、悪く言えば脳みそがお子様で、公私の区別も付かないちゃらんぽらんなダメ人間とでも言いますか……。すでにかつてのロリィな美少女も十二分に大人な年齢、人間五十年時代の人生の折り返し地点も通り過ぎ、三十路の入り口の影もあと少しで見えようかという良いお年頃、しかもこの頃には一国一城の主の妻なわけですが、それ相応の落ち着きとか自制を身につけてもらいたいところですね。何もロリコンと結婚したからって、少女みたいな性格をいつまでも引きずらないで欲しいものです。

これこそまさに下手の横好き、超絶ダメな歴史オタ　～みんなもこうならないように気を付けよう～

徳川家康（1542～1616）

戦国時代の群雄。織田信長、豊臣秀吉の天下統一事業に協力。信長、秀吉の亡き後に、政権を握って、長い太平の世を築く。

徳川家康は日本の戦国時代に割拠した武将・政治家の一人で、しだいに全国統一へと向かう戦国の世を最後まで生き抜き、他の有力者が死に絶える中、最終的に覇権を手中にした人物です。

彼は、三河の国を支配し、隣国尾張から大きく勢力を伸ばした織田信長およびその事業を受け継いだ豊臣秀吉の、天下統一事業のよき協力者として勢力を蓄え、やがて豊臣秀吉の死後、豊臣政権を打ち倒して日本全国の支配権を握りました。彼の創設した軍事政権・江戸幕府は以後、２５０年に亘って日本全土を平和に保ち続けることになります。

で、こんな徳川家康はあれこれ言うまでもなく偉人です。信長や秀吉といった勝ち目のない巨人相手には、実力を示して立場を確保しつつ、その上で忠実な盟友として協力、そうして彼らの勢力内での良い感じのポジション確保して、着々と勢力を強化していき、その内に目の上のたんこぶの巨人が死に絶えたと見るや、立ち上がって一挙に覇権を握るそのねばり強さと老獪さ、実に恐るべきものがあります。三方原では武田信玄相手に大敗北して恐怖の余り脱糞し、関ヶ原では石田三成相手に包囲殲滅大惨敗必至の無様な布陣で戦い、大阪の陣では大兵を誇りながらごく少数の真田隊の突撃で命を失いかける。そんな武将としての彼を見ると、どう見ても戦国の覇権争いの先頭に立って天下統一するほどの名将には見えず、まあ戦国の武将としてはせいぜい上の下って部類にしか見えないんですが、それなのに致命的な敗北を被ることもなく戦いのたびに着々と地位・勢力を強化して、うまく強者の厚遇をも勝ち取り、いつの間にやら天下に手を掛け、何百年も崩れることのない盤石の統一政権を築いてしまうのですから、その政治的資質は圧倒的。その政治家としての偉人度は、日本史上でもトップクラスと言えるでしょう。

ところで、この徳川家康、武将として戦場を駆け回り天下を取るに至りましたが、それにもかかわらず非常に学問を好み、とりわけ歴史好きで知られています。そして、ここで彼のダメ人間ポイント。彼の歴史の愛好の仕方はちょっとばかりダメな感じなのです。どういうことかと言いますと、家康は学者達を集めて中国古代史について問いました。その質問内容は、

第1問、後漢の光武帝は前漢の建国者高祖の何代目の子孫ですか？
第2問、漢の武帝の使ったとされる返魂香は何という本に出てきますか？
第3問、蘭には多くの品種がありますが、中国の戦国時代の楚の国の屈原が愛した蘭は何ですか？

これは三問とも瑣末な事実に過ぎず、クイズを思い起こさせると、現代の歴史家坂本太郎先生はコメントしていますが、これらは当時の学者先生にも瑣末などうでも良いことだったんでしょう、並み居る先生方答えら

れません。ところがそこで、まだ若輩であった後の大学者林羅山が見事にスラスラ解答し、以後、家康に大いに信任されるようになったとか。

しかし、学問的な力量を瑣末な事実の知識の有無で測った気になってるってのは、いかがなものでしょう。「戦時中に一人の参謀本部の将校が、ある大学教授を訪ねてきて、年代を幾つ覚えたら大学の先生になれるか、と聞いて教授をびっくりさせたという話が伝わっている」と偉大な東洋史家の宮崎市定先生は語っておられますが（宮崎市定『中国史　上』岩波書店、1、2頁）、なんだか家康の歴史愛好の姿勢は、この将校のエピソードを彷彿とさせるものですよね。人の知らないあらゆる歴史知識を瑣末な端まで悉く覚え込むことに快感と興奮を感じるのは歴史オタだけでありまして、そんなやり口の歴史学習は歴史の先生から見れば絶句するしかない代物なわけで、歴史の先生というのはもっと探求すべき分野とか重大性とか歴史的意義とか色々事実を巧く選り分けた上で、有機的に連関した一体として知識を練り上げ使いこなす人のことでございます。なのに、オタと学者の違いも考えずに、権力笠に着て、瑣末な知識を好んで貪るオタ的なやり口で学者先生に迫り、それで学者の学識を試せた気になってるんだから、家康は、単なる歴史オタをはるかに超えた特級に痛い歴史ダメオタと呼んでやるほかありません。いや、マニアックな知識を競って優越感に浸るような遊びも、場を弁えて仲間内とかでやれば、それはそれで楽しく素晴らしいものだと思うんですが、さすがにこの場でこのやり口はね。

というわけで、家康はダメな歴史オタクです。

ちなみに、問題の答えは、第一問・九代目、第二問・『白氏文集』および『東坡詩注』、第三問・沢蘭だそうですよ。

江戸時代の政治体制を固めた朝廷と幕府の女装の最高指導者たち　～女装者の魂の共鳴で朝幕融和天下泰平～

後水尾天皇（１５９６～１６８０）　徳川家光（１６０４～１６５１）

後水尾天皇は江戸幕府との衝突や優れた文化的業績で知られる朝廷の指導者。徳川家光は江戸幕府制度確立期の幕府の最高指導者。

後水尾天皇は、徳川氏の武家政権である江戸幕府の強大な力が、天皇家と朝廷に厳しい統制を加えるようになった時代にあって、時代に相応しい天皇家のあり方を模索して苦闘した天皇です。

そんな、後水尾天皇の業績としては、まずは天皇家の権威を護持するための幕府に対する抵抗が挙げられます。すなわち、１６１１年の後水尾天皇即位後、朝廷と天皇を厳しく統制する禁中並公家諸法度の制定、徳川家の血を天皇家に混ぜ入れようとする様々な圧力陰謀、天皇家の数少ない権限にして貴重な財源であった高徳の僧侶への紫衣と上人号の授与を転覆させる紫衣事件の勃発など、幕府による天皇家の尊厳に対する蹂躙行為が様々に相次ぎ、天皇家と幕府の関係は非常に緊張を高めていったのですが、その様な情勢下に１６２９年、後水尾天皇は、秘密裏に計画を進めて電撃的に譲位、このことは、幕府の横暴を糾弾しようとした天皇の果敢な抵抗であったとの評価を受けていたりもするのです。ちなみに、この頃幕府は、後水尾天皇の正妻となっていた徳川の娘の和子に男子が生まれて皇位を継ぎ、そこから子々孫々徳川の血が天皇家に伝わっていくことを期待しており、和子に男子が誕生するまで譲位を引き延ばそうとしていたのですが、この譲位はそんな幕府の期待を挫くものでもありました。

そして、後水尾天皇の業績としては、より以上に、学問芸術の分野での活躍のほうが重要かも知れません。後水尾天皇は様々な学芸に通じ、文化サロンの主催者となるなどして、文化的に様々に業績を残しました。とりわけ、その中で目立つ業績としては、立花を庇護して文化として大成させたこと、宮中の儀式に関する年中行事書について古典が時代に合わなくなっている中自ら新たに『当時年中行事』を著述したこと、日本屈指の名園とされる修学院離宮を造営したことなどが挙げられます。実は、幕府が天皇と朝廷に課した統制である禁中並公家諸法度は、天皇の勤めを芸能と規定しているのですが、後水尾天皇は、その優れた学芸の実績から言って、そのような江戸時代の天皇のありかたの模範を示した人物と言えるかも知れません。

というわけで、後水尾天皇は、天皇家の誇りと尊厳をギリギリのところで守り通すとともに、江戸時代の天皇の生き方の模範を示した偉人と言って良いのではないかと思うのですが、ところが、この天皇、その一方では変態趣味のダメ人間だったという話が残されています。

すなわち、後水尾天皇は、修学院離宮の造営の際に、女中に変装してお忍びで出かけ、造営の検分に当たったという話が残されているのです。なんでも、そうすることで天皇（修学院離宮を造営したのは退位後ですが）の身辺を嗅ぎ回る幕府の密偵の目をはぐらかして動いたのだとか。しかし、後水尾天皇は肖像画で見る限り四角くゴツイ顔でして、そんなごつくて四角い「女」が、しかも女中のくせに偉そうに離宮の造営を検分とかしてたら、変装のせいでかえって目立って密偵の目をはぐらかすどころではないと思います。こんなん、どう考えても目立とうとしてるとしか思えないわけで、たぶん、目をはぐらかすための変装なんかでは決してなくて、単なる趣味の女装ですよ。女装でみんなの視線を集めて、ハァハァ興奮とは、それも、一国の皇帝ともあろう者が、あえて卑しいメイドさんコスプレ。さすがＨＥＮＴＡＩで鳴らす日の本の国の皇帝陛下、天晴れな変態だ。ということで、後水尾天皇は女装癖の変態天皇です。この人、著書の『当時年中行事』の下巻で、宮廷における風俗の変遷に神経質になり、どんなに暑くてもゆかたなど着るべきではないとか言ってるそうなんですが、こんな人が古き良き風俗を説いても説得力ないと思います。

まあ、実のところ、この女装話、全く信憑性がないそうです。後水尾天皇の孫である近衛家熙《いえひろ》の談話を侍医が書きとめた随筆『槐記』の中に、

その七分八分も出来たる時分に、その傍の女中に、庭巧者の人これある旨にて、ござつつみの輿にのせ、平松可心、非蔵人某など付られて、検分に遣わさるること度々なり

（『史料大観　第参巻　槐記』哲学書院、９２頁を漢字仮名現代化）

〈訳〉

修学院離宮が七分八分の出来になった頃には、お側に仕えている女中に、庭造りに巧みな者がいるということで、ゴザ包みの輿に乗せて、平松可心、非蔵人某といった人々をお供に添えて、検分に派遣なさることが度々であった

という記述があるのですが、後水尾天皇メイドさんコスプレ女装伝説は、このエピソードに、後世の人が、尾ひれを付けてねつ造を重ねてできあがっただけなのだそうです。とはいえ、細かいことは気にせずに、後水尾天皇をここは女装癖の変態と決めつけておきましょう。そっちの方が面白いから。

で、この時代、名目と権威という点で日本の頂点に立つ天皇陛下が女装癖であらせられただけでなく、権力という点で日本の頂点に立つ幕府のトップ将軍様も女装癖の持ち主でいらっしゃいました。

その変態将軍の名は徳川家光。旧来の重臣を優遇するとともに新進の家臣を抜擢、それら新旧重臣を良く統御して、様々な制度の確立等を成し遂げ江戸幕府を安定させた名将軍です。

実のところ、家光は引っ込み思案で、人との応対も巧みでなく、馬鹿者であったとの説さえあるのですが、そのように家光をバカと評した江戸時代研究家の三田村鳶魚も「三代将軍は馬鹿者であったが、馬鹿の妙は木偶の坊になって、使われるままになるから、小智恵のあるやつより却って出来のいいことになる」（『徳川の家督争い』河出文庫、58頁）と言っており、これはこれで十分名君ではないかと思います。こういう賢い馬鹿を上回るほどの知恵と器量のある名君中の名君なんて、ほとんどいませんから。

ですがこの家光も既に言っている通り女装癖のダメ人間。家光は、踊が好きだったとかで、そのために合わせ鏡を置いて髪を結い化粧を整えなどしていた時期があるのですが、これに対して子供の頃から守り役を勤めた忠臣青山忠俊が鏡を投げ捨て、天下の主がそのように俳優や女のような遊戯に耽るなどはしたない、国の乱れの元で以ての外だと叱りつけたという話が残っています。で、これだけだと、どこが女装なのか理解しにくいかもしれないので続けますと、実は踊りというのは男を奇麗に飾って踊らせる男色家大喜びな、ホモセックス女役展示会的な側面もあるイベントです。そして、家光は重度の男色家、余りに男が好きすぎて好きすぎて、昼から小姓と戯れるなどして、三十代半ばまで世継ぎが出来ず、いかに家光を女と交尾させて将軍の子孫を繁殖させるかという問題で、周囲を大いに悩ませたと言われる男です。しかも、『寛明間記』という資料には、家光の幼い頃より傍に仕えて家光に恋慕の情を寄せていた坂部五左衛門という家来が居て、男色の良い仲だったのが、その後ある時、風呂場で一悶着あって、五左衛門が主君を犯し奉る天罰として手討ちにされたとかいう話が載っていて、少々読解の難しい文章ながら「五左衛門が天罰を蒙った、それはただ盛んな男寵家である三代将軍が恋するのでなく、恋されていたことのあったのを認めるだけでよろしいのだ」（三田村鳶魚『公方様の話』中公文庫、93頁）とか言われています。一悶着の具体的な内容は、幼い日の家光との関係をもう一度と夢見て無理に迫ったら家光が切れたとか、別の小姓と戯れたので家光が切れたとか、色々説もあるみたいなんですが、とにかく家光は、女役として恋されるのも有りな人だったということになります。

　ということで、家光が叱られた逸話は、男色関係の女役に回る人間が、男色女役展示会みたいなイベントに化粧して参加しようとしたって話なわけで、しかも俳優（男が女を演じることは当時の人にとっては当然の出来事）とか女のような遊戯に耽ってはならんと怒られているとなると、これは家光の女装癖、あるいは女装癖とまでは行かないにせよ、家光の女装への志向を示しているとしか思えないのです。というわけで家光も女装癖と決めつけてしまいましょう。ちなみに、この家光が女装して（決めつけ）叱られた話は、幕府編纂の『徳川実紀』という史書にも記されているので、いわば、家光が女装癖の変態さんであったことは、幕府公認の事実ということにもなりますね。

ところで、後水尾天皇の譲位は、幕府の期待を挫くものであったことを上で述べましたが、『新蘆面命』という書によると、その時点で幕政の実権を握っていた将軍家光の父秀忠は、譲位にたいへん立腹して後水尾上皇を隠岐にでも流すべきとまで言い、これに対して、将軍家光が上皇の方が道理に適っていると諫めたおかげで、上皇は無事に済んだのだそうです。しかも、秀忠指導下の幕府は、退位した後水尾上皇が朝廷の諸事に関して実権を握ること（院政）を認めておらず、上皇への流刑こそ行われなかったものの、その後もなお上皇・朝廷と幕府の緊張関係が続いていったのですが、1632年に秀忠が死んで幕政が名実共に将軍家光の時代となってからは、幕府は、上皇との融和路線に政策を転換、後水尾上皇による院政を承認するなどしました。この後水尾上皇と家光の関係の良好さ、ひょっとして同じ女装癖の変態同士、二人には何か惹き合い共感するものでもあったのでしょうか？　ああ、「ごきげんよう後水尾お姉様、お父様が大変失礼なことを致しまして申し訳ございません」、「ごきげんよう家光子さん、今はもう気にしてなどいませんわ、それよりお口添えありがとう、志を同じくする者として、これからは仲良くしましょうね」、とかいう彼らの魂の会話が聞こえて来るような気がする（末期的な妄想）。

　というわけで、敢えてこう言いましょう。江戸時代における天皇のあり方を模索し以後の模範となった後水尾上皇と、江戸幕府の政治の確立者の徳川家光、江戸時代の日本政治の権威と権力の二つ頂点に立って、後世への基礎固めを行った両雄は、惹かれ合う女装者の魂によって、朝幕融和の真の太平を創り出し江戸時代の国体を定めたのだと。

絶望した！　出家しても俗世間と絶縁できない仏教界に絶望した！　～国学の始祖は人間嫌いの引きこもり坊主～

契沖

（1640～1701）

国学者。僧侶であったが『万葉集』を始めとする多くの古典研究で業績を残し国学の祖と言われる。代表作は『万葉代匠記』。

契沖は僧侶であると共に和漢の文献に明るく国学の祖とされています。まず『万葉集』研究書『万葉代匠記』を著しました。その後も『源註拾遺』『百人一首改観抄』に代表されるような古典研究や万葉仮名研究で事績を残した他に、歌人としても知られ歌集『漫吟集』を残しています。

契沖の実家・下川氏は大名の加藤清正に仕えましたが、加藤氏改易により没落し経済的苦境にありました。その中で契沖は十一歳で出家して妙法寺に入り十三歳で高野山へ。二三歳で若くして師匠の勧めもあり曼陀羅院住職となります。僧侶としてはここまでかなり順調でした。

ところが、数年で契沖はこの寺から逃げ出してしまいます。というのは学問を好む質の契沖にとって、仕事の上で対人関係を作るのは苦手であり、寺務や檀家との交際は相当に辛いものだったようです。この時期に下河辺長流と知り合い、歌の遣り取りをするのを心の慰めとして、鬱屈した心境を現す和歌を数多く残しています。結局は積もり積もったストレスが爆発して逃亡。地元に迷惑をかけ師匠の顔を潰すにもかかわらずの行動であり、元来は真面目な性格らしい事を考慮すると相当嫌だったのでしょう。

その後は長谷寺や室生寺などを巡っていたそうですが、知人・義剛による『録契沖遺事』によれば室生山で石に身を投じて自殺しようと図った事もあるようで思い悩んでいた事が知られます。しかし死ぬ事もできず高野山に再び入り修行を行いますが、ここでも俗世間に馴染んだ寺の姿が鼻についたようです。このように「絶望した！　出家しても俗世間との縁が切れない仏教会に絶望した！」って感じで逃げ出したり自殺未遂していた契沖ですが、真言宗への信仰があつい辻森吉行と知り合い、彼に誘われる形で久井村にある彼の家に養われる事となります。彼の家は多くの蔵書があり、契沖はこの時期に仏典はもちろん古典・歴史・漢籍などに触れ豊富で多様な知識を身につけました。更に祖父以来の縁で親しくなった伏屋家に世話になる事になり、そこでも様々な蔵書に触れています。これが後々に物を言います。古典に興味を持ち始めるのが三五歳前後だったようで、三七歳の時に万葉仮名に興味を持って最初の著作『正字類音集覧』を著したとされています。雌伏して実力をつけていた時期と言えば聞こえはいいですが、他人の世話になって引きこもり生活を送り「自分を見つめて」いたとも言えますね。

四十歳になると再び師匠から少年時代をすごした妙法寺の住職になるよう勧められ、一旦は辞退するものの結局は引き受ける事となります。どうやら老いた母親を養う必要が背景にあったようで、生活に追われて嫌々ながらの社会復帰ですね。いい年齢して何だかなあ。その辺りは間違いなくダメ人間だと思います。さてこの時期に親友の下河辺長流は『大日本史』編纂に力を入れていた水戸藩主・徳川光圀の依頼で万葉集注釈に取り掛かっていましたが、重病となり代わって契沖が此れに従事することになります。契沖は突然降ってきた大任に十分応えてみせ、『万葉代匠記』として成果を結実させました。何でも、彼の仏教・漢学・和歌の知識が総動員され文献学的・実証的な画期的大作なんだそうです。引きこもり時代の蓄積がこのような形で役に立つわけですから、人生は分からないものです。

さて、母が亡くなるともう世間と関わるのは嫌だとばかりに再び隠居生活に入ります。そして古今集注釈『古今余材抄』や伊勢物語研究書『勢語臆断』、『百人一首改観抄』、記紀歌謡注釈『厚顔抄』、源氏物語注釈書『源注拾遺』や枕詞をまとめた『詞草正採鈔』、歌枕（歌によく詠まれる名所）研究『勝地吐懐篇』といった数多くの著作をこの時期にまとめました。静かな環境で好きな学問に思い切り打ち込んだ事が容易に想像できます。さて、この時期の生活は弟子から援助を受けたり、万葉集の講義をして礼金を貰う事で賄っていました。そして一番大きかったのが水戸藩からの援助で、歌の詞書（歌の前に書かれる前文）で「中納言殿（著者注：光圀）にみうちの人に附て衣食料をこふ」「彼国の紙・海苔などたまはりて」とあったり遺言書にも「水戸様より毎年被下候飯料」と記されています。たとえ引きこもりでもただ漫然と暮すのではなく何かに打ち込んでいれば、運がよければ有用と見なされて飯の種になる可能性があるという好例ですね。好きな事をやりながらそれで生計も立てられるというのは、考えようによっては夢のような生活です。

それにしても、就職に失敗し自殺まで考えた社会不適合な引きこもりニートによって幕を開けられた学問だったんですね、国学は。国学者に不適合者が多いのは類は友を呼ぶという事なんでしょうな。

賀茂真淵

（1697～1769）

徳川中期の国学者。『万葉集』や古語研究に大きな業績を残した。本居宣長の師としても有名。

十八世紀の国学者である賀茂真淵は契沖や荷田春満《かだのあずままろ》の後を受けて、国学を発展させた大学者です。彼は古典を尊び『万葉考』『祝詞考』『国意考』『歌意考』『語意考』など古語・古歌研究に業績を残しました。また、弟子の教育にも熱心で門下は本居宣長や村田春海ら県門十二大家や県門三才女（油谷倭文子《しずこ》・土岐筑波子・鵜殿余野子）ら多岐にわたっています。

しかし、このように偉大な学者・教育者であった真淵には他国と比べ、我が国の優越性を示そうとする余り狭量な一面があったのは否定できないようです。

彼はある時に文会を主催し梅を題材にした文章を作らせたのですが、彼自身が書いた作品は梅を徹底的にこき下ろしたものでした。何でも、梅は「から国」から伝わってきたものだから悠遠の古代には歌にも詠まれなかったが奈良時代に大伴氏が梅見の宴を催したため『万葉集』に収められたのが最初であるとか。ここまでは故実を述べているまでなので良いですが、以下が大人気ありません。曰く、梅は枝具合がこわごわしく、冬のうちから咲き出して誇らしげに賢しげであり、桜が我が国で育ち優艶であるのに比べ劣る、と。こんな調子で梅の悪口ばかり。内容の当否はおくにしても、文章自体の品性が心配になります。門弟の橘常樹は流石に呆れ、「梅を題材として作文せよという際に梅のよさを少しも言わず終始攻撃しているのは、文や歌を作る事を学ばせる人間として問題があるのでないか」と密かにこぼしました。全く同感。自分が主催した会なんだから、「梅」以外に自分好みのものを主題にすればいいんです、梅に関して悪口しかいえないのなら。そっちの方が余程建設的ですよ。それにしても、自分の弟子に教育者の資質を疑われるような台詞を吐かれている辺り、何ともダメダメとしか言いようがありませんね。『近世畸人伝』の著者である伴蒿蹊も真淵を基本的には称揚しながらもダメな国粋主義に関しては憂慮しています。

因みに梅は、万葉集時代には花の代表とみなされ、優れた香りのもたらす気品が重んじられました。更に寒さのうちに長く気品ある花を咲かせる事から生命力の象徴として主に新春に喜ばれたとか。中国趣味という側面があったのは否めないにしても、梅の美点を見出し愛でたのは古代日本人自身の感性です。なのに大陸由来だからというだけの理由で排斥するのは余りに器が小さすぎると思います。

我が国の古典を研究するのは素晴らしい事ですし、日本が他国と比べて劣らず優れている事を示すのは異論のある人はほとんどいないのではないかと思います。しかし、他国の文物を貶す事で日本を相対的に持ち上げようというのは些かケツの穴が小さいのではないかと。基本的に自国称揚は自国の文物を褒める事でなすべきでしょう。まあ、この手の傾向は国学者一般に多かれ少なかれ見られる病弊で、真淵だけじゃないんですけどね。ここは彼等を代表して真淵をダメ人間呼ばわりしておく事にしようかと思います。

国学大成した大学者は、骨の髄から重度のキモオタ

本居宣長（1730～1801）

徳川中期の国学者。『古事記』『源氏物語』研究を中心に日本語学・古典研究・古代史学・神道思想などに大きな成果を残した。

契沖や賀茂真淵によって発展した国学を大成させた人物といえば、本居宣長です。日本語学・古典・古代史・神道を研究する人間は足を向けて眠れない偉人です。本居宣長は伊勢松阪出身の国学者で国学四大人の一人と称されます。小児科医を開業する一方、古典研究を行い語句・文章の考証を中心とする精密・実証的な研究法によって古事記・源氏物語など古典文学の注釈や漢字音・文法などの国語学的研究にすぐれた業績を残しました。また、復古思想を説いて儒教を排し、国学の思想的基礎を固めています。主著には『古事記伝』『源氏物語玉の小櫛』『古今集遠鏡』『漢字三音考』『てにをは紐鏡』『詞の玉緒』『玉勝間』などがあります。

さて宣長は早い段階から「源氏物語」を読み物として愛好していました。これは賀茂真淵や上田秋成といった他の国学者が『源氏物語』を内容が道徳的でない・弱々しいといった理由で寧ろ批判的であったことと比べると大きく異なります。それも、ただ愛読していたというに留まらず、それが高じて宝暦三年（1763）には『源氏物語』本文に似せた擬古文小説『手枕』をものすに至っています。『源氏物語』には光源氏と年上の恋人・六条御息所の馴れ初めが描かれていないことを踏まえ、可能な限り『源氏』に近い文体でその場面を想像して

描いたものです。言うまでもなくこれは商業的要請から書かれたものではなく、どこまでも宣長の欲求によってなされた創作活動、すなわちファンによる同人活動といって差し支えありません。『紫文要領』『源氏物語玉の小櫛』といった『源氏物語』研究もこうした延長線上にあったと思われます。それだけではなく、時期は不明ですが仲間内の歌会に出す文章を源氏物語風にした事があったそうです。で、その内容はといえば「源氏物語に熱中し雰囲気を真似た文章を書いていることをしった紫式部の霊が、感激して宣長の所にお礼を言いに来た」という代物。……宣長先生、少し悪ノリが過ぎるんじゃないかと思います。

しかし宣長の『源氏物語』への愛着は留まるところを知らず、儒教・仏教の道徳で縛りきれない人間の自然な情を描き出した至高の存在だとまで言っており、その際に孔子まで引き合いに出してます。

孔子もし是を見給はば、三百篇詩をさしをきて、必此物語を、六経につらね給ふべし、孔子の心をしれらん儒者は、必まろが言を過称とはえいはじ

（「紫文要領」『本居宣長全集』第四巻、１０７頁）

現代語訳すると、孔子がもし源氏物語を御覧になっていたなら、必ず詩経ではなくこの源氏物語を六経に入れていたに違いない、孔子の心が分かる儒者であれば、決して私のこの言葉を無茶だとはいえないだろう、という意味です。因みに六経というのは儒教で最も重んじられた経典で、『書経』『詩経』『易経』『礼記』『春秋』（いわゆる『五経』）に『楽経』を加えたものなんだそうです。……それにしても、孔子の心中をこんなに勝手に

断言しちゃって良いんですか、宣長先生。この台詞を短く要約すると「源氏物語は聖典」という事ですね。まあ、大好きな娯楽作品を色々と理屈を捏ねて褒め称えようとするのは誰でもすることですからそれはよいとしましょう。しかし、一般社会で重んじられる教典を引き合いに出して「聖典」呼ばわりするのは流石にどう考えてもやりすぎです。そういえばネット上で「ＣＬＡＮＮＡＤは人生」とか「Ｆａｔｅは文学」（ＣＬＡＮＮＡＤ、Ｆａｔｅとも恋愛ゲーム、通称「ギャルゲー」「エロゲー」の作品です）なんて風に好きな娯楽作品を過剰に持ち上げた痛い発言があった事が一部で話題になりましたが、この宣長の発言もそれに負けず劣らずのインパクト。『源氏物語』が元来は俗書であり淫猥の書として非難されたこともある事を考えれば尚更の事。

余談ながら、真偽の程は不明ですが、宣長は光源氏を気取ろうとでも思ったのか、家の女中部屋に忍び込んで夜這いを掛けたりしたという話もあります。残念ながら、女中さんにこの助兵衛爺めとばかり蹴り出されてしまったようですが。やっぱりキモがられてしまったんでしょうか？

それにしても、妻子持ちの三十路男が女性向けの恋愛小説に耽溺した挙げ句、その作品を題材にした二次創作をしたり称揚する痛い発言までやってのけるというのは、ちょっと常人の感覚とは離れている気がします。宣長自身の師である真淵が力強く雄々しい「ますらおぶり」を重視していることを考えると余計特異に映ります。何だか「国家の品格」とか「美しい国」とか「サムライジャパン」とか勇ましくぶち上げているすぐ横で「侘び、寂び、萌え」なんて嘯いているような感じすら受けます。宣長の『源氏』への接し方は、ちょうど現代のオタクがいわゆる「萌え」作品を愛好し同人活動をするのに通じるものがあると言えるのではないでしょうか。少なくとも行動や発言はオタクと同レベルだと思います。

宣長は、こうしたオタクとしての活動を出発点とし、物語論や和歌の歴史を踏まえた評価、古語の言語学的研究や日本人の精神史・死生観に至るまで広範で巨大な学問的成果を残しました。オタク精神を知的・学問的に昇華させ、現代においても価値のある業績を上げた宣長はやはり偉大ですね。

さて、宣長はライフワークである『古事記』研究に入って比較的間もない時期に、日本の「道」について感触として掴んだと思われる内容を『直毘霊《なおびのみたま》』という作品にまとめています。実はそこでまたも問題発言をやらかしているのです。『直毘霊』の内容は要約すると、

・日本に「道」という言葉がなかったのは当たり前過ぎてわざわざ表現する必要がなかったから。
・太陽神の子孫である天皇がずっと統治する日本は、世界で際立って尊い国である。
・神の教えを子孫である天皇が守り伝える日本こそ、真実の教えが残る唯一の国である。
・中国など他国は、道が失われ人為の偽り事を代わりに用いている国である。

ということになります。現代からすれば、こうした排他的で国粋自尊主義な考えは受け入れられないでしょうが、ここではそれをもって問題発言としているのではありません。現代人から見れば褒められたものではないし奇異ですが、ナショナリズムの萌芽が見られるこの時代には珍しくありません。

では、何が「ダメ」なのか。実はその文中で、少々アレな事が書かれているのですよ。その部分を引用してみましょう。

御国の古《いにしへ》は、ただ同母《はらから》兄弟をのみ嫌ひて、異母《ことはら》の兄弟《いもせ》など御合坐《みあひませ》る事は、天皇《すめらぎ》をはじめ奉りて、大かたよのつねにして、今の京《みやこ》になりてのこなたまでもすべて忌《いむ》ことなかりき。但《たた》し貴《たか》き賤《いや》しきへだてはうるはしく有て、おのづからみだりならざりし。これぞ神祖《かむろぎ》のはじめ給へる正しき真《まこと》の道なりける。然るを後の世には兄弟《いもせ》の婚《まぐはひ》などを、こころよからず思ひて、異母《ことはら》なるをもすべてきらふ事いなりきぬるは、漢学《からことまなひ》さかりにて世々を経つつ、御国心《みくにごころ》うせはてつる故に、御のづからかのからごころにうつれる物にして、元来《もとより》の真心にはあらずかし。
〈訳〉御国の昔は、ただ母を同じくするきょうだいの婚姻だけを嫌い、腹違いのきょうだいは婚姻なさっていた事は、天皇を始めとし申し上げて、大体は世の常であり、今の京に都が置かれてからのように腹違いの婚姻も忌むようなことはなかった。ただし貴賤の区別はしっかりしており、自然と乱れる事もなかった。これこそ神祖の始めなさった正しい真実の道である。しかしながら後世にはきょうだいの婚姻を、不快に思って、腹違いをも全て嫌う事となったのは、漢学が盛んになって時代を経て、御国心が消え果てたために、自然とあの漢意に陥ったもので、元来の真心ではない。

要約すると、太古は同母兄妹（姉弟）の婚姻こそタブーだったけど異母兄妹（姉弟）はOKだったのに、中国から小賢しい道徳が入ってきて全てがダメになってしまい自然な人情に背いた偽善がまかり通るようになってしまった、と言う事ですね。宣長先生、いたくご立腹なのが読んでいるこちらにも伝わってきます。しかし、さすがにこれはどうかと思います。儒教の同姓不婚原則をたてに太古の兄妹婚を非難している儒者に反論する、というのは理解できますが、反論するにしても中国だって建前と本音の違いがあるではないかとか、日本は日本だとかで止めておけば済むと思います。ここまで熱く語られると、逝っちゃってると言わざるを得ません。異母兄妹（姉弟）の婚姻は神が定めた真の道でありそれを禁止するのは真実の情に反する偽善って、先生それはいくらなんでもダメすぎです。現代オタク文化でも「妹」や「姉」が「萌え」の対象になったりしますが、ここまで吼えてしまうとキモがられるレベルです。上述の「源氏物語は聖典」発言といい、宣長は現代に生まれなくて幸いでした。

昔から、「日本男児」とか「大和魂」とか言われる時には、心身の強さ・雄々しさ・無私の忠誠などが求められることが多いように思います。一応は日本の伝統を大切に思い愛国心もそれなりに持っているつもりだけど、内向的で心身が強いとはお世辞にも言えないヘタレなのでこうした風潮は正直辛いものがある、そういう人は案外多いのじゃないでしょうか。そうした中で、宣長は「人間の本性は弱く未練で女々しいものであり、雄々しく勇ましく見えるのはうわべを取り繕ったもの」と考えており、「やまと心」という言葉も多くは強く雄々しい心情を表すものとして使われるのに対し、宣長は古典での用例から寧ろ実生活上の智恵といった意味合いという事を発見しています。まるで宣長が現代の我々に対し「人間は本来弱いものなんだよ、強くなくたって良いんだよ」と言ってくれている様で、そしてオタクこそ日本の伝統精神を受け継ぐものだと身をもって示してくれた様で、何だか嬉しいです。

諸君、私は戦争が好きだ？　老いてなお少年の心を抑えられないミリタリー好き

杉田玄白（1733〜1817）

医学者・蘭学者。前野良沢らと西洋の解剖書を翻訳し『解体新書』を刊行、本格的な蘭学研究に道を開いた。

杉田玄白は、我が国における蘭学の始祖の一人とされています。大多数の方には改めて説明するまでも無いと思いますが、彼は日本史上初めて西洋の解剖書を前野良沢・中川淳庵らと十分な語学知識のない状況で苦労した末に共に翻訳し『解体新書』として出版した人物です。これまでも山脇東洋に代表されるように人体解剖を実際に見学した医師はある程度存在したのですが、人体構造が東洋医学の影響から脱した観点で見られる事はありませんでした。彼らの手によって初めて西洋医学の視点を持ち込まれ、その正確さが認識されるに至ったのです。そうした経緯で生まれた『解体新書』は我が国における初めての本格的な洋書翻訳であり、蘭学が本格的な歴史を辿り始めたのはこの時からだと言っても決して過言ではないでしょう。彼の著作である『蘭学事始』からはその際の苦心を詳細に知る事が出来ます。また研究者としてのみならず実際の診療でも十分な実績を残したのは勿論、教育者としても大槻玄沢や宇田川玄真、宇田川玄随といった次世代の蘭学を担う人々を育てています。具体的には持ち回りで勉強会を開催したり、洋書を収集して門人たちの閲覧に供するなど、自身だけでなく蘭学全体の底上げに大きな貢献があったそうです。以上の業績を考えると、杉田玄白は日本医学

史に燦然と輝く巨星であり、史上屈指の大学者といって差し支えありません。

さて、そんな立派な医師である玄白ですが、こうした偉業の一方でちょっと変わっているというか一筋縄ではいかない面があったようです。例えば晩年にちょっと変わった自画像を残しているのですが、画像中のコメントに曰く、

「仮の世にかりの契りとしりなからほんしゃと言ふにたまされた。ここは狐の宿かひな。コンコン。文化八のとし此今様をうたひ躍りたりとゆめミし姿のうつし絵」

だとか。大意を要約すると、「仮の世である現世の仮の関係でしかないと知っていたはずなのに本気にして入れあげてしまった、ばかされた。化かされたのは、ここは狐の宿だからかしらん」といった内容の流行歌を歌いつつ踊った夢を見たというのですね。で、その姿を描いたのだと。良い歳した大先生が流行歌を口ずさみながら妙な踊りを踊っている姿は、想像するだけで笑いがこぼれてしまうものがあります。まあ、これは仲間内で面白半分に披露したものでしょうし、これをもってダメ人間というのは当らないと思いますけどね。ともかくまあ、かなりさばけたお人なのは間違いなさそうです。

そして、本題。玄白はそれに留まらず著作『形影夜話』において何だか不思議というか興味深い発言をしています。何でも、『鈴録外書』なる書物を読んだ際に悟った事があるとか。『鈴録外書』というのは十八世紀初頭の儒者・荻生徂徠が記した軍学書なんですが、医者がその軍学書を読んで一体何を悟ったというのでしょう

か。具体的に話を聞いてみましょう。

……なになに、「真の戦といふものは今の軍学者流の人に教ふる所の如くにあらず、地に嶮易あり、兵に強弱あり、何れの時、何れの所にても、同じ様に備を立、予め勝敗を定めて論ずるものにてはなし」という事を「是を読て初て発明」した、と（野口武彦『江戸の兵学思想』中公文庫、8頁）。要するに戦いは軍学者の言うような同じ条件でできるわけじゃなく、地形やら敵の強さやらが時々で変わってくるのだから、いつでも同じ様にやっていてはダメで臨機応変に対応しなくてはいけない、と悟ったという事ですね。更に、「譬て言はば、患者の形体は敵国の地理なり。乃ち山川には嶮易あり、高低あるが如し。これは地の定りたる所なり。然るに、其地に常に異なる事あるは、必敵の謀形を設る所あればなり。人身の四肢百骸も定りたる部位あり。其自然に違ふ所あるは必ず病むところあるの候なり。」、つまり人間の体は戦争で言う地形条件のようなもので決まっているのだが、いつもと違うところがあれば必ずそこに敵が計略を仕掛けている、人間の体に違うところがあればそこが病変だ、とも言っています。加えて、「仮令ば敵を破るに、先陣を不伐して後陣を伐て勝を取ることあるが如く、発熱・発渇・頭痛等の諸症ありとも、それに拘はらず、下剤を与へて利を得、諸症一時に平愈するの類ある事なり」（以上、同8頁）、すなわち敵を撃破する際に敢えて目の前の敵をやり過ごしてその背後にいる敵を破る事で勝利する事があるのと同様、目の前の症状（発熱、頭痛、渇き）には構わずその背景にある異常を治す事で全体が一気に治癒する事もある、とも。要は、軍学における教えを医療においても活用したと言う事ですね。定めし「軍学から学ぶ医学の秘訣」といったところです。しかし、それくらいの事は玄白ほどの人物なら、実際に医者をやっていればわざわざ軍学書から教えられなくとも体験的に分かりそうなものですけどね。なぜわざわざこんな事を言い出したか不思議です。

玄白はこれだけでなく、従来の医学を批判する際にも「戦闘は能なせども軍理に疎きがゆゑ、勝事ありても毎に危き勝軍といふべきに似たり」(同9頁)、つまり戦闘には長けていても大局観がなく戦略的思考ができないので、勝つにしても危なっかしいものになると言っています。……どれだけ軍事好きなんですか、この先生は。

まあ考えてみれば医者と軍人は似ていると言えなくもありません。どっちも人命を扱いますし、実際に失敗が人間の死に直結しますから。あと、戦争なり病気なり人間にとっての不幸において活躍する職業ですからね。ただ一方で、「人命を救う立場と人命を奪う立場という大きな違いがある」とも思いましたが。要は人間にとっての「非常事態」に対処する仕事という事ですね。

もっとも、医者に限らずどの職業でも「非常事態」は起こりえますし、それに対処する必要が生じる場面はありえます。だから、軍人に似ている云々は何の仕事でも言えない事はないでしょう。事実、ビジネスマンたちの間で『孫子の兵法』やら名将の生涯やらを参考にして仕事に役立てようという書物が良く売れていますし。みんな、心の奥底では軍事的英雄になりたいんですかね。これが一種の「男の浪漫」である事は否定しません。特に男の子の場合は一般的に言って、三国志を始めとした乱世を舞台にした話や軍事的英雄の物語が好きですし。

因みに、玄白のように医者を軍人にたとえると、病気という「有事」にだけ患者と経済的契約を結んで戦いに臨むという点で傭兵に近いともいえそうな。そういえば、ルネサンス期にイタリアで活躍した傭兵隊長ホークウッドは、修道士二人に「神が貴方に平和を送らんことを！」と祝福の言葉をかけられた際に「神がお前たちの生きる糧である施し物をおとり上げになり、お前たちがくたばらんことを！　この間抜けども、神が平和を与えたもうたら、私は干上がってしまうということがわからんのか！」（菊池良生『傭兵の二千年史』講談社現代、新書、５５頁）と返したそうです。医者も病気の人間がいなくなるとおまんまの食い上げになりますから、同じ事がいえるかもしれません。

それはさておき、男の子にとってヒーロー願望、特に軍事的英雄への憧憬は根強いものです。おそらくは玄白も例外でなく、大人になってからもそうした心情が失われる事がなかったのでしょうね。で、太平の世における医者という華やかな英雄とはいえない我が身にどこか飽き足らず、こっそり軍事的英雄と同一化して心を慰めていたのでしょう。それ自体は決してダメではなく極自然な心情ではないかと思いますよ。何だか不謹慎な推測である気がしなくもありませんが、仮にこれが的を射ていたとしても、玄白が実際に行ったのは一心不乱の大戦争ではなく一心不乱の医療行為だったわけで、人命を救いこそすれ戦争のような実害はありませんから、このくらいの空想というか妄想は大目に見てあげてほしいです。何であれ、彼が偉大な功績を残した医師であり学者であったのは変わらない訳ですしね。とはいえ、いい年齢こいてそんな子供っぽい妄想を著作中で公言している点に関しては、ちょっと恥ずかしいというかほんの少しですけどダメな匂いがしなくもない気がしますけどね。

結論。杉田玄白は晩年に至っても（流行り歌を）歌って踊れるイカした蘭学者で、少年の心を持った軍事好き。で、軍学書を読んでそんな胸中の空想を我慢できずにカミングアウトしたお茶目さんでした。

お好みは美女の裸水泳大会、家中挙げての馬鹿騒ぎ　～茶道に長じた名君は、実はリアル「バカ殿様」～

松平不昧

（1751～1818）

徳川後期の出雲松江藩主。名は治郷で号は不昧・一々斎。積極的な藩政改革を行う一方で茶人としても知られ、石州流不昧派の祖。

　松江藩主・松平不昧は、徳川時代後期を代表する名君の一人とみなされることもある大名です。不昧は治水事業など勧農政策や出雲焼などの産業奨励によって、財政再建に一時的ながら成功した中々優秀な君主でした。もっとも、この改革は家老である朝日丹波茂保が主導したものであり、どこまで藩主本人の意思が働いているかを疑問視する声もありますが、まあ当時の大名というのはそんなものではないかと思います。たとえ切れ者の家臣によるものだとしても、その手腕を信頼し存分に震わせた時点で一応は名君と呼んでよいのではないかと。まあ、朝日丹波が隠居してから財政状況が悪化しているあたり、不昧本人の政治手腕には疑問符がつく気もしますけど。

　また、茶人としても石州流伊佐派を学び、真台子の伝授を受ける腕前で、大名に茶を教授したり名物道具を収集するほかにやはり自らの好みの道具を作らせたりしています。そして茶器を時代別・種別に分類しランク分けした『古今名物類聚』を編纂した事でも知られ、『瀬戸陶器濫觴』で陶器の歴史的研究を行うなど茶道史研究においても重要な位置を占める教養人でした。彼により始められた不昧派は現在でも松江周辺で存続しています。大名はしばしば茶会を催していたとはいえ、殿様自身は茶の湯が判らず、お抱えの茶人に任せっきりだった例が多いことを考えると、大したものだと言わざるを得ません。徳川期後半の茶人としては、井伊直弼と並んで双璧というべき存在ではないかと思います。

このように当代有数の（一応）名君であり茶人であった不昧ですが、微妙にダメ人間な逸話が残っています。何でも三人の妾の肌に刺青を入れ、夏に裸で泳がせて来客をもてなしたとか。中々に退廃した趣味をお持ちですな。また、女達に馬鹿囃子を練習させて太鼓を叩かせ、更に家臣には鉦を鳴らさせ自身は笛を演奏して繰り出したため、家中が呆れたと言われています。因みに馬鹿囃子とは江戸周辺の祭り囃子で、笛・太鼓・摺鉦で演奏しおかめやひょっとこなどの踊りを伴うものです。若囃子が転化し、騒々しいのでこの名がついたそうです。

殿様が女達の裸体での余興で楽しみ、皆で歌や踊りで大騒ぎ。……どこかで見た話な気がします。そうだ、昔テレビで流行した「志村けんのバカ殿様」がこんな感じじゃなかったでしょうか。同時代人でやはり名君として知られる上杉鷹山がお堅いイメージなのに、何ですかこの違いは。……実を言うと、愛妾に刺青を入れて鑑賞したのは父・宗衍だったという話もありますけどね。

不昧は（一応）名君かつ大茶人である一方、リアル「バカ殿様」でした。まあ、窮屈で道徳臭いよりはこっちの方が人間臭くてよいですけどね。

オレはビッグになるよ、でも人間嫌いだけどね　～江戸最大級の戯作者は転職三昧の引きこもり気質～

滝沢馬琴（1761～1848）

徳川後期の戯作者。山東京伝に師事し、『南総里見八犬伝』や『椿説弓張月』など勧善懲悪を掲げる読本に多くの傑作を残した。

徳川期を代表する文学作品の一つに『南総里見八犬伝』がありますが、その作者が滝沢馬琴です。

馬琴は徳川後期の戯作者で、山東京伝に師事して黄表紙や合巻などを著しますが、特に傑作が多いのは読本でした。勧善懲悪を中心理念とする雄大な構想と複雑な筋立ての大作を流麗な文体で著し、晩年は失明しながらも二十八年を費やして『南総里見八犬伝』を完結。その他にも『椿説弓張月』『俊寛僧都島物語』『近世説美少年録』などが知られています。意外なところでは『水滸伝』の豪傑たちを女性化してパロディにした『傾城水滸伝』なんてのもあります。何だか現代日本のオタク文化を彷彿とさせそうな話ですよね。また『燕石襍誌』『兎園小説』などで考証学においても業績を残しました。

馬琴は下級武士の家に生まれましたが、出世の見込みの無い身分に飽き足らず出奔。その後は旗本の間を渡り歩いて世話になり放蕩生活を送ります。しばしのニート生活の後に、趣味を生かして俳諧師になろうとしたり、医者になろうとして山本宗英に弟子入りしたり、かと思えば亀田鵬斎に従って儒学を学んだり石川五老について狂歌師を志したりと進路を転々としていますが、結局はどれもものにならなかったようです。転がる石には苔が生えないという格言を地で行っていますね。石の上にも三年と俗に言いますし、仕事は五年やらないと判らないと言われたりもしますけどねえ……。「俺はビッグになるぜ」と実家を飛び出した割に、何ともダメな身の振り方ですね。この時は、身体が大きいので相撲取りに、とも言われたようです。「ビッグになる」ってのは別にそういう意味ではなかったと思うのですが。まあ、最終的には二四歳のときに戯作者を志して当時の第一人者・山東京伝の所に転がり込んだのをきっかけに道が開けていきました。和漢双方の文学における素養を高め続けていたのが功を奏したようです。

　基本的に馬琴は対人能力に問題を抱え世情に通じていなかったようで、流行作家として地位を確立した後もそれは変わりませんでした。例えば下女の方言を正そうとした際も、万葉集の例まで持ち出して二日がかりで説明したそうです。馬琴先生、それはダメでしょう。聞いてる方は判らない上にウザかったと思いますよ、さぞかし。彼の妻も同じことをやられて、無学であるという劣等感を刺激されて癇癪を起したという話があります。馬琴にしてみれば悪気や学をひけらかすつもりは無く、素だったようですから余計始末に悪い。若い頃は放蕩生活をしていたというのに、何でコミュニケーション能力が身につかなかったのやら。というか、そんな状況でどうやって粋であることを求められそうな遊郭などで遊び人でいられたのだか。……謎です。

　加えて、人付き合いが苦手で隣近所とも疎遠だったそうです。孤独を愛し、日記にも「今日来客なし、尤閑寂よろこぶべし」と書いてたりします。また、妻がヒステリーを起したり息子の嫁の母が押しかけて逗留したりといった事に悩まされたせいか女性嫌悪になっていたとか。あと、出不精で一ヶ月で平均一、二回程度しか外出しなかったといわれています。そりゃ、機智や洒落た台詞回しなんかが求められる黄表紙みたいな戯作は難しいんじゃないでしょうか。でも、その手の作品でも下ネタを時に混ぜたりしてそれなりにヒットを飛ばしてたりするんですよね、不思議な事に。

そんな感じでしたから、周囲からは偏屈と捉えられていました。実際、かなり狭量で同時代作家の悪口を盛んに言っていたようです。特に晩年における最大のライバル作家であった柳亭種彦に対しては手厳しく、やれ教養が無いの話の筋が安直だのと風俗壊乱だのと散々にくさしていました。とはいえ、これもある意味相手を認めていた証拠のようで、種彦の代表作『偐紫田舎源氏』に対してもあれこれといった挙げ句に「それでもこれだけ売れているのだから、まあ名作なんだろう」と吐き捨てています。……ひょっとしてツンデレ(好意を持った相手に素直になれず、表面的にはツンツンした非好意的な態度だが、時に本音が出てデレッとしてしまう人を言うようです)の気があるんでしょうか、この人？　まあリアル世界でオッサンがツンデレでも余り嬉しくないですが。どうせなら頑固爺さんより美少女の方がよかったなあ、とは種彦なら思ってそうですよ、間違いなく。

馬琴は晩年に失明する不幸に見舞われ、息子の嫁に執筆や生活において介助を受けていました。女性嫌悪で家族の不和に悩んだ彼ですが、最後に信を置き頼りにしたのが家族の女性であったのは皮肉なのやら救いなのやら。ま、息子の嫁による献身も妻の邪推と嫉妬を呼び起こしたようですから、つくづくこの人は家族運が悪いです。それでも、息子の嫁は元来は無学だったのが義父を助けるために頑張って勉強し、最後には立派な助手になっていたようです。その点は馬琴もいくらか感謝してもしたりないのではないかと。

偉大な先覚者か、トンデモ電波さんか？　～嫌な俗世間から逃げ出して自分の世界を構築した大学者～

平田篤胤 （1776～1843）

徳川後期の国学者。本居宣長没後門人を称し、尊王思想や神道思想を含んだ平田国学を創始して幕末期に大きな影響を与えた。

国学者の中で、最も直接的に世の中に影響を与えた人物といえば平田篤胤かもしれません。平田篤胤は国学四大人の一人で、本居宣長没後の門人を称し、古典研究から進んで尊王復古を主張する古道学を説き、平田神道を形成して幕末期に大きな思想的影響を与え、明治維新の思想的原動力の一つとなりました。

篤胤は秋田藩士の家に生まれましたが家庭的に恵まれず、また慢性的財政難にある秋田に嫌気が差したのもあってか、早い段階で江戸に飛び出しました。その際、飯炊きなど様々な職を転々として食い繋ぎながら学問に励んだそうです。そのかいあって備中松山藩士平田篤穏《あつやす》に養子として迎えられ結婚もしています。彼が宣長の著作に入れ込み、夢で宣長に弟子入りを許されたと称して没後門人と唱えているのは有名ですが、宣長門人にはそんな彼に反発し電波呼ばわりする人もいました。

そんな彼ですから、学風も独特のものがありました。彼は死後の安心・世界の根源としての日本・社会を支える道徳規範を希求し、己の望む答えを引き出そうとしていたようです。その際に自らの該博な知識をフル回転させ、玉石混合な多数の資料を駆使して自らの理論を構築し、独自の世界観・死生観を形成するにいたりました。これは学問と言うより独自の宗教ですね。また、『天朝無窮暦』では日本には神代に独自な暦があったとしてそれを「考察」「復元」、『神字日文伝』では同様にして漢字伝来以前の日本独自の文字を「復元」しています。更にインドや中国の神々の話は実は日本の神々の話が混同したものであるとか、『天柱五岳余論』では中国の道教経典に見られる神仙の山々は崑崙が日本にあるのを中心としてオノゴロ島・トルコ・ユストル群島・カリフォルニアに分布しているなどと述べており、「トンデモ」の領域に達している説も少なくありません。

更にオカルトに傾斜し、妖怪に襲われた青年の話を『稲生物怪録』に、天狗に浚われて異世界を見たと称する少年の話を『仙境異聞』、前世の記憶があるという少年の話を『勝五郎再生記聞』にまとめています。このように民間伝承にも研究の目を向けたことは、近代民俗学の先駆となるもので、功績としての側面も有してはいます。ですが今日から見ると首を傾げたくなる部分が多いのも事実で、評価の難しいところです。

次に彼の生活手段を見てみましょう。国学に身を入れ始めた当初、彼は１８０７年に開業して「師匠」宣長と同様に医師として生計を立てようとしていました。しかし、死の直前まで開業医として活動していた宣長と異なり、わずか二年後に医師を廃業。ひょっとして対人能力に問題があり、患者の相手に疲れ果てたのかもしれません。それ以降は国学の弟子からの収入・援助で生計を立てていましたが彼の一家はそれ以降困窮に悩み、愛妻・愛息を貧困の中で夭折させてしまいます。生計の算段も立たぬまま、仕事が辛いからといって投げ出しやりたい事だけやった結果として生活に困窮。全くもってダメ人間です。これは妻子が可哀想です。富裕な商人である山崎篤利の娘と再婚した事で経済状態はやや好転したようですが、それでも著作の出版費用にも事欠き、弟子達の寄付・カンパで辛うじて賄っており、にもかかわらず生前には出版できなかった作品が多数あったそうです。

　そんな状況でしたから、経済状態を好転させる目的で篤胤は時には自説を曲げてでも有力者に接近を図っています。例えば当時において神道界のトップであった吉田家に対し、当初は後世の捏造により今の地位を築いたと非難していた（この非難自体は、吉田神道の歴史を考えるとある程度妥当なものだといえます）にもかかわらず、やがて吉田家を擁護する説を唱え、吉田神道に組み込まれる事を目論んでいます。やっぱり権勢家の後ろ盾がほしかったんでしょうか？　それでも納得する説明なしにブレちゃいけないと思いますよ。また、神代に日本独自の度量衡があったとして、それに準じた尺を導入し尺座を支配する事で収入を得ようとして、逆に幕府に危険人物として警戒されたりもしました。経済的庇護を求めて尾張徳川家や水戸徳川家に接近した事もありましたが、やはり警戒され果たせていません。晩年に幕府から江戸を追放された結果として、皮肉な事に薄給ながら故郷秋田の領主佐竹氏により藩士として取り立てられる事になります。

　恵まれているとは言えない青少年時代を経て、そのルサンチマンを原動力に魂の救済・道徳の確立を目指した篤胤。その理論は明快で結論が心地よい事もあり広く受け入れられました。しかし、平田国学には妙な一面があるのも否定できず、ダメさ加減と偉大な思想家とが分かちがたく混じりあったダメ偉人といえるでしょう。幼少時の体験が篤胤を鍛えただけでなく、何処かに歪みをも与えていた可能性もあるかもしれませんな。

僕らは尊王家、でもエロネタ創作だったら皇室ネタもOKさ　～江戸知識人の知られざる文化活動～

頼山陽（1780～1832）

江戸後期の儒学者・歴史家・漢詩人・書家。尊王思想の持ち主で代表作『日本外史』は幕末期の志士達に大きな影響を与えた。

徳川時代には武士の間で漢詩が盛んでしたが、徳川後期を代表する漢詩人・文人といえば頼山陽の名が挙がるのではないでしょうか。頼山陽は徳川後期の代表的な文人で、各地を遊歴して文人と交わり多くの詩文や書を遺しています。代表作『日本外史』は『日本政記』『日本楽府』『山陽詩鈔』とともども、幕末期の志士たちに大きな影響を与え明治維新の原動力の一つとなりました。

豪放磊落なイメージのある山陽ですが、若い頃は高名な文人を両親に持ったプレッシャーからか神経症になっています。その後も色々と悩んだのか、二一歳で故郷を飛び出して連れ戻され、数年間幽閉されるに至りました。……盗んだバイクで走り出したくなる年齢としては余りに遅すぎる気がします。当時は成人が早かったのを考えると尚更のこと。卒業が遅れた反抗期、これは結構恥ずかしいです。結局この一件で山陽は廃嫡されますが、逆にそれで重圧から解き放たれたかもしれません。

そんな山陽には、もう一つダメな伝説があります。源平合戦を扱った『源平盛衰記』には源義経が壇ノ浦合戦で捕らえた建礼門院（平清盛の娘で高倉天皇の妃、安徳天皇の母）と密通したという逸話が記されているのですが、それを基にした『壇の浦夜合戦記』というエロ小説を執筆したというのです。『日本外史』などで尊王思想を鼓吹した山陽が、恐れ多くも国母（天皇の母）様をネタにした不敬罪ものの一品を手がけていたとは。それともエロとなると話は別なのか。だとするといい感じにダメ人間ですね。まあ実は『壇の浦夜合戦記』作者説は後世の仮託らしく、実際は明治期に成立したという説もあるようです。

山陽がエロ小説を書いたという話はあくまで伝説ですが、実際に当時の知識人が歴史を題材にエロ小説を書いているようです。義経×建礼門院と並んで有名な日本史上のカップリングといえば道鏡（または藤原仲麻呂）×称徳女帝。黒沢翁満は賀茂真淵を尊敬し『古今集大全』などの著作を残した国学者ですが、『藐姑射秘言《はこやのひめごと》』というエロ短編集を執筆しました。そしてその後編第一話の主人公が称徳女帝。そこでは藤原仲麻呂が逸物を女帝に挿入し、抱きかかえて庭園を歩くという場面が描かれています。

朝臣はた若う盛に、勢をさをさけおさるべうもなきを、業と愛めて御ほと陰阜の辺より、手もてかい撫でなどしばし物思はせ奉り、或は飽く限り、つと差し塞ぎながらに、かき抱き奉りて、立ちてさし歩み、御園生の花の梢どもに、蝶鳥などの牡を戯るるを、御覧ぜさせ奉りなど、ひたもの思向け奉れば、若き御達つきじろひつつ従ひ参りて、御座より始めて、馬道、渡殿のあたりまでも、こぼし歩かせ給ふを、布もて拭ひ歩くなるべし。（土屋英明『中国艶本大全』文春新書、１２３頁）

〈訳〉仲麻呂朝臣も若い盛りで、精力は決して女帝に負けるはずもなく、ことさらに愛撫して女帝の女陰や恥丘の辺りを、手でかき撫でるなどしてしばらく昇天させ申し上げ、ある時は気が済むまで、逸物でぴったりと女帝の女陰を塞ぎながら、抱き上げ申し上げ、そのまま立って歩き出し、御苑の花の梢に、蝶や鳥がつがいになって戯れるのを、御覧に入れたりして、ひたすら快楽に浸らせ申し上げたので、若い女官たちは互いに肘で突きあいながらそれに従い歩き、女帝が玉座にはじまって、馬道（建物と建物の間を繋ぐ取り外し可能な板橋）や渡り廊下の辺りまでも、愛液をこぼしながら移動なさっているのを、布で拭き取りながら移動していたのである。

　このように仲麻呂と睦まじかった女帝ですが、後で巨根の道鏡を寵愛する展開になるのは言うまでもありません。ところでこの場面、則天武后を題材とする中国のエロ小説『如意君伝』が元ネタだとか。国学者といえば自国第一で尊王思想なはずですが、エロ話となると中国小説をパロって我が国の女帝をオカズにハアハアするのも辞さないというある意味天晴れな根性です。

　同時期の国学者・沢田名垂もやはりエロ短編集『阿奈遠可志《あなおかし》』をものし、文中で張形の起源に言及して神事から性欲処理用品となった経緯を述べ、妙なところで国学者としての面目を発揮しています。賀茂真淵に学んだ国学者・山岡明阿もまた『逸著聞集』というエロエピソード集を書きました。どいつもこいつも……。まあ、これらは現代から見ればどうってことないレベルですけどね。

　徳川期の知識人は、結構平気でエロい話も書いていました。それも、尊王家すら皇室ネタお構いなし。考えようによってはおおらかですな。

江戸っ子の自慢の大作家は、江戸旗本の恥さらしな弱虫ヘタレ

柳亭種彦（1783〜1842）

徳川後期の戯作者。『源氏物語』のパロディ『偐紫田舎源氏』で人気を博した。風俗考証でも成果を残している。

柳亭種彦は徳川後期を代表する戯作者の一人であり、滝沢馬琴と並び称された大家です。彼は役者似顔絵の名人歌川国貞と提携し、挿絵つきの小説で名を挙げました。戯曲風に構成された『正本製』で売れっ子となり、『源氏物語』を翻案して足利時代の貴公子を主人公とした『偐紫田舎源氏』によって不動の名声を得るに至ります。歌舞伎に精通していたためその趣向を生かし、読本の平俗大衆化により読者に広く支持されました。彼は作品中に深い思想やらを詰め込むより、読者が楽しめる事・売れる事を最優先して創作していたといわれ、これは戯作が一大娯楽産業となっていたことを考えると一つの見識だと思います。この方針は莫大な原稿料という形で正しく報いられたようで、種彦は広大な家屋を建て、その家は「源氏御殿」などと世間からは呼ばれたようです。そして種彦は作家活動の一方で、『用捨箱』『還魂紙料』など風俗考証でも名著を残しており、この点も考慮するとなかなかの偉人と言えます。

このように当時の売れっ子作家だった種彦ですが、代々の旗本出身。つまり風紀紊乱があれば取り締まる側に廻らないといけない人間でありながら、エロ小説を書いて名声を博してたという訳ですね。これって、考え

て見ればかなりダメな話な気がします（事実、それが理由で晩年に咎められてます）。他、種彦は歌舞伎が好きだったのですが、同僚と雑談している際につい贔屓役者に「さん」づけしてしまいます。これを同僚は惰弱・退廃だと激怒。当時、役者は武士の目からは賎しい業種でした（現実としては歌舞伎を好む武士は珍しくありませんでしたが）から、同僚にしてみればそれにうつつを抜かしあまつさえ敬称つきで呼ぶ種彦が武家の恥さらしと映ったであろうことは想像に難くありません。で、この同僚の剣幕を見た種彦ですが、慌てて逃げ出し縁側の下に隠れてやっと難を逃れるという体たらく。いっそ見事としか言いようのないヘタレっぷりですね。実際問題として彼は武芸の腕は立たなかったらしく、地方から来た武士が銭湯の熱さに文句を言っていたため口論となった時にあっさり湯船に投げ飛ばされたとか。当時、武士が遊民化して武芸などが伴わない例は多かったのですが、それでもやっぱりここまで弱くて臆病なのはちょっとどうかと思います。一応、有事の際の軍事力という建前で雇用されているわけですからね。

そういえば彼は大奥を風刺した作品を書いたという理由で処罰された直後に死去したため、家名を守るために切腹したという説もあるようですが、この体たらくをみていると彼に腹が切れたのか疑問に思えてきます。小心で病弱な彼のことだから、縮み上がってそれで体調を崩したのではないかと推測する向きもありそっちの方が妥当なんでしょうね。

偉人なのに「武士の風上にも置けない」武士の典型、というのも面白い話ではあります。

洋学・軍事じゃ天下無敵の英才も　故郷に帰ればキモい不審者　～人は見かけが9割です～

大村益次郎

（1825～1869）

幕末維新期の戦術家。長州軍の近代化に尽力し優れた戦術能力で討幕派を勝利に導く。新政府では国民皆兵を唱えた。

大村益次郎は、幕末の戦術家で倒幕に大きく貢献した人物です。第二次長州戦争の際には事前に藩の軍制改革に従事し、武士以外から採用した軍の編成や新式銃の装備に尽力しました。そして開戦後には石州口（島根・山口県境）の参謀として卓抜した戦術能力を示して幕府方を苦しめています。明治政府が成立すると、その軍事指導者として戊辰戦争で戦功をあげました。中でも鎮圧に手間取ると予想された上野の彰義隊（幕府旧臣により編成された軍勢）を一日で鎮圧するという水際立った手腕を見せており、その際には時計を片手に勝負がつく時刻まで的中させたと伝えられています。明治二年（１８６９）に兵部大輔（軍政を扱う役所の次官）となり、国民皆兵構想を主導しましたがそれに反発する守旧派の士族に暗殺されました。圧倒的戦力を有する徳川幕府相手に一諸侯でしかない長州が優勢を保ち、さらに薩摩と組んで天下をひっくり返すという驚嘆すべき展開に軍事上で大きな役割を果たした大村は、幕末期を代表する偉人といってよいかと思います。また近代軍制の基礎を築いた点でも特記すべき業績があると言えるでしょう。

彼は当初、医学を志し、適塾で学び優等生であった事から塾頭に抜擢されています。適塾は当時における蘭学塾の最高峰クラスでしたから、この時点で彼は日本有数の秀才であったという事になります。さぞかし医者としてその能力を存分に振るうだろうと人々は目した事でしょう。しかし、故郷に錦を飾るべく長州に帰り、鋳銭司村の村医者となった大村には、別な評価が待ち受けていました。彼は寡黙で人付き合いが苦手だった事もあり、「妙な時に笑って見たりしてどうも不思議な人」「何だか腹の分からない人」（絲屋寿雄『大村益次郎』中公新書）と不気味がられてしまいます。加えて衣服に無頓着だった事もあって「あんな先生に診察してもらって大丈夫か」と不安がられ、流行らなかったのです。考えてみれば、村の開業医は医学知識もさる事ながら、むしろ人間とのコミュニケーション能力が問われる仕事です。対人能力に問題を抱えていたらしい大村には、こうした状況では折角の適塾仕込みの先端医術も発揮するすべがありませんでした。もし動乱の時代でなければ、藪医者のレッテルを貼られた上に「変な格好をしてニタニタ笑ってて、何考えてるか分からないキモいオッサン」で終わり当時有数の学力・知性が宝の持ち腐れになるところだったでしょう。村医者という必要不可欠な存在であったにもかかわらず不審者扱いされるあたり、ダメ人間呼ばわりされても仕方なさそうです。何か妙な事件があったらあらぬ疑いをかけられるレベルです。彼が変な理由で冤罪着せられて人生終了なんて事にならなかったのは、討幕派にとって僥倖というべきでしょう。

　コミュニケーション力に問題を抱える大村が、軍事センスを見出されて偉人になったのも乱世ならの出来事なんでしょうね。

昨日も今日も髪いじり、仕事を待たせてハゲ隠し、気持ちは分かるが自重しろ

大久保利通 （1830～1878）

幕末・明治期の大政治家。明治維新の倒幕革命運動に大きな貢献をし、さらに新政権の中心として日本近代化の基礎固めを行った。

大久保利通は幕末・明治初期の政治家で、日本の近代化の基礎を固めた大政治家です。

鹿児島を支配する薩摩藩に生まれた彼は、堅実着実な政治手腕で薩摩藩の政策の主導権を掌握し、幕末の政治的混乱の中、薩摩藩を率いて、やがて江戸幕府の打倒に乗り出します。そして彼は、強靱な精神力と着実な政治手腕、果断な権謀術数で、幕府を倒して新政府を樹立、明治維新を達成し、以後、日本の近代化に取り組みました。

近代化の指導者としての大久保は、厳格・冷静・清廉な態度で、いかなる危険・難局からも逃げ出すことなく、またいかなる私情私欲にも流されず、国家のために精励します。彼は自分の出身地である薩摩藩や、ともに倒幕に邁進した親友・西郷隆盛との対立をも辞さずに、様々な敵対勢力を押さえ込み、頻発する反乱を鎮圧して、着実に日本の近代化を推進します。おかげで彼の強力な指導の下、日本は少しずつ、国家権力・国家体制を確立し、国内統治の充実・産業の育成を推し進め、一歩一歩近代化の道を歩んでいきます。1878年に彼は守旧的な凶漢によって暗殺されますが、その後、彼の政策を受け継ぐ優れた後継者達によって、日本は見事近代化を成し遂げることになります。

さて、こんな冷厳な大政治家大久保利通は、それに相応しく風采も立派で、態度・容姿が相俟ってたいへん威厳のある人物であったそうです。彼の威風は辺りを圧倒し、彼が役所に入ればその靴音の魔力によって役人達の雑談・笑声が静まりかえり、彼を圧迫しようと押しかけた外国公使や同僚の豪傑たちもその威厳の前に無駄口を叩くことなど出来なかったとか。とはいえ、一個人としての大久保は高圧的とか冷酷であったわけではなく、彼は温情や度量を十二分に備えた大人物でもありました。彼は、若者には真情からの親切な助言を行い、家族親戚には愛情を注ぎ、また出身地別の派閥が蔓延る時代にあって、伊藤博文や大隈重信といった余所者をも惹きつけ受け入れ、公平に処遇したそうです。

そして彼は洋風好み。洋風文化の流入が始まったばかりの時代にあって、家でもたいてい洋服で過ごし、ストーブをたき、朝食にパンを食べ、毎朝ブランデーに砂糖と卵を混ぜて軽く一杯やる、和室にほとんど立ち入ることのないハイカラな男。漬け物は大好きで一杯並べて食べたけどな。というわけで、威厳と洋風趣味が合わさって、大久保は洋服姿も見事な格好いいジェントルマンに男一匹出来上がりなわけですが、こんなビッチリ決まった洋風紳士の彼には一つだけ、たった一つだけ弱点があったのです。それを知るため、大久保の洋行に同行した田辺蓮舟の証言を引用してみましょう。

ちょっとした話が、旅行中に公用の書き付けを持っていって、印でももらおうと思うと、大久保公の所ではドアを叩くと先ず従者が出て来る。これに用向きを話すと、それから公へと取り次ぐといった順序で、それが朝早くででもあると、なかなか待たされる。というのは、公の頭の天辺には大きな禿があった。ちょっと左の方へ寄った所だったから、髪の毛を長くしてそれを七分三分くらいに分けて、奇麗になでつけて禿を隠されたものだ。床から起きると、まず鏡に向かって髪の始末にかかられるといったふうで、洋服でも鏡の前でキチンと着けて、それから人に逢われたものだ。それだから朝が早いと待たされる。（『大久保利通』佐々木克慣習、講談社学術文庫、193～194頁）

そう彼の弱点はハゲ。そのため、長く伸ばした髪の毛をバレバレの禿に載っけて無理矢理誤魔化すって、マンガのキャラクターなんかがよくやる悪あがきを、この人リアルでやってます。いや、禿げたくないって気持ちは良く分かります。いつか禿げたらどうしよう、そりゃあ恐いです。禿げが広がったらどうしよう、そりゃあ嫌です。禿げたくない、禿げてしまったならせめてそれを隠したいって気持ちは、当然、すっごく良く分かるんです。ですから、そんな人として当然の情をネタにするのは気が咎めなくもないんです。でもですね、髪の毛を長く伸ばし、毎日毎日延々と髪の毛いじくり回すってのは、いい大人の行動として、世間的にはあんまりいい顔される事じゃないですし、そんなくだらん世間の偏見抜きにしても、この場合、褒められたもんじゃないわけで、ここで筆を止めるわけには行きません。だって、この場合、それで公用の人が長々待たされてるんですよ。しかも、ハゲなのバレバレだし。

というわけで、大政治家大久保利通は、公用遅らしてまで無駄にハゲ隠しに励むダメな人。

法治国家建設に励んだ維新政府きっての切れ者は、身だしなみに無頓着（でも食事はハイカラ好き）。

江藤新平 （1834〜1874）

政治家。佐賀出身。明治維新後に司法卿となり司法制度近代化に努める。政争の末に下野、佐賀の乱の首謀者として処刑された。

江藤信平は、明治初期において司法卿として近代法治国家建設に励んだ人物です。江藤は、佐賀出身で尊王攘夷運動に参加し維新においては首都を東京に移すことを主張。新政府が樹立されると司法卿として民法翻訳や司法権独立の確立、警察制度の統一など近代法治国家を目指しました。また、地代・家賃の値下げや問屋仲買の独占廃止など民衆生活を考慮した政策も打ち出しましたが、征韓論論争に敗れ下野。その後は不平士族に推されて佐賀の乱を起こし、斬罪のうえ梟首されるという不幸な末路を辿っています。

困窮した下級藩士の家に生まれた江藤は、貧しい中で勉学に励み藩校に進みました。藩校でも金がなくて米を買えず、育英資金によるおかずだけを食べていたとか。ボサボサの髪とみすぼらしい格好でも構わず、御殿女中から声をかけられナンパされた際も書物を手に持ち、声高に読み上げながら歩いていたため、頭がおかしいと思われたそうです。

そうした苦労が実って江藤は切れ者として知られるようになり、幕末期、藩の支援もないのに、個人として諸藩の尊皇の志士たちの間に名声を轟かしていました。なお、志士江藤は一時期脱藩して京で政治活動をしたため謹慎を命じられ、困窮を余儀なくされ知人の世話になっていました。そんな中で家計の足しにするため寺子屋の師匠をやった時期がありますが、考え事に耽って生徒に構う様子がなく子供たちが勉学に飽きてサボり出しても放っていたため、親たちから注意するよう苦情を言われています。気が乗らないのは判りますけど、金を貰って仕事する以上はするべき事はやってくださいよ。

　こうした貧困時代の癖が抜けなかったのか、新政府で高官となった後も身なりには相変わらず無関心だったそうです。司法卿時代にも破れた着物や古着を平気で身につけて出勤していたとか。奢らず清貧なのは美徳ですが、政府高官が余りにボロボロの格好をしていると政府の威信にかかわるので良くないんですけどね。その一方で食べる方はハイカラになりテーブルについて洋食を嗜んだといいますから、単に身だしなみを整えるのが面倒くさかっただけなんじゃないかという気もします。そう考えると微妙にダメ人間な香りがしなくもないですね。

　また江藤は「短い人生で馬鹿の相手をするくらい無駄な事はない」とか言って宴席も嫌っていました。貧しい中で刻苦勉励した少年時代は、江藤の才覚を磨き上げる一方で狷介な一面も育ててしまったようですね。

　藩主鍋島直正の維新期における出処進退が適切とは言いがたかったため、肥前（佐賀）出身者は長州・薩摩と比べて新政府で肩身が狭かったのですが、更に江藤自身の癖の強さも相まって余計な敵を作り悲運に陥ったように思われます。

神も恐れぬ大言壮語な大思想家は、一面で血が恐くてヘタレな小心者

福沢諭吉 （1834～1901）

明治期の思想家・教育家。西洋思想を取り入れ国家・個人の自尊独立を説く。慶応義塾の創立者として有名。

福沢諭吉といえば、一万円札の肖像であり名門私学・慶応義塾の創始者ですから知らない人は少ないかと思います。彼は戊辰戦争の最中に家塾を改革して慶応義塾とし、差別なく弟子を受け入れました。維新後は民間の思想家・教育家として『学問のすすめ』で西洋文明を学ぶことによって「一身独立、一国独立」すべきと説きました。また他の洋学者たちと共に文明開化の啓蒙活動を展開し、演説によって自身の考えを披露する事の重要性も主張しています。このように日本が西洋文明を取り入れようとしている時代において、進むべき方向を示し人々に浸透させた点で彼の業績は偉大と言えます。ただし、『脱亜論』で中国・朝鮮との「絶交」を唱えた事に対する批判する向きもあり、彼への評価は分かれているようです。その件に関する論評はここでは避けますが、一応の弁護として朝鮮の改革派である金玉均を保護しており、完全に大陸との「絶交」をしたわけではない事は指摘しておきます。

彼が近代思想に順応して、その啓蒙役を果たした背景として、武士としては異例なほど開明的・合理的な思想の下で育てられた事が挙げられます。しかし、ものには限度があります。福沢の家は彼に幼少時から飲酒を許していたようで、後年の回想によれば「私の酒癖は、年齢の次第に成長するに従って飲み覚え、飲み慣れたというでなくして、生れたまま物心の出来た時から自然に数寄でした。今に記憶していることを申せば、幼少のころ月代を剃るとき、頭の盆の窪を剃ると痛いから嫌がる。スルト剃ってくれる母が『酒を給べさせるからここを剃らせろ』というその酒が飲みたさばかりに、痛いのを我慢して泣かずに剃らしていた」（福沢諭吉『福翁自伝』岩波文庫、６７頁）といった具合です。いくら何でもこれは余りにさばけすぎじゃないかと。未成年飲酒は精神発達にもよくないですよ。もっとも、彼に関しては杞憂だったようですが。このように早くから酒に親しんだ福沢はこれではいかんとでも思ったか、適塾時代に断酒を試みます。しかし、代わりに周囲の勧めで喫煙を慰みとして覚え、しかも結局酒が忘れられずに酒とタバコの両刀使いになってしまったとか。まあ、よくある話ではありますし、これをもってダメ人間というのは当らないと思いますが、プライベートレベルでの意志力に不安を感じさせる逸話ではあります。

　さて、福沢は神を恐れず近くの稲荷の神体も路傍の石と入れ替えるなどといった、罰当たりとも思える振る舞いに出ている位ですからさぞかし恐いもの知らずかと思えば、血が怖かったという意外な一面がありました。何でも「天稟気の弱い性質で、殺生が嫌い、人の血を見ることが大嫌い」（同１５８頁）であり、「一寸とした怪我でも血が出ると顔色が青くなる。毎度都会の地にある行き倒れ、首くくり、変死人などは何としても見ることが出来ない。見物どころか、死人の話を聞いても逃げてまわるというような臆病者である。」（同１５９頁）と意外に肝が据わっていないようで。そのためロシアで外科手術を見学した際などは、目を廻して気を失い、同僚が水を飲ませ介抱してくれたのでやっと気がつくという体たらくでした。戦闘員という建前で教育を受けてきた人間としては、ヘタレといわれても止むを得ないかと。まあ、これ位は当時の武士には珍しくはなかったでしょうが、神も殿様の権威も恐れないような発言をしていた人間の気質としてはダメっぽい気がします。それともひょっとして、神様相手に悪戯をしたのも反抗期な心情のなせる業で実は恐がっていたとか？　そういえば、自伝にも稲荷の神体を入れ替えた後にしばらくビクビクしていたと書いていたような。……やっぱり恐かったんですね。それならやらなきゃ良いのに。誰が得するわけでもなし。

ヘタレっぽいといえば、彼は幕府の御用で外遊した際に幕府の交際費で飲み食いしながら「幕府は倒さなければならない」「俺はやる気はないけど」と妙な怪気炎を挙げていたそうです。ちょっと待て、それは何かおかしい。雇われた分の仕事はしている、というのが彼の言い分ですが、それにしたって雇い主の倒産を希望している事を職場で公言するのは社会人としてどうかと思うし、いくらなんでも不義理でしょう。しかも、政権転覆の必要性を唱えてる割に自分は傍観者に留まる気満々。微妙に人任せなやる気のなさがにじみ出てますよ、福沢先生。因みに戊辰戦争の際は江戸城で逃げる気満々な発言をして加藤弘之を怒らせています。実際には、戦火の中も江戸に留まり弟子達の教育に従事していたんですけどね。

近代思想の先端を行った大思想家も、個人としては鋼の意思・糞度胸とはいかなかったようで、ビッグマウスの割に肝っ玉が小さいダメな側面もあるお人でした。まあそれを自伝で包み隠さず正直に述べている辺り、清々しくて好感が持てますけどね。

飲めば暴れる酔っ払い、素面じゃ短気な癖して優柔不断　どっちにしても傍迷惑な維新元勲

黒田清隆（1840〜1900）

明治の政治家。薩摩藩出身。戊辰戦争で戦功を上げ、明治政府では開拓長官として北海道開拓に尽力し後に第二代首相となる。

黒田清隆は、薩摩閥の重鎮を務めた維新元勲であり第二代首相となった人物です。黒田は幕末維新期に五稜郭の戦いなどで軍人として功績を挙げ、北海道開拓に長年従事。江華島事件の処理にも当たるなど藩閥政権の重要人物として長らく活動し、大久保利通没後の薩摩閥の中心人物でした。また第二代首相として大日本帝国憲法発布に立ち会っています。

しかし、そんな黒田には色々とダメな話が伝わっています。平常時には好人物で知られ、戊辰戦争の際にも敵将・榎本武揚の助命を自ら剃髪して願い出るといった美談もあるのですが、酒が入ると人が変わったそうです。政商大倉喜八郎に酒を無理強いして「拙者が礼を厚くするので受けてくれ」と裸踊りをしたという意味不明な逸話はまあ笑えるから良いのですが、井上馨と不仲で泥酔して彼の家に押しかけて刀を抜いて畳を貫き器物破損したとか、井上夫人に食って掛かったといった困った話も残っています。で、酒の上で乱行に及んだ後は酔いが覚めると後悔して丁寧な詫び状を出したりするといった具合だったようです。

近代における政府要人の酒乱は彼一人の問題に留まらず、政治的にも不具合が出ました。中でも明治十一

年（１８７８）に病妻が急死した際に泥酔した彼が殺害したという噂が立った話は有名で、民権運動派による格好の攻撃ネタとなったようです。明治二十年（１８８７）に内閣制度が成立する際にも問題を起こしており、内閣制度に関する会議に黒田が出席していないため伊藤博文が呼びにやったところ、既に出来上がっており「参議達が何を議論しようとも、自分の知った事ではない」と追い返したとか。しかも三条実美の使いで井上馨が説得に来た際にはピストルを出して威嚇したそうです。もうどうしようもありません。そりゃ妻を殺害したという噂も立つわけです。そんな具合でしたから、一時期は右大臣に任用する話もあったのですが酒癖の悪さを天皇に危惧されて中止になったとか。……明治天皇もかなりの大酒家だったそうですが、その天皇に心配される位ですから大概ですよね。

もっとも、素面なら何の問題もないかといえばそうでもなかったようです。三宅雪嶺『同時代史』は次のような話を伝えています。何でも、内閣制度成立の際に伊藤が儀礼的に黒田を首班として推薦したとか。しかし当時の政府を引っ張っていたのは断然伊藤でしたから、当然辞退して伊藤に回すものと周囲が思う中で黒田は空気を読まず受諾しようとしたため「貴公の如く酒癖が悪くては安心できない。まず禁酒を誓って貰いたい」と手痛い一言を浴びる羽目に。で、黒田は「酒のことまであれこれ言われたくない」と怒って帰ってしまったそうです。ダメな実績が山のようにあるのですから言われるのは当然でしょうに。しかも政府要人なんだから自分ひとりの問題じゃ済まないんですけど分かってるんでしょうかねえ、全くもう。だいたい、事前調整の会議では何を話そうが知った事ではないとか言ってたくせに、果実だけ頂戴しようなんて図々しいにも程があります。で、第一次伊藤内閣が発足するに当たって入閣を受諾した翌日には一切の官職を辞したいと言い出し、かと思えば、今度は他人からの勧めで入閣する気になったりで周囲を振り回したそうです。結局は農商務相として入閣しましたが、酷い優柔不断ぶりですね。……酒が入らなくても十分にダメダメだと言わざるを得ません。

しかも喧嘩っ早いのは酔ったときだけではないようです。大隈重信の回想によれば黒田は常にピストルを腰に付け、腕力自慢で気に入らぬことでもあれば、すぐ喧嘩をしかけるという物騒千万な人物だったとか。一方で非常に親切だったとも言っていますが。川上操六と大山巌の鉄道敷設に関する論争を一喝して纏めた事もあるそうですから、そうした性情も悪いばかりではなかったようですけどね。因みに晩年は枢密院議長など名誉職的な役割が多かったようです。伊藤や井上、山県有朋や後輩の桂太郎・西園寺公望らが元老としてその後も我が国を背負い続けたのと比べると、寂しい境遇と言わざるを得ません。これまでの様々な「実績」が考慮されて敬して遠ざけられてしまったのでしょうね。……粗略にも出来ず周囲が扱いに困ったであろう事まで伺われて何だか色々と悲哀を感じます。

黒田は人情家で喧嘩っ早い酒好きで、戦乱では活躍を見せるものの、秩序建設の時代になると色々と問題を起こしてしまった。ここから考えると、本来革命家であって、政権樹立後の政治家は必ずしも天職ではなかったのかもしれませんな。新政府成立後の貢献度でいえば、薩摩出身者限定でも西郷隆盛や大久保を別にしても松方正義とか西郷従道《つぐみち》、大山巌といった具合で黒田以上の人が結構いそうな感じですよ。

オレは事業で一発あてるんだ、借金だって怖くない　マナー？　常識？　それ食べれるの？

中江兆民 （1847〜1901）

近代の民権運動家。ルソーの思想を紹介して自由民権運動に大きな影響を与え民主主義を啓蒙し、「東洋のルソー」と呼ばれた。

中江兆民は、自由民権運動において思想的に大きな影響を与えた人物です。兆民は高知県生まれの思想家です。フランスに留学し帰国後仏学塾を開き、西園寺公望らと『東洋自由新聞』を創刊して主筆として自由民権論を唱えました。ルソーの思想などを紹介し「東洋のルソー」と呼ばれています。自由党の『自由新聞』、大阪の『東雲新聞』などで民主主義思想の啓蒙と明治政府への攻撃を行なっています。訳著に『民約訳解』、著作に『三酔人経綸問答』『一年有半』などがあります。社会主義者・幸徳秋水は弟子です。

民権運動において思想的に大きな影響力を持った兆民ですが、実生活・実務においてはかなり問題を抱えていたようです。元老院に就職した際には粗末な服装で出勤し、不審人物と間違えられて門番に止められたり、勤務中にポケットから豆を取り出して齧ったりといった事もあり、陸奥宗光と衝突して官職を離れる事になります。……個性的といえばそれまでですが、宮仕えには不向きと言うか社会不適合な気配が早くも漂っています。おまけに酔うと自らの陰嚢に窪みを作って、そこに酒を注いで人に飲ませるという悪癖があったようで、色々と悶着を起こした事は想像に難くありません。

その後はジャーナリストとして活躍し、国会開設時には自由党の議員として当選を果たしていますが予算問題での自由党土佐派の妥協に抗議して辞職。土佐派の妥協は政治運営上やむを得ない面が強かったとも言われ、海千山千な駆け引きを必要とする政治の世界に生きるには理想主義に過ぎたと言えそうです。因みにこの際に国会を「無血虫の陳列場」と罵倒し、「小生事、近日亜爾格爾《アルコール》中毒症相発シ、行歩艱難」と書いた辞表を議会に提出し物議をかもしています。一言多いです。

その後は、政治には金が必要な事を痛感し様々な事業に手を出しています。当時はいわばフロンティアであった北海道に移住しての開拓事業を皮切りに、鉄道・清掃会社・紙屋・石油会社・パノラマ屋などの会社の発起人となりました。開拓中の北海道ってあたりがいかにも一発大穴当ててやろうという感じがしますし、それに「自分探し」をする思春期の若者みたいでもありなんだかなあ、と思います。内容も手当たり次第みたいですし。資金を稼ぐんなら、もっと堅実さがいると思うんですけどね。結果はというと案の定で、時には発起人となる事で金を集める利権ブローカー的なこともしていたようですが、「理想的経営」にこだわったり詐欺師に金を巻き上げられたりして常に家庭は貧困にあえいでいました。例えば遊郭の復活に尽力した事もありましたが、この時も「理想の遊郭を作ってみせる」と世迷言を吐いてます。

就職できないので自分で会社を作って倒産させ借金まみれになるという、まるで自称ネコ型ロボットが登場する某国民的漫画の主人公が本来辿る筈の人生みたいな事になっています。そして自活できず知人の援助により辛うじて生活する状況。そのくせ同情から援助を受けると拒絶するへそ曲がりぶりをみせています。かと思うと、友人の葬儀で喪主である未亡人から金を借りて、その金を香典として差し出すという厚顔無恥とも思える行動に出たりもしています。……借りる相手がどう考えても間違ってます。

兆民自身も手持ち無沙汰で子供と遊んだりゴロゴロと横になって読書するのがこの頃の日常になっていたようで、来客時も客に枕を出して共にゴロゴロするのをもてなしにしたともいわれます。妻子を養わないといけないんだから働くのが本当だと思います。それが無理でも、せめて金策に走るふりくらいはしてくださいよ。まあ、彼なりに人生を楽しんでいたのならある意味で正解なのかもしれませんけどね。また、子供が差し押さえの真似をして遊んでいたといいますから、家庭も貧乏が日常化していたといえます。子供のたくましさには感嘆させられるものの、家庭状況を考えると読んでいるこちらが泣けてきます。本家のルソーも育児放棄したりとかなり問題のある人だったようですが、こちらの「東洋のルソー」もなかなかのダメ人間です。こんなところで名に恥じない実績を残さなくてもよいのに。

晩年に人生の集大成とばかりに書いた『一年有半』『続一年有半』が売れた事で経済状態が改善されたそうですが、彼の本質が思想家・ジャーナリストにある事を象徴していると言えます。

兆民は早くから語学・文才を認められていたわけですが、政治的に志を遂げようとしたり金儲けしたりといった実世界の事は苦手だったと言えます。思想家系統の人間にはありがちな話ではありますが、その志や知性と生活能力の乖離こそが彼の魅力・本領だったのかもしれません。

神算鬼謀の天才参謀、財産管理の鈍才低能、借金多量で返済不可能、破産寸前人生終了？

児玉源太郎（1852〜1906）

近代日本の陸軍軍人。知謀に優れた名参謀として知られ、日露戦争で陸軍大国ロシアの大軍と渡り合い、日本の勝利に貢献した。

児玉源太郎は明治時代の陸軍軍人です。彼は陸軍大学校校長を務めるなどして陸軍近代化に尽力したのですが、その際、陸軍大学御雇教師としてドイツから招聘した軍事理論家メッケルと深く交流し、メッケルから、作戦計画の奥義に通じ、器が大きく、大兵を自由に動かす能力の持ち主として、その英才を絶賛され、「将来日本の陸軍は、陸軍の児玉か児玉の陸軍かと言うようになろう」（森山守次・倉辻明義『児玉大将伝』星野暢、116頁、漢字仮名現代化）と評されました。そして、児玉は、日清戦争では補給戦に活躍、戦功により男爵の爵位を授けられています。

また1898年から、児玉は台湾総督を務めます。この際、彼は民政局長に逸材後藤新平を採用、軍人達の文官後藤への反発を抑えてよく後藤に才幹を振るわせ、行政効率化、産業振興やインフラ整備、現地住民との融和を達成しました。そのため、治安も悪く財政も本国からの補填を受け続け、日本帝国のお荷物となっていた台湾は、見事生まれ変わることになります。1905年に台湾経営の収支は黒字に転換、以後も台湾は剰余金を生みつづけ、日本帝国の一翼を担って、帝国を良く支え続けました。これは日本の統治下に入って以後、常に多額の補填を必要とし、一年も黒字を生むことの無かった朝鮮半島と対照を成しています。なお、これと同時に、彼は１９００〜０２年陸軍大臣、０３年には内務大臣兼文部大臣と閣僚を歴任します。

ところが０３年、戦争も懸念される対ロシア関係の緊迫の中、参謀本部次長として対ロシア作戦の中核となっていた俊英・田村怡与造《いよぞう》が急死、日本は、これに代わりうる後続の人材を見いだせない状況に陥ります。ここで児玉は国難を思い、大臣の高位から、二段格下の参謀本部次長への降格人事を引き受け、日本の陸上作戦の中心として、人口数倍の大敵ロシアに立ち向かうことになりました。そして、児玉は日露開戦後、ついには満州軍総参謀長として大陸へと出征、見事にロシアの大軍相手に優勢に戦い抜きました。なお、彼が日露戦争を勝算五分と考え、軍事的な成果を元手に外交的に早期終結すべきとの冷静な見通しの下で戦争遂行し、いち早い講和の必要性を提議するなど、作戦用兵のみに限られない視野の広い戦略眼を示したことも記しておきましょう。

日露戦争後、彼は参謀総長となり、国力不相応の軍拡案を退けるなど大いにその識見を示し、その後の活躍が期待されましたが、間もなく病没します。

以上のように、児玉源太郎は武勲輝き、識見に優れ、おまけに降格人事のような男気あり、しかも日本に軍国ファシズムの影の差さぬ内に亡くなっているというわけで、今でも日本近代の輝かしいヒーローとして非常な敬愛を受けているのですが、こんな彼は性格や私生活も魅力的。大いに飲み食い、大いにクソをたれ、粗末・無頓着な服装であちこち飄々と闊歩して、上官、同僚、部下といい、あるいは料理屋の女中や女将といい、誰でも彼でもペテンの的にしてからかって回り、実に天真爛漫。脳溢血で死んだ朝にも、女中に例によって狸寝入りで起きてこないと思われたぐらいでした。あるいは浄瑠璃の義太夫が好きで、そこらの平々凡々なオッサンに立ち交じって寄席を見物し、物語の悲哀の頂点で辺りをはばからず大泣きする。全く自由闊達な快男子で、陽性の痛快な魅力が溢れてます。

もちろん児玉は、こんな性格だけあって、遊びの方も非常にお盛ん。芸者相手に愉快に騒ぎ、芸者達にも大変好かれていたとか。とはいえ陽気痛快な生き様も、遊びが過ぎて、料亭に借金山積んで、女将の義侠心で棒引きにしてもらったなんてとこまでいくと、陽気が阿呆の域に入っていて、ある種のダメ人間と呼ぶしかありますまい。お陰で妻は四人の子供を抱え、貧しさの中、家計のやりくりに四苦八苦していますし。で、この財産管理の才覚ゼロの大マヌケのダメ人間、豪遊散財だけなら当時の偉い人は皆やってるから時代の風潮で仕方ないって、無理矢理言おうと思えば言えなくもないんですが、ところがこの人、こんなレベルをはるかに超えたもっとずっと凄まじい財産管理の大失態を犯して、さらにさらにさらに上の超ヌケ作ぶりを披露してくれます。何と、切れ者の児玉源太郎、頭の大事な線でも切れてたのか、マヌケにも他人に実印を預けっぱなしにしたせいで、返済不能な巨額の借金背負わされて追い詰められ、破産して軍人辞める覚悟を固めるに至ったことがあるのです。その際、彼と同じ徳山出身の貴族毛利元徳《もとのり》公が、彼の前途有望を愛で、ポンと大金恵んでくれたから良かったものの、もうちょっとでただのヌケ作として軍人人生終えてしまい、日本も将来の国家の柱石を失うところでした。助け船が入って、ホント、良かったね、児玉、良かったね、日本。

偉大な科学者の黒歴史　～大学時代は勉強さぼって学生運動に没頭してました～

北里柴三郎

（1852～1931）

細菌学者。ドイツ留学中に破傷風の研究で世界的な学者となる。社会衛生の向上や優れた後進の育成といった業績でも知られる。

　北里柴三郎は、戦前の日本が誇る世界的な細菌学者。彼はドイツに留学して細菌学の祖とされるコッホの研究室に入り、そこで培養が困難な嫌気性菌の破傷風菌の純培養に成功するなど、破傷風菌の研究で大いに実績を重ね、国際的な高評価を勝ち得ます。その結果、北里柴三郎の名声は、祖国日本におけるよりも遥かに欧米において高くなったという話です。ちなみに、彼と共著でジフテリアと破傷風の血清治療法についての論文を発表した免疫学者Ｅ・ベーリングは、その研究を発展させて、１９０１年の第一回ノーベル医学生理学賞を受賞しています。

　この他、北里の功績としては、フランスの細菌学者エルサンと同時独立にペスト菌発見者となったことや、結核予防などの社会衛生に務めたこと、伝染病研究所、北里研究所所長として優れた統率力・指導力を発揮し、傑出した弟子を多数育て上げたことなどがあげられます。彼の弟子としては、例えば、赤痢菌の発見者である志賀潔や、梅毒研究に功績を挙げた野口英世などが高名です。野口英世みたいに我々が日々顔を拝まされる偉人が彼の弟子、そう思うと何かもの凄く北里の偉さを実感できませんか？　ちなみに、我々がよく顔を拝むもう一人の偉人福沢諭吉とも北里は強い結びつきがあり、東大出身のくせに東大閥に嫌われて研究の場に困っていた北里を福沢が支援して伝染病研究所が出来たって経緯があったりします。なお、この伝染病研究所はやがて政府によってぶんどられて東大の付属研究所となり、北里は私財をなげうって作った北里研究所を率いてこれに対抗していくことに。

で研究所の話はさておき、北里は彼自身の巨大な業績に加えて、育てた弟子の錚々たる顔ぶれを見れば、戦前の日本で最も偉大な科学者と呼ばれてもおかしくないくらいの人物なんですが、ところが、その偉大な学者先生の人生には、若き日に、それに相応しくないダメ人間な経歴、恥じ隠すべき黒歴史が存在しているのです。

それは、北里が東大の学生であった頃のこと、

本郷に移る前後の頃から先生は主謀となって、同盟社と称する生徒の結社を造った。……、激論熱弁を以て政治、外交、軍事、教育と有らゆる問題を議し、天晴れ憂国の士を以て自ら任じたものである。又同盟社はメモランドと称する講義要項の印刷や、是の配布に斡旋するような事務の外に、撃剣、柔道等の会合は勿論、ストライキ其の他構内に起る大小出来事の策源地となり、或は怖れられ、或は異端視された。（『北里柴三郎傳』北里研究所、21頁、漢字仮名現代化）

そう、このように、北里柴三郎先生は、憂国の士などと言って正義の味方を気取り、うさんくさい政治団体を結成して、ストライキだなんだと周りに迷惑をまき散らし、大いに恐れられ嫌がられていたということなの

です。しかも「先生の学窓生活は勉強よりも寧ろ同盟者の主将として奔走することに忙しかったのである」（同22頁）とか。『北里柴三郎傳』では、「天晴れ憂国の士」とか書いてますが、ハッキリ言ってこんな人、全く「天晴れ」じゃないとおもいます。それにしても、正義の味方気取りで政治運動ごっこを繰り返し、世に恥と害悪をまき散らすような難儀な人たちは、昭和の一部のおバカな大学生だけだと思っていたのですが、まさか戦前の賢い大学生までが、それもとりわけ優れた潜在能力を持つ北里ほどの男までもが、そんな恥ずかしい真似をしていたとは。正直言って驚きました。そういえば、昭和の人たちは変な愛称付きの角材振り回したり、極めて暴力的な人たちでしたが、北里先生一党も撃剣だなんだと、負けず劣らず暴力的なこと。なんで、戦前も戦後も共通して、知性の府たる大学でこんな野蛮な人たちが闊歩しているのか……。しかし、よく考えると北里の場合、害を為した分は、巨大な功績を残すことで埋め合わせていて、この点、さすがに偉人と言うべきところ、それを昭和の人たちと共通扱いで一括りに論じたら多少失礼な気がしないでもないですね。

なお、この結社活動について、北里の将来の優れた統率力・指導力を予見させるものだと伝記類では肯定的に評価されてることが多いのですが、普通、将来の偉人が統率力・指導力の片鱗を示す時ってのは、子供の頃の戦争ごっこで見事な統率力を示したとか、もっと微笑ましいエピソードを展開する物ですよ。こんな、いい歳こいて正義の味方気取りの政治ごっこで大暴れしたなんて、みっともない行為で、統率力をアピールしないでください。

というわけで、大学者北里柴三郎は、学生時代、昭和の一部の跳ねっ返りのダメ学生の政治ごっこ運動ばりに、勉強そっちのけで野蛮な政治ごっこに耽溺した、結構みっともないダメ人間でした。

ボクは仙人のなりそこない、だから何にも捉われない（服装にも経済観念にもマナーにも）

頭山満

（1855〜1944）

近代の国家主義者。玄洋社を結成して日本の大陸進出に暗躍し右翼の巨頭であった。中国革命やインド独立運動を支援している。

頭山満は、近代日本に君臨した国家主義者の巨頭です。頭山は萩の乱に参加して入獄後、自由民権運動に参加。後に国家主義に傾いて玄洋社を結成、大アジア主義を唱えて大陸進出に暗躍し、右翼の巨頭的存在となりました。頭山は一度も公職に就く事はありませんでしたが、国家主義者の頭目として大きな存在感を持っていました。ある時は中国の辛亥革命やインド独立運動を支援し、別の時は日本の大陸進出のため手を打ったりテロの黒幕だったりしました。東洋の独立運動を援助した志士とも、日本帝国主義を推し進めた侵略者の片割れとも見られており、その評価は現在に至るまで定まっていません。

そんな頭山ですが、私生活では一風変わったところがあったようです。彼は若い頃、仙人になろうとして山奥に入り三日間飲まず食わずの修行をしたそうですが、当然のように失敗。後年に「おれは、仙人の落第生」とよく語っていたとか。俗世間が嫌いだったんでしょうか？

成人してからも浮世離れした面は変わらず、自由民権運動に従事していた頃、東京で活動し仲間ともども一文無しになったことがありました。仕方ないので全員で着物を全て脱ぎ質に入れて一円を借りたのですが、帰り道に鰻屋の前を通り過ぎた際に良い匂いがして、我慢できず蒲焼を食べて金を使ってしまったとか。共有の生活費で何やってんですか。後どうする気だったんでしょう。……と思ったら、やっぱり考えてなかったらしく、途方にくれている際に知人に出会い、布団を借りて再び質に入れることでようやく何とかなったそうです。よく同志たちも怒らなかったものだと感心してしまいますが、そこは類は友を呼ぶだったのかもしれません。余談ですが、仲間達が全裸で金を待っている間に来客がやってきたそうで、仲間達も流石に気まずかったようですがそこはおくびにも出さず「知らんのか、これは西洋で流行しているヌーディストだ」と強弁して切り抜けたという話があります。……あっさり事情は見抜かれたみたいですけどね。

その他、頭山は行動にも非常識な面がありました。大阪市長を訪問した際、待っている間に手持ち無沙汰になったため尻からサナダムシを引っ張り出して火鉢に置いていたとか。現れた市長は火鉢に手をかざしてうっかりサナダムシに触ってしまったといいますから、御愁傷様としか言いようがありません。悪気は無いんでしょうけど、人に面会する際にやってよい事と悪い事があると言いたいです。

頭山は基本的にお人よしで、来る者は拒まなかったため寄食目的で食客になる者も多く、鉱山経営で出来た財産もあっという間になくなったとか。それでも、「構わん、構わん、こちらの金がなくなったら勝手に出て行くじゃろ」と意に介する様子がなかったのはさすがというか何と言うか。そして紹介状を頼まれると断る事が無かったらしく、知人から「貴様の紹介状を持参する奴には碌な人間がいないから、もう書いてくれるな」と注意され、一旦は承諾するも結局は相変わらずだったそうです。中には沢山の書類を持参して無理な陳情を頼みに来た者までいたので、知人はキレて書類を燃やすと脅し追い返したとか。頭山はそれを聞き、「以後そうしてくれると、ありがたい」と返答したそうです。……だったら、友人に面倒・迷惑かけずに自分のところでちゃんとブロックして下さいよ。でないと、自分の信用にも関わってきますよ。……そんな具合でも、彼の名望や友人関係は揺らぐ事が無かった辺りは流石ですが。

　彼は動物の命を慈しみ、血を流すのが嫌で狩猟は行わなかったそうです。それどころか、自分の腕に止まった蚊も殺さず、血を思う存分吸わせてから放してやっていたとか。……それでも人間相手なら必要を認めると殺害も辞さなかったんですよね、やっぱり良く判りません、この人は。

　あと、金だけじゃなく自分の服装にも無頓着でした。海鼠を買い筵に包んで肩に担いで持ち帰り家に着くと仕立て下ろしの着物を汁で汚していたとか、畦道を歩いている際にすれ違った農民が担いでいた肥桶から飛沫が飛んで仕立て下ろしの羽織を汚したのでその場で脱ぎ捨てたとか、履物が左右違っていてもお構いなしだったとか色んな逸話が残っています。どう考えてもダメ人間スタイルなんですが、彼の場合は逆に大物の雰囲気を醸し出す結果になっているのが不思議ですね。

　頭山は、大アジア主義や日本の国家主義など遠大な理想のため手段を選ばず奔走していましたが、目の前に関してはお構いなしな浮世離れした人だったようです。それが逆にカリスマになっているあたりが彼の彼たる由縁でしょうな。

寡黙な知謀の名参謀、静かに平和に尽くした男、首相の地位まで登った偉才が、実はムッツリ漫画オタク

加藤友三郎

（１８６１〜１９２３）

近代日本の海軍軍人で、日露戦争の海戦で参謀として活躍。軍縮に貢献するなど政治的識見の高さでも知られる。

加藤友三郎は海軍軍人として、政治家として活躍し、近代日本を守り導いた傑物です。加藤は、海軍において軍政家として重宝されましたが、その明晰・冷静・合理的な頭脳によって作戦・用兵面でも活躍しており、その一例を示すと、日本が人口数倍の大国ロシアに海を越えて挑んだ日露戦争（１９０４〜０５）においては、彼は艦隊の参謀として働いています。彼は日本が、大陸に進出した陸軍の背後への一大脅威、ロシア海軍バルチック艦隊を迎撃するに際しては、日本の海軍力を結集した連合艦隊の参謀長となり、俊英で鳴らす秋山真之参謀と協力して緻密重厚な作戦計画を立案。これにより彼はバルチック艦隊を殲滅する日本海海戦の圧倒的勝利に大いに貢献して、戦争での日本の優勢の確定に小さくない役割を果たしています。とはいえ、彼は冷厳寡黙な男で、この大勝利や武勲にも全く浮かれることはなく、喜びを表に出したのは、わずか一度笑顔になったのみ、その際、士官達に参謀長の笑顔を初めて見たと噂されたとか。

用兵家としての加藤はこれで置き、より以上に偉大であった軍政家としての活躍に話を移しましょう。優れた軍政家であった加藤は、長年、海軍大臣を務めますが、彼は国防は軍人の専有物にあらず、国富の裏打ちが

なければ国防力は高まらないとの高い見識と、日本の国力の貧弱さについての冷静な認識の持ち主でした。そのため彼は、軍拡競争の懸念される国際情勢下、軍縮に力を尽くします。彼は日本がアメリカ等の諸外国との軍拡競争になって勝ち抜く見込みはなく、日本の国防は、外交を駆使することで達成し、軍拡よりも国力を養わねばならないとの構想を抱いていたのです。彼は、寡黙であるが常に的確な意見を述べるということで時の首相原敬の全幅の信頼を得ており、１９２１～２２年のワシントン軍縮会議の首席全権に選ばれ、海軍内の同会議軍縮案への反対論を良く抑えて、見事軍縮条約を成立させたのです。軍縮案反対派は日露戦争の連合艦隊司令長官として絶大な威信を誇る東郷平八郎を精神的支柱としており、軍縮案には東郷が反対してくれると期待を寄せたのですが、東郷の信頼厚い加藤元参謀長は東郷の了解をいち早く取り付けて、軍縮条約の成立へ向けての用意は全く抜かりがありませんでした。

　さらに彼は軍縮会議からの帰国後、首相となり、長きに渡ったシベリア出兵の撤兵、陸海軍の軍縮、行財政整理などの実績を残しました。

　以上のように、加藤友三郎は、軍人ながら優れた政治的識見の持ち主で、しかも実行力を兼ね備えており、そのため彼がもう少し長く生きていてくれればと、しばしば言われているのですが、実は彼、趣味の点ではオタクなダメ人間だったりします。すなわち、『元帥加藤友三郎傳』とか『三代宰相列伝』といった彼の伝記類は彼が基本的に無趣味ながら、なぜか妙に漫画好きだったことに注目しています。読みやすい『三代宰相列伝』の文章の方を引用してみると、おもしろいことには、この無趣味の加藤が、漫画にかなり興味を持っていた。新聞、雑誌などに漫画がのっていたときは、かならずこれを切りとって保存し、家人に、これはうまい、これは大したことはない、などと批評して喜んでいたという。（新井達夫『三代宰相列伝　加藤友三郎』時事通信社、188頁）

　長年の漫画流行を経て漫画がずいぶん市民権を得た現在でさえ、いい大人が漫画好きってのは良い顔はされません。それなのに、漫画文化未だ黎明期の上、色々お堅い戦前に、彼ほど社会的地位ある人間が、漫画愛好の余り、漫画をスクラップとは驚きですね。これが戦前の話であることを考えれば、加藤の行動は十二分にオタクに相当すると認定して良いでしょう。当時の偉い人ってのは、遊びといえば酒と女で、趣味ならお堅く漢詩や和歌をこねくってるものですよ、上手い下手は別にして。なのにそんな中、冷厳寡黙で鳴らす人物が、裏の顔として、唯一の趣味が漫画愛好。それも読むだけじゃなくて、せっせとスクラップに励んで秘蔵のオタファイル作り。なんか冷厳寡黙ってゆーより、対人能力低めのオタクがムッツリしてるだけではないですか？　しかも、うまいの、大したことないの、上から目線の批評家気取りで、オタクが濃ゆく煮詰まってます。挙げ句に、その場に居合わせた家族に、マンガの話で絡んでいくなんて、一番一般人に嫌がられるオタク行動を……。全く、いきなりオタトーク仕掛けられて、ドン引きしてるであろう家族の気分が分からないのかい。オタクな話題はオタクな仲間内で、これ、オタクにとって大事な掟。でないと、だからオタクはってウザがられますよ。

　というわけで加藤友三郎は、現代でいえばかなりウザいダメな部類のオタクに当たると思います。

博覧強記の天才は社会の枠からはみだした奇人変人ニート

南方熊楠

（1867〜1941）

在野の博物学者・民俗学者。粘菌研究を中心に『Nature』誌を始めとして多数の論文を残す。博覧強記で民俗学にも貢献。

南方熊楠は和歌山県出身の博物学者・民俗学者です。大学予備門を中退して海外へ渡航し、大英博物館で勤務しながら粘菌学者として菌類の採集研究に力を注ぎました。帰国後も含めると約七〇の新菌種を発見しています。博覧強記で知られ、その知識を生かして日本民俗学にも大きく貢献しています。著作は『十二支考』『南方閑話』『南方随筆』など多数存在します。

熊楠は、少年時代から記憶力に優れ知的好奇心も強く、『和漢三才図会』や『大和本草』といった書物を小学生時代に暗記して書写した事は知られています。しかし一方で家人との団欒は当時から苦手とし、学校の授業には興味がもてず科目によって成績が両極端でした。

成長して共立学校・大学予備門に入学した後も図書館での独学が中心で授業は相変わらずだったので落第し意欲を失って退学。その後はしばらく、郷里の和歌山県内をブラブラと旅行していたようです。一家の栄誉を担うであろう秀才であった筈の彼でしたが、逆に一家のお荷物のような存在となってしまった訳です。

しばらく後に熊楠は遊学目的の渡米を決意。このままではいかんと思ったのもあるでしょうが、兄の身持ちが悪い事もあって、父が熊楠に家を継がせ責任を持たせるため身を固めさせようと図ったので、それから逃れる目的もあったようです。そうなると家計を支えるのに精一杯になり好きな学問もできない。日本で学問で身を立てたりエリートになる道が絶たれた以上、海外で一山当てようという訳です。因みに当時、熊楠に限らず日本に適応できず海外に活躍の場を求める人は珍しくなかったようです。

　渡米直後に商業大学を経て農業学校に在籍しますが、現地の上級生に虐められた事から大喧嘩したり仲間と飲酒したりと問題を起こしたため仲間を庇う目的もあり脱走。その後は学校に所属する事はなく生涯にわたり一浪人として独学の道を歩む事になります。それからは現地の日本人の家に転がり込んだりしながら隠花植物・粘菌などの採集・研究に励み、東洋文学・思想・神学・語学と多岐にわたる読書にいそしんでいます。例えば語学に関して言えば十九ヶ国語を操れたとされます。その一方で日常生活は無頓着で、衣食には構わず寒さの中でも裸同然で生活していた事は有名です。この時期の生活は、渡米するに当たって家族や知人から送られた金や援助で過ごしていたようです。また、西インド諸島へ植物採集のため出かけたりもしていますが、この時期はイタリア人サーカス団に加わり、象使いの下働きや恋文の仲介などで生活の足しにしていたのも知られています。

　そうして米国で数年を過ごした後に渡英。その地で天文学や粘菌学、『神踏考』をはじめとする文化間比較論などの成果を『Ｎａｔｕｒｅ』に数多く投稿し認められるに至っています。またそれにより知遇を得た碩学たちと議論を重ね名を上げていきます。この期間は、熊楠は日本からの援助に加えて大英博物館職員としての収入で生計を立てていました。生活ぶりは相変わらずで、当初は貧民街の安宿に寓居し、後には馬小屋の二階を借りて暮らしていたそうです。前述のように衣食に拘らず大酒家で浪費癖があったようですが、女性関係に関しては極めて潔癖であったようです。癖の強い熊楠を女性が敬遠したというのもあるようですが。

しかし、次第に日本からの援助が減額されたり、熊楠自身が癖の強い人物であったため衝突を起こしがちでした。また、当時は東洋人への人種的偏見が現在とは比較にならぬほど強い時代でしたので、そうした面からの摩擦も多かったようです。そんな中で侮蔑的な態度をとる職員を相手に複数回暴力沙汰を起こして大英博物館から去らざるを得なくなり、生活が更に困窮。しばらくは浮世絵を売って生活していたようですが、その金も酒に投じてしまう有様でした。

学問的には大きな成果を残すものの、失意の中で帰国。和歌山に帰ったときには数多くの蔵書や標本を携えてはいるが一文無しであったため、家業を継いでいた弟・常楠の家庭に転がり込みました。常楠らとしては、家の多額の金を使った挙げ句に胡散臭い物品を山のように持ち、生計を立てるすべを知らない常識離れなニート状態の人物を養う羽目になったのですから面白かろうはずがありません。熊楠にとってはかなり居辛かった様で円珠院に居住先を移したりしています。因みにこの時期、英国で親交があった孫文が日本を訪問した際に、知人である犬養毅に熊楠のため紹介状をしたためていますが役立つ事はありませんでした。熊楠は好きなように様々な研究に打ち込みたかったため就職する気がなく、紹介状を利用する事もなかったのです。常楠にしてみれば、自活もせずに頼ってくるわ、奇妙な研究にばかり精を出すわ、政治的危険人物と交際するわ、といった兄は経済的負担なだけでなく、自身の商人としての信用悪化にも繋がりかねないと危惧していたであろう事は想像に難くありません。

常楠と気まずい状態にあった熊楠は那智勝浦町に移り、そこで那智山など山中に入り研究に励んでいます。勝浦を選んだのは、研究に良い環境であったためだけでなく、常楠の経営する酒屋の支店があり、そこで世話になったようです。何だかんだ言いつつ困った兄の面倒を見ていた常楠には頭が下がりますね。後に、熊楠が神社併合反対運動で逮捕された時も常楠は兄の救出に奔走しています。この時期に郵船業者の小畔四郎ら経済的に余裕のある人物の知遇を得る事ができたのは幸運でした。彼らの経済援助が熊楠の生活と研究にある程度余裕を与える事になります。四十歳で遅い結婚をしたのもこの時期でした。因みに熊楠は性的風俗に関する研究にも熱心で猥褻な話題も好んで話していたようですが、上述のように実生活では潔癖でこの時まで童貞だったとか。以前に惚れこんだ女性はいたのですが、本人の前に出ると緊張して何も言えなくなったようです。結婚相手となった女性と交際し始めた際にも、恋文をしたためると外国語交じりの長い文章になってしまい、相手の父親を仰天させたとか、相手に会う口実を作るためにしばしば汚れた飼い猫を連れて洗ってもらいにきた、とかいった逸話が残っています。潔癖というより極端に奥手だったんでしょうね、分かります。

その前後で紀伊田辺に住居を定め研究・執筆に従事しますが、この際の宅地・住居も常楠名義で購入しています。長きにおいての経済援助が大きな負担だったのでしょう、大正期の植物研究所設立で資金が各方面から集まったのを機に常楠は熊楠と疎遠となっています。

この時期になると、地元の人や有力者からその学識・人物が認められて社会的にも大きな影響力を持つようになっています。環境保護運動で存在感を示していた事はその一例でしょう。定職に就いておらず経済的に困窮していたのは相変わらずでしたが。

名が高まると講演を頼まれる事もあったようですが、彼は多人数の前で話すのを極端に嫌っていました。強引にセッティングされた場合には機嫌を損ねて酒を飲み酔っ払って帰ってしまいましたし、知人の頼みで仕方なく承服した場合も泥酔して登場し「諸君は知らないだろうが、我輩の家の酒は旨い」と嘯いたと思えば泣きながら口三味線で歌いだすといった有様だったそうです。流石に、聴衆も呆気に取られ帰り出したとか。これじゃ、一般世間に受け入れられるはずもありません。彼を世間に売り込みたい周囲の人々はさぞかし頭を抱えたでしょう。まあ、本人は知った上で世俗の名声を遠ざけていた気もしますけどね。

個人的には必ずしも幸福ではなかったようですが、自らを貫き多分野の学問で存在感を示した熊楠は、不思議な魅力を持った人物といえます。

熊楠程の人物ともなると、変わった逸話が他にも山のようにあるのですがスペースの関係もあって割愛せざるを得ませんでした。残念。

余りにアクの強い人柄のため社会不適合者となる事は避けられませんでしたが、自らを貫き、その優れた感性と才能を極限まで伸ばして成果を残すことで世に認めさせました。当時の英国が、人種偏見は強い一方で大国だけあって優れた才能を受け入れる度量が広かった事も幸いしましたね。そうした成果が彼を認め支える人物を生み出し、彼が生計を立てる助けにもなった。

どこまでも自分を持ちそれを貫く事で、社会不適合気味であっても自分が自分自身であるまま世間に認めさせ強行突破する事に成功した、熊楠はそんな存在だった訳ですね。

神の国を夢見た流行作家、重荷は燃えたぎる肉欲　時には周囲に飛び火

徳冨蘆花 （1868～1927）

大正期の作家。キリスト教の思想的背景もあり社会運動にも影響を与えた。代表作は『不如帰』。

　徳冨蘆花は、ジャーナリスト徳富蘇峰の弟で大正期に活躍した作家の一人です。小説『不如帰』が高い評判となった他、随筆『自然と人生』や『思出の記』などでも名を挙げ流行作家となりました。そして、日本の文学者が伝統的に「紅旗征戎吾が事に非ず」（藤原定家）といった感じで政治的な事に関しては発言しない例が多い中で、彼は明治末の大逆事件直後に『謀反論』という題の公演を行って被告らを弁護し大正期の社会主義者に思想的な影響を与えています。蘆花の思想的背景にはキリスト教があり、明治末に人事不正になったのを神の警鐘と考えて回心してからは理想社会や人間として望ましい生き方を後年には追求するようになります。彼の文学史的な位置づけは必ずしも定まっていないようですが、ただ流行作家として読者を楽しませるに留まらずより良い明日へ向けて人々を触発した生き様は偉人と呼んでも良いかもしれません。

　そんな蘆花は、大変な好色家でもありました。彼はその日記で自分が「始終若い女を愛しなくては生きて往けぬ男」（大正四年六月二十一日）だと吐露し、「若い女の肉は無暗に余を牽く。恐ろしいことだ」（大正五年二月二十二日）とも述懐。また、彼はその日記で自分の男根が「弱小」であり「摺子木大になれぬ」のを心配して「あ

まり早くから己が陰茎を弄し過ぎた」ためであると後悔を記しています。やっぱり、逸物が大きいほうが良いんですね。近代に入ると自慰が悪徳であり身体に悪いとみなされるようになっていましたから罪悪感があったんでしょうね。他にも「俺は早くから淫を覚えて、濫りに精液を漏らした。俺の頭脳の悪いのも一は其為だ。俺の子がないのも、確に其為だ。」（大正四年十二月六日）とまで悩んでいます。まあ、いくつになっても欲情衰えないのは誉められた事ではないにしろ珍しい事ではありませんから、これをもって即座にダメ人間と呼ぶのは不適切だと思います。

ところでキリスト教では、自慰は禁じられています。聖書によれば、オナンが亡き兄の家系断絶を防ぐためその妻を妊娠させるようにという神の命令に接しやむなく交接したものの「子種を地面に落とし」子が出来ないようにしたため罰せられた逸話があるからだとか。本来は「オナニスム」とは中断性交の意味だったようですが、次第に両者は混同されるようになりました。加えてギリシアにおいてもヒポクラテスが精の放出は生気を失う原因であり、健康に悪いとしたように医学的に害悪と考えられたこともあり、自慰行為は西洋社会においてタブーと見なされるに至ったのです。ですから、キリスト教徒である蘆花が自慰をしているのはダメっぽい気がしなくもありません。が、新渡戸稲造なんかも若い頃は情欲を抑えられずやっていたらしく、自分が近眼である原因を学生時代に「性欲の自己満足を余り行《や》り過ぎた」ためと言って学生に自慰を慎むよう何度も戒めたといいます。蘆花だけの問題ではないのですね。それに、西洋社会でも十九世紀には様々な自慰防止具が販売されたり、アメリカでジョン・ケロッグが自慰防止のため性欲を抑えるための栄養食品として「ケロッグ・コーンフレイク」を開発したりしていますから実際には自慰をしないようにするのは困難なのでしょう。それを考えると、キリスト教徒が自慰をしたからといって即刻ダメ人間呼ばわりするのは酷ですね。が、「女学生は制服に限る」（大正七年）とまで言っているのはどうなのか。確か、我が国における女子学生の制服として代表的なセーラー服が採用されるようになるのは昭和に入ってかららしいですから、この時期は着物に袴というのが基本であったろうと思われます。それにしても流石は美を追求する文学者、制服フェチとは中々に粋ですね。神の警告を受けて信仰に目覚めてからもそれですか。あと、「男には不良性が多い。俺なんかも大に有つて居る。十四の年に水前寺の祭礼で、花火見ながら娘の前に手を当て、東京に上り立てに鉄道馬車の中で若い女の足に脚をからませたり」（大正七年六月十七日）とか言ってます。要は人ごみの中で痴漢行為をしていたんですね、この人。チカン、アカン。現代社会では速効で社会生命を絶たれそうです。これはどう考えてもダメでしょう。……というか、被害者の心情を考えるとダメ人間といって笑って済ませててよいかすら微妙ですけど。全くもって女の敵ですね。痴漢冤罪の男性が多くて社会問題化している現代人の目から見ると、男の敵でもありそうな。

ところで、蘆花は晩年になると再臨のキリストを自認したといいます。真剣に人間としての霊的完成を目指してなんでしょうが、敢えて言わせて貰います。……自分でも持て余すような過剰性欲を何とかしてください。少なくともそれで他人に迷惑掛けるのはやめてくださいね。神の国でキリストが泣いてそうですよ。あと、再臨のキリストってあたりが素敵に電波な雰囲気を漂わせています。

というわけで、神の国やキリストに近づく事を夢見た流行作家は、肉欲のコントロールがままならないダメ人間でした。

これは研究だから、出歯亀じゃないから！　～猥褻排した民俗学の御大は女性の下着大好きムッツリスケベ～

柳田国男（1875～1962）

民俗学者。農商務省官僚であったが、民俗学に興味を持ち多くの業績を上げる。日本民族学の開祖的存在。主著『遠野物語』。

日本の民俗学は、柳田国男によって確立したと言われています。柳田は東大を卒業し、農商務省を経て貴族院書記官長を務めるというエリートコースを辿った後、退官後に民俗学研究に専念して、多くのすぐれた業績を残し日本民俗学の魁となりました。著作として『遠野物語』、『桃太郎の誕生』、『蝸牛考』、『海上の道』があります。これらの著作で古来の習俗や伝説、祖先の由来や言語伝播経路といった題材に卓越した考察を示しました。また、非定住民とされる「サンカ」の研究にも興味を示していますが、この分野はまだ謎が多いようです。

こうして日本の民俗学を確立させた柳田でしたが、猥褻な事物については論じないのを常としていたそうです。性愛は人間の基本的な欲望であり、民衆の風俗も其抜きに語ることは本来できないにもかかわらず。そのため、南方熊楠は「猥事多き郷土のことを研究せんとするものが、口先で鄙猥鄙猥とそしるようでは、何の研究か成るべき。」（『南方熊楠コレクションⅡ南方民俗学』河出文庫、563頁）と批判していますし、赤松啓介も「かってはムラでは普通であった性習俗を、民俗資料として採取することを拒否しただけでなく、それらの性習俗を淫風陋習であるとする側に間接的かもしれないが協力したといえよう。そればかりか、故意に古い宗教思想の残存などとしてゆがめ、正確な資料としての価値を奪った。」（赤松啓介『夜這いの民俗学』明石書店、３３頁）「農政官僚だった柳田が夜這いをはじめとする性習俗を無視したのも、彼の倫理観、政治思想がその実在を欲しなかったからであろう。」（同３４頁）と攻撃し「柳田さんはもうあかんわ、ということになる」（同３４頁）と切り捨てています。してみると、彼の作品を評価する際にはある程度その点を割り引いて考える必要があるということですね。

　とはいえ柳田自身は性的事物に無関心だったわけではないようで、彼の弟子に当たる中山太郎は『蒲団講』で「Ｙ先生」が京都島原の遊女が蒲団を持ち込む所以について述べた事を記していますし、更に『花魁ことば』では中山と折口信夫が「Ｋ先生」と花魁言葉について論じ合い、更に女歌舞伎と遊女の関連など売春史にも話が及んだとか。因みに、その時に「Ｋ先生」は女歌舞伎が江戸に入るのを禁止された事実があるとしても、吉原の遊女が女歌舞伎を真似た可能性もあり、その禁令によって両者の関連が否定された事にはならないと意見を述べています。中山・折口が師と仰ぐこの「先生」は柳田であると考えるのが妥当でしょう。更に柳田自身の著作『清光館哀史』で以前から気になっていた現地の盆踊りにおける歌の「なにヤとやれ、なにヤとなされのう」という部分を聞いて「要するに何なりともせよかし、どうなりとなさるがよいと、男に向って呼びかけた」恋歌であると悟り喜んでいたりします。また、『石神問答』では「今昔物語三十四にも道祖神の木像古く朽ちて男の形のみありて女の物はなし」などの例を挙げ「淫祠なるもの」がこのような神ばかりかどうかは難しいが「少なくも今の世まで国々において秘仏秘像と唱え来れる御正体」にはこういったものが多いであろうと結論しています。売春から祭礼の性解放や性器信仰まで実際には興味津々ですね。にも拘らず性愛を論じなかったのは、近代国家建設に有用なものとして民俗学の地位を確立させるためだったのでしょうか（括弧内は礫川全次編『性愛の民俗学』批評社より引用）。柳田は人々が国家の下で画一的に体系化されるのでなく、伝統的習俗を守り人間の弱さを受け入れる社会を夢見ており、民俗学をそのために寄与するものと考えていましたが、そのためには国家に民俗学を受け入れさせる必要があると考えたのでしょう。

ところで柳田は、性愛への関心を押し殺しているせいか、ダメな方向に興味が漏れる事があったようです。本山桂川『南国の風俗を覗く』によれば、柳田は琉球に行った際に現地の女性たちが下半身に下着として何を纏っているか、或いは何も纏っていないのかを見極めるためだけに小半日も畑の畦でうずくまって女性たちを観察していたんだそうです。……柳田先生、御自身は学問研究のつもりでなさっているのは十分お察しします。でも、それを世間一般では出歯亀って言うんですよ。現在日本で同じ事やると問答無用で捕まります。因みに「出歯亀」とは明治四十一年（１９０８）に女湯のぞきの常習者で、出っ歯の池田亀太郎が殺人の罪で逮捕された事から由来しています。

おまけに女性たちを覗き込んでいる最中に清少納言や紫式部が衣の下に何を纏っていたかという疑問が頭を離れなくなり、熟考して手がかりを掴んだとか言ってます。頭の中が女性のパンツで一杯ですね。

以上のように、柳田国男は性愛的民俗には十分強い関心を持ち、更に出歯亀もどきの行動に出ながら同時に歴史上の女性の下着に思いを馳せるムッツリスケベさんでした。それでも自制して優等生として民俗学の社会的地位確立に励んだのですが、それが民俗学に枠を嵌める結果となったのは否めないところです。

破綻した金銭感覚で周囲に迷惑撒き散らす、空気の読めないストーカー　～大医学者の困った一面～

野口英世　（1876～1928）

細菌学者。蛇毒や梅毒の研究で成果を上げ、黄熱病の研究に従事した。逆境を乗り越え成功した事でも尊敬の対象となった。

野口英世が偉人である事に異論のある人は恐らく皆無に近いのではないかと思います。幼少時に囲炉裏で左手に重度の火傷を負ったハンディを持ち貧困の中で育ちながら、それを努力と実力で跳ね返し異郷の地で功名を挙げた経歴は正に立志伝中の人といえるでしょう。純粋に医学的業績だけを見ても、当時米国で脅威となっていた蛇毒の研究に取り組み、神経毒と血液毒が別の物質である事を突き止めて血清作成の手がかりを作り、梅毒病原体の純粋培養に成功し、慢性梅毒患者の脳や脊髄に梅毒病原体が存在する事を証明し、梅毒患者における精神症状と梅毒の関連を示すなど決して小さくありません。最後に従事した黄熱病の研究では原因を突き止める事は出来ませんでしたが、黄熱病はウイルスによる病気であり、電子顕微鏡のない当時では解明不可能でしたからこれをもって野口の評価を下げるには当らないでしょう。寧ろ、致死性で治療法のない伝染病の解明に乗り出し、自らもその病に倒れた最期は、彼が智恵や忍耐力だけでなく勇気と人類愛の人でもあった証といえ、日本人の名誉を高からしめたものです。千円札の肖像に採用されたのも伊達ではありません。

そんな大医学者である野口ですが、一面でかなりのダメ人間でもありました。彼は貧しい環境から刻苦勉励した人物だけあって克己心は並ではなく、文字通り水とパンだけで何日も頑張る事も出来る人物でしたが、その一方で金が入ると湯水のように使ってしまう悪癖がありました。まあ、飲む・打つ・買うが好きな人間は珍しくありませんから、それだけでダメ人間呼ばわりする事は不当だとは思います。でも、伝染病研究所に勤務していた頃になると結構な高給を取っていた筈なのに貯金が出来ず、寧ろしばしば恩師・血脇守之助ら知人から借金をしていたのはどうかと思います。酷い時は仕事用に高額の渡航費が出た際も借金取りが押し寄せて一文無しになったとか。

　さて野口は学閥の壁に阻れる日本に嫌気が差し、新天地を求めて米国への留学を希望していましたが、そのための資金欲しさに事もあろうに、好きでもない資産家の令嬢と婚約する見返りとして出資を受けています。おまけにその約束を守る気はなかったようですから、令嬢本人に対してだけでなく出資者に対しても失礼な話です。そして極めつけは、そうしてまで作った渡航資金も出発数日前に横浜の遊郭で浪費してしまい一文無しに逆戻りになってしまった事。これには野口にとって最大の理解者であった血脇も怒る気すら失せるほど呆れたとか。結局、血脇が高利貸から借金する事で渡航費は何とかしたそうです。因みに件の令嬢との婚約は最終的に破談したため用立てられた金も血脇が返したとか。金銭関係にルーズとかいうレベルじゃなくて、人として不味い領域に入っているように思います。野口の才能を信じ、最後までキレずに無茶苦茶な振る舞いの尻拭いを続けた血脇先生こそ日本医学史の偉人じゃないか、という気すらしてきました。因みに野口の被害者は血脇だけではありません。彼は下関滞在時、日清戦争の講和会議に用いられた高級料亭に興味を引かれ、友人と連れ立って行ったのはよいものの、金がなかったので食い逃げをした前歴があります。で、料金は友人達が払う羽目になったとか。よくぞ友人達も見捨てなかったものですね。まあ、普段の彼は友情に篤く人好きもしたらしいので、それが幸いしたんでしょうが。

金銭だけでなく、彼は女性の扱いも苦手でした。彼は医学者としての道を歩み始めたばかりの頃にある女学生相手に初恋をします。風采が上がらず服装にも無頓着だった野口は彼女には相手されていなかったのですが、彼は勝手に脈があると思い込み一方的に指輪を贈っています。そして相手に嫌われ避けられているのにも関わらず付きまとい、直接面会拒否されるまで気付かなかったとか。現在ならストーカー呼ばわりされるであろう野口のアプローチには相手も当惑したと思われますが、中でも一番困ったのは最初のプレゼントを受け取った時ではないかと。野口は彼女の気を引くため、出入りの医療施設から頭蓋骨の標本を持ち出し贈ったと伝えられています。……どう考えても嫌がらせとしか思えません。まあ、彼がこんな正気とは思えないチョイスをした背景として彼女が医者を目指していたことも考慮に入れるべきかもしれませんが、それを割り引いても初恋の女性への贈り物が頭蓋骨ってのはねえ……。恐がられるのが普通の反応だと思いますよ。おまけに、標本自体そもそも野口自身の所有物じゃないのでは？　突っ込みどころが多すぎて頭が痛いです。

そんな彼もアメリカで名を挙げた頃には結婚もし、更に四十台になると小奇麗でお洒落な紳士になったそうですから世の中は分からないものです。

廃墟（ゼロ）から国を再建した偉大な宰相、億千万から遺産をゼロに帰した壮大な浪費家

吉田茂

（1878〜1967）

戦後の日本首相。占領軍と協調して独立回復を成し遂げ、日本の国際的地位を回復。戦後日本政治の基礎を築いた。

第二次大戦で連合国に敗れて以来、我が国は連合軍の占領下で民主化し、独立回復後はアメリカへの従属同盟の下で経済発展を成し遂げました。占領期から独立回復期にかけて長期政権を担い、戦後政治の原形を完成させたのが吉田茂でした。彼は戦前は外交官として活動していましたが、当時から保身を思わず現実主義に立って国益を追求し、戦中にはテロの対象になったり末期には軍により逮捕されたりしています。戦後は外相・首相としてGHQに対して「良き敗者」として協力すると共に誇りを保った態度で交渉する事で信頼関係を築き、巧みに日本に有利な条件を引き出しました。また人材育成にも力を注ぎ、旧官僚の政界進出を援助して（「吉田学校」と呼ばれる）池田勇人・佐藤栄作らの保守本流路線を確立しています。社会主義陣営も含めての全面講和論を退け、自由主義諸国とのみ講和条約を結び、日米安全保障条約を締結したことはアメリカの冷戦戦略に日本を組み込み外交の自主性を失ったとして批判されますが、まず国際社会への復帰を優先させた現実路線として評価すべきでしょう。

このように戦後日本最大の政治家であった吉田ですが、私生活レベルではダメな側面があったようです。彼

は土佐の民権家・竹内綱の子として生まれ、実業家である吉田家に養子に入りました。そして養父の早世に伴って相続した遺産は五十万円（現在の価値で二五億円相当）に上ったとか。どう考えても一生遊んで暮せるレベルの金額であるにもかかわらず、何と吉田はこれを戦前のうちに使い切ってしまったそうです。遺産だけならともかく、外交官として一定以上の高給を取っていたはずなんですけどねえ。どんな金の使いかたをしたのやら。そういや、下の役職である頃から馬に乗って通勤したりと坊ちゃん育ちらしく浮世離れした感覚してたようですから、そんな感じで気付かぬうちに浪費を重ねていたのでしょう。戦後に首相となってからも金銭に無頓着なのは相変わらずで、「金は銀行に取りに行けばいつでも引き出せるところを見ると麻生（注：太賀吉、吉田の娘婿で麻生太郎元首相の父）が入れておいてくれるのだろう」と呑気にいっていたとか。家庭や周囲の環境のせいで金の心配を自分でしなくてよかったので表立った問題にはなりませんでしたが、ちょっとこれはどうかと思います。戦後日本経済復興の基礎を築いた名宰相も、自家の経済管理に関してはダメダメだったようです。

ところで、吉田は外交官でありながら外国語修得を軽んじていたそうで、当時の外交官はフランス語が必須だったのですが、フランスの大女優サラ・ベルナールの公演を見に行った際に内容を理解できず、部下に尋ねて呆れられたという話が伝わっています。これもダメっぽい話ですね。それでもやっていけたのですから、余程センスがあったのでしょうけど。

戦後日本の歴史は、ダメ人間の領域にすら達していた強烈な個性によって土台が作られたのですね。

革命する、だから生活するため金をくれ　～戦前右翼のカリスマは生活能力ゼロの寄生虫～

北一輝（1883～1937）

昭和初期の国家主義者。『日本改造法案大綱』で社会主義と合一した国家改造論を唱えて二・二六事件に思想的影響を与える。

　北一輝は戦前右翼の中でも最大級の理論的指導者であった人物です。北は国家主義と社会主義を合一した独特の思想を持ち、『国体論及び純正社会主義』では天皇は国の最高機関の一構成員にすぎないと主張しています。後に大川周明らの猶存社に参加。著書『日本改造法案大綱』で天皇を旗印に掲げての国家改造・私有財産制限・金融や産業国有化を主張し陸軍青年将校に深い影響を与え右翼のカリスマとされました。更に宮内省怪文書事件など様々な事件に関与して暗躍しています。二・二六事件に理論的な影響を与え、直接関わらなかったものの死刑となりました。単純に右翼と片付けられない一筋縄でいかない存在ですね。そんな彼ですが、私生活レベルではかなりダメ人間だったようです。

　早稲田聴講生時代、北は授業よりも図書館に通いつめて読書に耽りメモを大量に取る毎日だったそうです。父が亡くなり家長として責任を負う立場になっても、家族を養うより革命理論の構築に熱中している始末。おまけに経済観念に欠け浪費癖があったため、叔父が実家の財産を管理し田地・家財を処分して送金する事でようやく生活できたとか。

『国体論及び純正社会主義』を自費出版した際、何と本来なら弟の学費にする筈の金を出版費にあてる有様。この金を売り上げで回収できなければ実家から経済的に自立するという約束でしたが、結局発禁になったため金は返せず家長を次男に譲り自立。世直しよりまず自分の生活を何とかしてください。

自立後も浪費癖は直るはずもなく、忽ち食い詰めて退職官吏の家に食客として転がり込みました。ここでも主人の蔵書を勝手に売却したり好き勝手をしていましたが、主人が北の学識に入れ込んでおり終生に渡り交際は続いたそうです。この家の主人の度量には感嘆する他ないですね。この時期、資金を手に入れるために亡父が試掘権を持っていた佐渡の金山採掘を試みたようですが、詐欺師に金を巻き上げられ遊郭で浪費しただけに終わったとか。こういう人に限って一攫千金を狙いますよね。しかも、百歩譲って騙されるのは仕方ないとしてもなぜそこで浪費するんでしょう。

五・四運動の際には中国に渡航するものの自分が食い込める余地が見当たらず、仕方ないので日本人医師の病院に居候して毎日法華経を唱えたり断食の行をするばかり。この時期から日本の革命を目論み始めますが、『国家改造法案要綱』出版まで数年は何もせずブラブラしていたようです。

大正末から昭和初期にかけては、様々な政治上の怪事件に関与し暗躍するようになります。政界と財界の間に楔を打ち込んで革命を行う下準備とするのが目的でしたが、結果としては軍部が台頭し国家権力が強圧的となり国を誤らせ、狙いとは正反対となってしまいました。やれやれ。あと、この際の恐喝により革命資金・生活費を捻り出すのも重要な目的でした。何しろ、この時期には北自身が多くの「国士」を名乗る食客を抱えており、無為徒食の彼らを食わせる必要もありましたし。生活力のない人間に転がり込んでヒモをやってる連中も連中ですが、定収入の当てもないのに引き受ける北も北だと思います。また北も芸者遊びなどの浪費を派手に続けていた事もあって常に金が足りなかったようです。彼はもっと経済観念と社会性と地道さを持ったほうが良いと思います。

しかしこれは彼に限った話ではありません。例えば、北と同様に中国革命に関与した大アジア主義者に宮崎滔天という人物がいます。宮崎は日本に亡命中の孫文らと交わり、中国革命同盟会の結成を援助し蜂起の際には武器調達までしています。そして孫文が中華民国大総統に選出された際には、就任式に招待されるほどの強い繋がりを誇った人物でした。そんな彼も生活費の用達には無頓着で、一時は革命のための人脈作りも兼ねてシャムに渡り移民会社に務めた事がありましたが失敗。更にどこから思いついたのか浪曲師になったりするものの、やはり金がなく右翼団体玄洋社から支援を受けたようです。結局、犬養毅ら知人の援助に頼ったり妻の内職により食いつなぐ状況でした。全く、北にしろ宮崎にしろ世の中を変えようと思うのならもっと身近なところを大事にしてほしいものです。

北は民権運動を契機に政治活動を始め、目の前の利権・利益よりも理想を追い求め時には政府と衝突する事も辞さず、思想的に大きな影響力を誇った人物ですが、私生活レベルでは無能力なダメ人間でした。遠くから見ている分には興味深い存在ですが、身近にはいて欲しくないですね。古今東西を問わず「俺は世界を変えてやる」なんて言ってる人はこんな感じなんですかね。

大杉栄 (1885〜1923)

ツンデレ、ヤンデレ、どっちもいいなあ　〜でも刃傷沙汰には御用心　優柔不断なヤリチンは命がけ〜

社会主義者。無政府主義者として大正期の労働運動に大きな影響を与える。関東大震災の際、憲兵大尉甘粕正彦に殺害された。

大杉栄は無政府主義者として大正期の労働運動に大きな影響を与え、大正デモクラシーの時代にあって社会主義者を代表する運動家・論客でした。幸徳秋水や堺利彦らの影響を受けて平民社に入社し、やがて無政府主義に傾倒するようになります。ロシア革命の影響で労働運動が盛り上がる中、指導的な立場として重んじられたのです。当時の政府当局にとって、警戒すべき人物であった事は想像に難くありません。そんな大杉ですが、彼は結構好色だったようです。それはまあ珍しくないのですが、そこからダメっぽい出来事を引き起こしてしまっています。

彼は堀保子と婚姻関係にありながら神近市子と関係を持ち、更に辻潤の妻であった伊藤野枝とも恋愛関係になっています。何ともお盛んな話です。大杉が主張するところによれば、国家の制度である「結婚」から解放された「自由恋愛」を唱え、四人の間で「お互ひに経済上独立する事、同棲しない事、別居の生活を送ること、お互ひの自由（性的のすらも）を尊重する事」（『大杉栄集』筑摩書房、162頁）という各個人を認め合った開明的な方針を取ったのだとか。言う事はなかなか立派らしく思われますね。

しかし、実際のところ三角関係ならぬ四角関係の修羅場になりそうで、収拾を付けられなくなった大杉が苦し紛れに打ち出した策ではなかったかと思われます。というのもこの「自由恋愛」、結局は破綻して大正五年（１９１６）に大杉は日蔭茶屋で神近によって刺される事態にまで至っているのです。何でも、神近は大杉との関係を壊すまいと例の約束を真面目に遵守しようとしていたそうなのですが、伊藤が情熱のままにこの方針が眼中にないかのように振る舞い大杉もそれにほだされがちであったんだとか。理屈ではなく感情・情念が前面に立つ恋愛においては、ましてや一人の男を三人の女が争う状況においては、そもそもこうした「理性的」な基本方針を決めて守ろうとする事に無理があったのでしょう。大杉はこの事件において世間や仲間からの非難にさらされますが、これも「自由恋愛」の是非云々よりも、うらやまけしからん振る舞いに対する喪男（「もてない男」を意味する俗語）のやっかみによるものが大きかったであろう事は想像に難くありません。格好よい理屈を述べては見たものの、結局は複数の女性の間で気持ちをはっきりさせられず優柔不断にフラフラとふるまった挙げ句に惨事に至った、と。既婚男女の不倫自体はよくある話ですから、決して褒められた事ではないにしてもそれ一つをあげつらってあれこれと言うのは適切ではないかもしれません。でも、二股どころか三股をかけた挙げ句、結局は痴情の縺れで刃傷沙汰というのはやっぱりみっともないと思います。何やってるんだか。まあ命があって良かったですね。で、本妻であるはずの堀の立場は？

　ところで、この伊藤野枝という女性は社会主義運動においても大杉の良き同志でありましたが、知り合った当初の関係は必ずしも円滑ではなかったようです。大杉の回想によれば、「君は、本当に、僕が大好きであった」にもかかわらず「其の大好きな事」と「数千年若しくは数万年の強制と必要と習慣とから本能のやうな感情になった貞操観」とが彼女の心の中で闘ったため、「君は、僕の事を、大嫌ひだとまで云ふやうになつた。いろいろと難くせをつけては、盛んに僕を罵倒した。」（共に『大杉栄集』筑摩書房、163頁）という状況であったのだとか。……内心の好意と裏腹にツンツンした態度。なかなか良いツンデレだったのですね。で、大杉への情が募って思い詰め凶行に出た神近はさしずめ「好きすぎておかしくなる」ヤンデレといったところでしょうか。期せずして彼はツンデレとヤンデレ双方の醍醐味を堪能した訳ですが、こうしてみると社会主義的な「自由恋愛」とやらも命懸けですね。まあ、社会主義云々に関係なく古今東西問わず恋愛における優柔不断は血を見る結末になりかねないという事です。といっても、数多く存在する喪男にとっては縁のない贅沢な悩みです。経済的な不平等も重要ですが、男女関係の不平等の是正も馬鹿に出来ない問題な気がしてきましたね。

そういえば、似たような話が昔アニメで話題になっていた気がします。確か主人公が二人の美少女との間で優柔不断に揺れ動いた挙げ句に修羅場・惨劇が訪れるという内容でした。で、最終回の地上波放送が中止されたり、問題の最終回が大方の予想以上に凄惨であったりした事が主にネット上でちょっとした騒動になっていたような記憶が。

まあともかく、この事件を生き延びた大杉は一応反省したのか、改めて伊藤野枝との関係を深め同棲生活に入る事となりますが、関東大震災後の混乱にまぎれて憲兵隊に二人とも殺害されました。この事件は、思想的自由が保たれていた大正デモクラシーの終焉を象徴し、全体主義へ向かう将来を暗示するものだったといえるでしょう。

農民のために尽くす宗教作家は世間知らずな甘ちゃんで元ニート、リアル女はお断り

宮沢賢治 （1896～1933）

童話作家・詩人。郷里・花巻を中心に農業指導に尽力しながら、法華経信仰に裏打ちされた独自の童話・詩を残した。

宮沢賢治は岩手県が生んだ童話作家であると共に農業指導者でした。岩手県が生んだ文学者といえば石川啄木が知られていますが、啄木が放蕩者であったのに対し賢治は潔癖で禁欲的・滅私的であったという違いはあるものの、夭折した夢想家で浪費家であったという点で共通しています。そして、秀才でありながら定職につかずブラブラしていた時期があるのも同じなようです。賢治の詩や童話は自然や農村社会で育まれた独特の感覚や宗教的心情をつづったもので、法華経への篤い信仰が背景にありました。代表作として童話『銀河鉄道の夜』『風の又三郎』『注文の多い料理店』、詩集『春と修羅』などが知られています。これらの作品は現在でも子供たちを中心に広く読みつがれており、現代日本人にとって最も親しみのある作家の一人といってよいでしょう。そんな偉大な童話作家である賢治ですが、例によって私生活レベルでは色々とダメな人でした。

賢治は裕福な質屋の子として生まれ、盛岡高等農林学校を優秀な成績で卒業して実験助手になるという順調なコースをたどっていましたが、何を思ったかすぐに退職。その後しばらくは定職につかずに過ごし、趣味の浮世絵集めに熱中し父親から叱責されています。まあ、才能に恵まれ世間的成功に向かっているかに見えた息

子がいきなりニート生活に入ったら誰だって怒ります。ただ、賢治にしてみれば貧しい人々から金を巻き上げる商売をする父親に批判的な感情を抱かざるを得ず、また自分だけが恵まれた人生を送る事に強い後ろめたさや抵抗感があったようで。それなら、学問を身につけ社会的実力を得てそれを人々に還元すれば良いと思うのですが……。ともあれ、こうした感情は後半生における自虐的なまでな奉仕活動における滅私ぶりへと繋がって行きます。

一般世間への疑問を抱く賢治は当時勢力拡大中だった日蓮宗系宗教団体「国柱会」の田中智学に心酔し、実家が熱心な浄土真宗だったにもかかわらず二四歳で国柱会に入信。以後、法華経への信仰は賢治にとって大きな心の柱となります。入会直後の賢治は花巻市内を太鼓を叩き題目を唱えて練り歩いて布教活動をしたとか。……周囲からすれば奇異に映るのはやむをえないでしょうね。翌年、賢治は突発的に家出して上京し国柱会に転がり込みますが、流石に国柱会側もこれには困惑したようで、まずは身の落ち着き先を探して今後を考えるよう諭しています。結局、賢治は出版社の校正係として就職し夜は国柱会でボランティア活動に励む生活に入りました。こうした経緯は郷里でスキャンダルとなり、『岩手日報』に顛末が報道されました。名士の秀才息子が新興宗教に入れ込み失踪したのですから当然でしょうけれど。

賢治は以前からも『蜘蛛となめくじと狸』『双子の星』といった詩・童話を書き始めていましたが、創作活動を本格的に始めたのはこの頃からのようです。何でも、国柱会の要人である高知尾智耀から「法華文学」を作るよう勧められたからだとか。国柱会は教祖・田中智学自らが史劇を書いたり幻燈会を催すなど文化活動による布教に従来から熱心でしたから、その影響があったものと思われます。後に父と和解して仕送りを素直に受けられるようになり、経済的に余裕が出て創作活動も活発化。結局、夢を追うのにも先立つものが要りますね。

二十五歳の時、極めて仲の良かった妹トシの病気をきっかけに帰郷し故郷で花巻農学校講師として就職。翌年にトシが病没すると、その悲しみを紛らわすかのように『無声慟哭』『春と修羅』『注文の多い料理店』といった数多くの詩・童話を発表していきます。

因みにこの妹トシに賢治は強い愛情を抱き自らの分身のように考えており、一部には近親相姦的感情を勘繰る向きもあった程だとか。その一方で賢治は女性を遠ざける傾向があり、高瀬露という女性が近付いた際には門口に不在の札を貼って居留守を使ったり、顔に灰を塗って出たり皮膚病だといって嫌われようとしたそうです。過激ですね。また、賢治は友人に「性欲の乱費は、君自殺だよ。いい仕事はできないよ。瞳だけでいいじゃないか、触れてみなくてもいいよ。性愛の土壇場までいかなくてもいいのだよ。」「おれは、たまらなくなると野原へ飛び出すよ。雲にだって女性はいるよ。」「君、風だって、甘いことばをささやいてくれるよ。」と語っていたそうです。現実の女性の誘惑から身を守り、想像上の女性に思いを馳せて性的衝動を抑える、その点に関する限り賢治の姿はアニメや漫画といったいわゆる「二次元」に思いを寄せる現代オタクに重なるものがあります。後に見合いをした際も、相手をして「その御話の内容から良くは判りませんでしたけれど、何かしらとても巨大なものに憑かれていらっしゃる御様子と、結婚などの問題は眼中に無いと、おぼろげながら気付かされました。」と言わしめる有様だったとか。相手をキモがらせてわざと遠ざけたのか、それとも空気を読まずに自分の話をまくし立てて引かれるという喪男（「もてない男」のこと）にありがちな失敗をやらかしたのか、わかりませんけれど。一方で友人を異性とくっつけるのには熱心だったらしいですから、面白いものです。さて後年になると賢治も性的な事に関する考えが変わったらしく、「禁欲は、けっきょく何にもなりませんでしたよ、その大きな反動がきて病気になったのです」「何か大きないいことがあるという、功利的な考えからやったのですが、はっきりムダでした」と述べています。……魔法使いか天狗にでもなるつもりだったのでしょうか（「細川政元」参照）？　しかしそう言いながら取り出したのが和綴じの春本だったそうですから、やっぱり「二次元」志向だったのかも知れません。性的潔癖と二次元志向には何らかの関連があるのでしょうかね（「明恵」参照）。この際に今後は性的なことについても書いていきたいと言ったようですが、実現される事はありませんでした。ちょっと見てみたかったんですけどね。

　さて賢治は三十歳で花巻農学校を突如辞職し一介の農民となりました。そして、「羅須地人協会」を設立して農民の生活向上を目指します。農業化学・土壌学・植物生理学の講義といった実際的なものに加え、エスペラント語講義に幻燈会やレコードコンサート、オルガン演奏といった文化的活動にも力を注ぎました。しかしながら、この活動は長続きせず賢治自身の発病もあり二年半ほどで中断しています。もっとも、羅須地人協会が挫折したのはあながち賢治の健康だけが問題ではなかったようです。賢治は農民となってからも、年末に上京しエスペラント語やタイプライターを学び、セロやオルガンの個人教授を受けています。加えて、築地小劇場や歌舞伎座で一流の芝居を楽しみ、書籍やレコードを買いあさっていました。協会の文化活動に必要な投資の積もりだったでしょうが、賢治本人の欲求によるものも大きかったのは間違いないでしょう。それに必要な費用を一介の農民である賢治が賄えた筈もなく、結局は父親に頼る羽目になり二百円の無心をした手紙が残っています。因みに当時小学校教員の初任給は四十円です。……ニート脱出した後も、相変わらず夢を追って親の脛を齧っていた甘ちゃんだったわけですね。おまけに、農繁期に旧友に会うため伊豆大島に旅行している始末。青年のための園芸学校設立に関する相談が目的だったとはいえ、農民たちから「農業を舐めてる」と思われてもいたし方ありません。結局は、坊ちゃんゆえの甘さが失敗の根底にあったのでしょう。

　それでも、農民たちの生活向上を願う志は本物であったようで、その後も粗食に甘んじながら東北砕石工場の技師となったり石灰肥料の販売のため各地を駆けずり回ったりと、我が身を省みずに激務を続け体を壊すに至っています。死の床についた際も、死の前日に無理を押して農民の相談に応じた事で容態を悪化させたとか。現実世界における事跡を追ってみれば、理想を抱きその実現のため奔走するも甘さゆえにことごとく失敗し自らも親の脛齧りから脱出できず終わった「大きな子供」という評価にならざるを得ないように思います。まあ、同じ日蓮信仰でも同時代の北一輝や井上日召のように暴力肯定に走らなかった事は本人にとっても周囲にとっても大きな幸いだったといえます。

　恵まれた家庭に育ち、純粋な精神を持っていたが故に自らの環境に後ろめたさを感じ「ほんたうのしあわせ」をどこまでも追求して理想郷建設のために奮闘した賢治。その甘さもあって活動は失敗に終わり自らも寿命を縮める事となりましたが、彼が心の中に築いた理想郷「イーハトーブ」（彼によれば「実在したドリームランドとしての日本岩手県」なんだとか）や、生み出された詩・童話は現在でも数多くの人々を魅了しています。

昭和屈指の大作家は、少女を顔より乳で認識するおっぱい星人

太宰治（1909〜48）

昭和前期の代表的作家。戦中・終戦直後の混乱期に傑作を多く残し純文学の生き残りに貢献した。

太宰治は、昭和前期を代表する作家の一人です。時代が戦争による総力戦体制に突入し、文学も冬の時代を迎える中で、彼は戦中には『駆込み訴へ』『新ハムレット』『津軽』『新釈諸国噺』『お伽草紙』など古典などから題材をとった良作を数多く残し、敗戦後には『パンドラの匣』などで時局に便乗した自由思想に反発。更に『ヴィヨンの妻』『斜陽』『人間失格』などで破滅していく人間像を書いて無頼派とよばれました。第二次大戦と敗戦に伴う混乱の時代に文壇の有力者として純文学の孤塁を守った人物です。『斜陽』『人間失格』といった彼の後期作品は長らく、大人の世界の入口でためらう年齢の若者を魅き付けたといわれています。そしてそれだけでなく『お伽草子』のように諧謔が込められた作品も多く残しており高い評価を得ています。太宰は精神的に不安定な時期が多く、自殺未遂を繰り返しています。とはいえ、余りに有名な話ですし、時には心中相手のみが死亡したりとダメ人間呼ばわりで笑って済ませられる範囲を逸脱していますからそれについては扱いません。以下では、太宰の余り知られていない一面について述べようと思います。

ここで取り扱う作品は『美少女』。この作品が書かれたとき、彼は結婚して間もなく精神的にも安定した時

期でした。教科書でおなじみの『走れメロス』や『富嶽百景』といった人間への信頼に満ちた作品もこの頃に執筆されたものです。では、『美少女』の具体的内容について見ていきましょう。これは太宰が山梨県の温泉へ湯治に出かけた時の話です。彼は浴場で美しい少女と遭遇し、彼女の裸身を観察して感心しきり。「見事なのである。コーヒー茶碗一ぱいになるくらいのゆたかな乳房、なめらかなおなか、ぴちっと固くしまった四肢、ちっとも恥じずに両手をぶらぶらさせて私の眼の前を通る。」といった具合で豊満な乳房に熱視線を送っています。後の場面で太宰はこの少女と床屋で再開するものの思い出せませんでしたが、彼女が牛乳瓶を持って飲んでいるのを見てようやく思い出し、「ああ、わかりました。その牛乳で、やっとわかりました。顔より乳房のほうを知っているので、失礼しました、と私は少女に挨拶したく思った。いまは青い簡単服に包まれているが、私はこの少女の素晴らしい肉体、隅の隅まで知ってる。そう思うと、うれしかった。少女を、肉親のようにさえ思われた。」と述懐しました。もし口に出せばどう考えてもセクハラです。そりゃ、健康な男性なら美少女の乳を目にしたら興味津々になるのは極自然な事でしょう。でも、少女の顔を見ても識別できなかったのに乳を意識する事で初めて誰か判明するというのは明らかにおかしいです。並みの乳好きじゃありません。流石にこれはダメ人間といわざるを得ませんよ。これはあくまで小説だから太宰の実際の好みや出来事とは限らない、という反論もありうるかと思います。でも、私小説という形式を取っており彼の事跡と矛盾するわけではありません。私小説は作者の体験を基にした例も多いですしね。それに、たとえフィクションだとしても顔でなく乳で少女を認識するなんて思いついて公衆にカミングアウトする時点でアウトな気がしますよ。正直、ギャグ漫画レベルの発想だと思います。ところで、一部では男性が女性の乳に強い性的関心を抱くようになったのは近代になってからという説もあるようですが、遅く見積もってもこの時期になると現在と変わらないレベルになった事を示す事例だと言ってよいように思います。

閑話休題、太宰は晩年には志賀直哉と険悪な関係でした。というのは彼は直哉から批判を受けたのに立腹し、『如是我聞』で痛烈に非難しているのです。しかし、『美少女』中では「お嫁に行けるような、ひとりまえのからだになった時、女は一ばん美しいと志賀直哉の随筆に在ったが、それを読んだとき、志賀氏もずいぶん思い切ったことを言うと冷やりとした。けれども、いま眼のまえに少女の美しい裸体を、まじまじと見て、志賀氏のそんな言葉は、ちっともいやらしいものでは無く、純粋な観賞の対象としても、これは崇高なほど立派なものだと思った。」（以上三ヶ所は太宰治『美少女』青空文庫より）と直哉の発言に熱烈な賛意を示しています。そういえば、直哉は『暗夜行路』前編末尾で宿で女を買った主人公に「女のふつくらとした重味のある乳房を柔かく握つて見て、云ひやうのない快感を感じ」させ「豊年だ！豊年だ！」と叫ばせて「幾度となくそれを揺振つた」あげくに「私の空虚を満たして呉れる、何かしら唯一の貴重な物」（以上は『志賀直哉全集第四巻』岩波書店、２５９頁）とまで言わせています。そう考えると、この二人は不仲ながら乳好きという点で共通しているようです。このおっぱい星人ども。

という訳で、敢えて断言します。太宰治は度の過ぎたおっぱい愛好者です。

シスコン、マザコン、少年愛、マッチョ志向　ダメ勲章山盛りな大作家　～右翼だけどディズニーランド好き～

三島由紀夫（1925～70）

小説家。唯美的な作風で世界的評価を受ける。次第に国粋主義に傾倒し右翼団体「楯の会」を設立、後に割腹自殺した。

三島由紀夫は東京生まれの小説家・劇作家で本名は平岡公威《きみたけ》。東大を卒業して官僚を経験した後、文学の道に入ります。その作品は絶対者希求・美的死生観・様式美への憧憬を昇華させて唯美的世界を構築し、徐々にナショナリズム的色彩を強めました。自衛隊に決起を促す演説をした直後に割腹自殺。代表作は『仮面の告白』『潮騒』『金閣寺』『鹿鳴館』『憂国』『豊饒の海』などです。

三島は「楯の会」なんて右翼団体を設立した位ですから国家主義的なイメージがありますが、「終末感からの出発――昭和二十年の自画像」で「日本の敗戦は、私にとつて、あんまり痛恨事ではなかつた。それよりも数ヶ月後、妹が急死した事件のほうが、よほど痛恨事である。」（『三島由紀夫全集27』新潮社、48頁）と述べているのは意外です。何でも腸チフスで命を落としたのだそうで、「私は妹を愛してゐた。ふしぎなくらゐ愛してゐた。」（同48頁）「死の数時間前、意識が全くないのに、『お兄ちゃま、どうもありがたう』とはつきり言つたのをきいて、私は号泣した。」（同49頁）とも言っており痛ましい話です。まあ、天下国家より親兄弟の方が身近で重要に思うのは人として自然な情だと思います。

でも、「『熱帯樹』の成り立ち」で

「それはさうと、肉慾にまで高まつた兄妹愛といふものに、私は昔から、もつとも甘美なものを感じつづけて来た。これはおそらく、子供のころ読んだ千夜一夜譚の、第十一夜と第十二夜において語られる、あの墓穴のなかで快楽を全うした兄と妹の恋人同士の話から受けた感動が、今日なほ私の心の中に消えずにゐるからにちがひない。」（『三島由紀夫全集２９』新潮社、４８７頁）

などとダメなカミングアウトをしているのを聞いているとなんだか不安になってきます。

因みにここで彼が述べている『熱帯樹』は、母が富豪である父を殺そうとしていると思い込んだ妹が兄に母殺しをそそのかす事から始まる兄妹相姦と心中の話だとか。他にも、三島は『軽王子と衣通姫』というそのものズバリの題名で、日本神話における大王家での兄妹相姦事件を扱い、二人の密通場面を独特の官能的筆致で描いていたりします。

これらの事実を念頭に置くと、上述の「ふしぎなくらゐ愛していた」という台詞も下種の勘繰りかもしれませんが何だか意味深に聞こえてしまいます。あるいは三島も在原業平・小野篁・宮沢賢治といった系譜に繋がる妹萌えであったと言えるのかもしれません。

他にも、『中国服』という短文によれば彼はチャイナドレスを愛好していたようです。曰く、

「中国服は好きである。このごろ流行を見てゐるやうだが、肥つた人でも痩せた人でも、中国服を着て、さう醜くみえる人はすくない。ただこの絵でもさうだが、どうして髪をモジャモジャのパーマネントにするのであらう。中国服にはひつつめの変型や、女学生型のお下げや、いろいろ面白い取合せがある筈だ。それから中国服とショルダーバッグの取合せも面白くない。ハイヒールだけは奇妙に優雅で似合ふ。あの細い踵で危なつかしく歩くさまが、蓮歩といふ感じがするからだと思ふ。蓮歩は纏足の形容だが、ハイヒールはその不自然さが、近代的な纏足みたいなものだからである。

困るのは中国服で自転車に乗つてゐる恰好だ。あれを見ると、急にこの服が、下着だけのやうなワイセツな感じになるから妙だ。横の切り込みは夜会服などでは高いほどよい。

切り込みの上端についてゐる紐飾りの色などに大いに凝つてほしいものである。」（『三島由紀夫全集２５』新潮社、４６５頁）

とのこと。マニアックな好みに至るまで熱く語っておられます。中々に通ですな。

これ以外に、三島が『禁色』『仮面の告白』で少年愛・同性愛を扱い、彼自身も同性愛者と見なされている事はあまりに有名ですからここで改めて述べるまでもないでしょう。ただ、三島がそうした同性愛傾向を見せた背景には、女性嫌い・女性不信がある可能性があります。というのも、彼は『女ぎらひの弁』で次のように述べているのです。

「女性は抽象粉飾とは無縁の徒である。音楽と建築は女の手によつてろくなものはできず、透明な抽象的構造をいつもべたべたな感受性でよごしてしまふ。構成力の欠如、感受性の過剰、瑣末主義、無意味な具体性、低次の現実主義、これらはみな女性的欠陥であり、芸術において女性的様式は問題なく『悪い』様式である。」

（『三島由紀夫全集26』新潮社、413頁）

「誰でも男の子なら覚えのあることだが、子供の時分に、女の子の意地の悪さとずるさと我儘に悩まされ、女ほどイヤな動物はないと承知してゐるのに、色気づくころからすつかり性慾で目をくらまされ、あとで結婚してみて、又女の意地の悪さとずるさと我儘を発見するときは、前の記憶はすつかり忘れてゐるから、それを生れてはじめての大発見のやうに錯覚するのは、むだな苦労だと思はれる。」（同415〜416頁）

……随分手厳しい評価ですね。「女に対する最大の侮辱は、男性の欲望の本質の中にそなはつてゐる。女ぎらひの侮辱などに目くじら立てる女は、そのへんがおぼこなのである。」（同415頁）と予防線を張ってはいますが、妻子持ちだというのに兼好法師を髣髴とさせる女性嫌悪ぶりです。そういえば彼は『わが半可食通記』で戦中期を回顧し「それまで私は文学的美食家ではあつた。美食の本能が文学にばかり偏して、大御馳走のごとき絢爛華麗な作品にしか魅力を感じなかつた。戦争中の栄養失調時代に、リラダンの小説はいかなる美食であつたか！」（『三島由紀夫全集27』新潮社、270頁）と述懐しています。娯楽に飢えた時代に読み耽ったのがよりによってリラダン。リラダンといえば、現実の女性に絶望して発明王エディソンに理想の人造美女ハダリーを作ってもらうという内容の『未来のイヴ』を書いたお方です。……三島先生、そんなに三次元女性が嫌いなんですか?

それでも女性を完全に嫌悪しているわけではないらしく『私の永遠の女性』なんて文章を書いてもいます。まあ、熱烈なチャイナドレス好きですしね。女性の中身は嫌いでも、女性美自体はむしろ好きのでしょうな。それによると彼は明治時代の女性の全身姿の写真が好きであり「顔はたいてい細面で、何か凛としたものがある。」(『三島由紀夫全集27』新潮社、290頁)と述べています。そうした好みの原点には少年時代に「今まで思ひゑがいてゐた美しい女性」(同293頁)を見た思い出があるそうで。そしてその女性の正体はといえば「それは母であつて、若い母がその日に限つて、どうしたことか丸髷を結つてゐた」(同293頁)ものだったとか。で、彼は文章の末尾で理想の女性について「美しく、凛としてをり、男性に対して永遠の精神的庇護者である。」(同293頁)とも言っています。……危険なシスコンに加えてマザコンですか、さすがは三島先生。女性嫌いの根底にはこの辺りが関わってそうです。理想とする女性美があるからこそ、現実世間における一般女性に我慢できなかったという事でしょう。

ところで、三島は日本伝統精神を鼓吹する右寄りの人間である癖して、ディズニーランドが大好きだったようです。『美に逆らふもの』では「北米合衆国はすべて美しい。感心するのは極度の商業主義がどこもかしこも支配してゐるのに、売笑的な美のないことである。これに比べたら、イタリーのヴェニスは、歯の抜けた、老いさらばへた娼婦で、ぼろぼろのレエスを身にまとひ、湿った毒気に浸されてゐる。いい例がカリフォルニヤのディズニイ・ランドである。ここの色彩も意匠も、いささかの見世物的侘びしさを持たず、いい趣味の商業美術の平均的気品に充ち、どんな感受性にも素直に受け入れられるやうにできてゐる。」（『三島由紀夫全集30』新潮社、76頁）とべた褒め。何でも「超現実主義や抽象主義にいかに口ざはりのいい糖衣をかぶせてしまふか」という問題をクリアしたものが「現代的な美の普遍的な様式」（同76頁）なんだとか。現実からの飛翔に美を感じ、商業主義でもOK。現代オタクの二次元主義まであと一歩です。というより、彼がもっと後の時代の人間であったらオタク文化を肯定したんじゃないかとすら思わせるものがありますよ。

さて余談ですが、『不道徳教育講座』で彼は以下のような自殺防止法を述べています。

「かうして自分の死を最高の自己弁護の楯に使つて、他人に迷惑をできるだけかけて死んでやれと思ひ出すと、自殺といふものはもともと一種の自己目的の筈ですから、自殺の意義がだんだんうすれて来て、それが途方もない大きな対社会的行為になつて来て、考へるだけでオククウになつてしまふ。

又もしここに、それでもオククフにならぬ鈍感な少年少女がゐて、実際に店の金をごまかしたり人殺しをしたりすると、もう自殺は純粋な動機を離れ、たとへ自殺が敢行されても、恐怖心からのがれるためだけの、甚だ勢ひのない自殺に終つてしまふ。

だから、どうせ死ぬことを考へるなら威勢のいい死に方を考へなさい。できるだけ人に迷惑をかけて派手にやるつもりになりなさい。これが私の自殺防止法であります。」（『三島由紀夫全集29』新潮社、25頁）

しかし、人勢の自衛官たちを前に「途方もない大きな対社会的行為」として「人に迷惑をかけて派手に」「威勢のいい死に方」をした作家を我々は知っていますから、この自殺防止法の有効性については疑問符が付くように思われます。というか、三島自身の事はおくとしても「対社会的行為」とみなされた自殺がそれを模倣した自殺を誘発した事例は明治の藤村操を始めとして少なくないように思うのですけどね。

少し話が脱線しましたが、三島由紀夫についてここでまとめてみましょう。まずマザコンでやや病的な妹萌え。それが昂じてかスイーツ（笑）（女性文化の感性に過剰に影響された女性を揶揄するネット用語）嫌い。そしてそれと関連して（?）同性愛・少年愛。そのくせチャイナドレスフェチ。劣等感の裏返しだったりオトコノコの血が騒いだり戦いに美を見出したりした末の肉体美・武士道・軍マニア。現実から飛翔した虚構世界好きで、商業主義的でも無問題。ひょっとして、あの事件も彼にとっては自ら唯美的な世界を作品で創造するだけでは飽き足らなくなって、「穢れた現実世界からの飛翔」を図ったものだったのでしょうか?

……なんかもうお腹一杯です。我が国に脈々と流れる色々なＨＥＮＴＡＩ魂を濃厚に受け継いだ御仁です。三島は近代文学と現代娯楽文化の橋渡し役としてはこの上なく恰好の人材であり、古典文学から引き続き現代娯楽文化にまで受け継がれている伝統的精神を正しく引き継いでいる偉材であったといえるでしょう。それだけにあのような最期になったのは惜しまれると思います。特に、割腹自殺のインパクトが余りに強いもので世間一般にそのイメージしかなくなる可能性があり、一面的な理解しかされなくなるのは残念です。それに、三島がオタク文化全盛な現代日本の様子を見た感想を知りたかったのですけどね。

大辞林第二版、三省堂佐藤泰正編『宮沢賢治必携』學燈社
青江舜二郎『宮沢賢治修羅に生きる』講談社現代新書
押野武志『童貞としての宮沢賢治』ちくま新書
山内修編『年表作家読本宮沢賢治』河出書房新社
猪瀬直樹『日本の近代猪瀬直樹著作集4　ピカレスク太宰治伝』小学館
『青空文庫』（http://www.aozora.gr.jp/）
『太宰治　美少女』（http://www.aozora.gr.jp/cards/000035/card242.html）
『太宰治　如是我聞』（http://www.aozora.gr.jp/cards/000035/files/1084_15078.html）
『新修国語総覧』京都書房
『志賀直哉全集第四巻』岩波書店
『三島由紀夫全集1～36』新潮社
堂本正樹『回想・回転扉の三島由紀夫』文春新書
大塚英志『サブカルチャー文学論』朝日文庫

中村謙司『史論　児玉源太郎　明治日本を背負った男』光文社
猪木正道『軍国日本の興亡　日清戦争から日中戦争へ』中公新書
宮島幹之助編『北里柴三郎傳』北里研究所
福田眞人『北里柴三郎：熱と誠があれば』ミネルヴァ書房
杉森久英『浪人の王者頭山満』河出文庫
新井達夫『三代宰相列伝　加藤友三郎』時事通信社
『元帥加藤友三郎傳』加藤元帥傳記編纂委員会
豊田穣『海軍提督／加藤友三郎の生涯　蒼茫の海』集英社文庫
野村實『日本海海戦の真実』講談社現代新書
池田清『海軍と日本』中公新書
笠井清『人物叢書南方熊楠』吉川弘文館
平野威馬雄『大博物学者——南方熊楠の生涯』Libro
神坂次郎『縛られた巨人　南方熊楠の生涯』新潮文庫
水木しげる『猫楠　南方熊楠の生涯』角川文庫ソフィア
飯倉照平編『人と思想南方熊楠』平凡社
松居竜五・月川和雄・中瀬喜陽・桐本東太編『南方熊楠を知る事典』講談社現代新書
礫川全次編『性愛の民俗学』批評社
『南方熊楠コレクションⅡ南方民俗学』河出文庫
赤松啓介『夜這いの民俗学』明石書店
F・クラウス『性風俗の日本史』河出文庫
『明治文学全集42　徳冨蘆花集』筑摩書房
氏家幹人『江戸の性風俗』講談社現代新書
マルク・ボナール、ミシェル・シューマン『ペニスの文化史』藤田真利子訳、作品社
若井敏明『平泉澄』ミネルヴァ書房
陳舜臣『日本人と中国人』集英社文庫
石川公彌子『＜弱さ＞と＜抵抗＞の近代国学』講談社選書メチエ
星亮一『野口英世波乱の生涯』三修社
漆原智良『新装世界の伝記33　野口英世』ぎょうせい
渡辺淳一『遠き落日（上）（下）』集英社文庫
北康利『吉田茂ポピュリズムに背を向けて』講談社
戸川猪佐武『昭和の宰相4　吉田茂と復興への選択』講談社文庫
三浦陽一『吉田茂とサンフランシスコ講和（上）（下）』大月書店
渡辺京二『北一輝』朝日選書
粂康弘『北一輝　ある純正社会主義者』三一書房
滝村隆一『北一輝　日本の国家社会主義』勁草書房
田中惣五郎『北一輝　日本的ファシストの象徴』三一書房
宮本盛太郎『北一輝研究』有斐閣
近藤秀樹責任編集『日本の名著45　宮崎滔天・北一輝』中央公論社
『東洋文庫100　三十三年の夢』平凡社
宮下隆二『イーハトーブと満洲国』PHP研究所
『近代日本思想大系20　大杉栄集』筑摩書房
今井清一『日本の歴史23　大正デモクラシー』中公文庫

河合敦『江戸の決断』講談社
横山昭男『人物叢書上杉鷹山』吉川弘文館
麻生磯次『人物叢書滝沢馬琴』吉川弘文館
伊狩章『人物叢書柳亭種彦』吉川弘文館
石ノ森章太郎『マンガ日本の歴史38　野暮が咲かせた化政文化』中公文庫
高田衛『八犬伝の世界』中公新書
田原嗣郎『人物叢書平田篤胤』吉川弘文館
子安宣邦『宣長と篤胤の世界』岩波叢書
菅野覚明『神道の逆襲』講談社現代新書
子安宣邦校注『霊の真柱』岩波文庫
小林秀雄『本居宣長（上）（下）』新潮文庫
頼惟勤編訳『日本の名著28　頼山陽』中央公論社
植手通有校注『日本思想大系49頼山陽』岩波書店
佐伯真一『建礼門院という悲劇』角川選書
土屋英明『中国艶本大全』文春新書
田野辺富蔵『医者見立て江戸の好色』河出文庫
斎藤昌三編『好色日本三大奇書』那須書房
本多朱里『柳亭種彦読本の魅力』臨川書店
林屋辰三郎編『化政文化の研究』岩波書店
神坂次郎『元禄御畳奉行の日記』中公新書
絲屋寿雄『大村益次郎』中公新書
佐々木克『戊辰戦争』中公新書
保谷徹『戦争の日本史18　戊辰戦争』吉川弘文館
小西四郎『日本の歴史19　開国と攘夷』中公文庫
井上清『日本の歴史20　明治維新』中公文庫
佐々木克監修『大久保利通』講談社学術文庫
毛利敏彦『大久保利通　維新前夜の群像５』中公新書
勝田孫弥『大久保利通伝』同文館
池辺吉太郎『明治維新三代政治家　大久保・岩倉・伊藤』中公文庫
杉谷昭『人物叢書江藤新平』吉川弘文館
福沢諭吉『新訂福翁自伝』富田正文校訂、岩波文庫
会田倉吉『人物叢書福沢諭吉』吉川弘文館
井黒弥太郎『人物叢書黒田清隆』吉川弘文館
色川大吉『日本の歴史21　近代国家の出発』中公文庫
飛鳥井雅道『人物叢書中江兆民』吉川弘文館
中江兆民『三酔人経綸問答』岩波文庫
岩崎徂堂『中江兆民奇行談』大学館
夏堀正元『目覚めし人ありて・小説中江兆民』新人物往来社
なだいなだ『ＴＮ君の伝記』福音館書店
前坂俊之『ニッポン奇人伝』現代教養文庫
森山守次・倉辻明義『児玉大将伝』星野暢
杉山茂丸『児玉大将伝』中公文庫

html)
渡辺世祐『豊太閤の私的生活』講談社学術文庫
田中義成『豊臣時代史』講談社学術文庫
山路愛山『豊臣秀吉』岩波文庫
田端泰子『北政所おね——大坂の事は、ことの葉もなし』ミネルヴァ書房
北島正元『徳川家康』中公文庫
宮崎市定『中国史　上』岩波書店
熊倉功夫『後水尾天皇』岩波書店
久保貴子『後水尾天皇』ミネルヴァ書房
種村季弘『箱抜けからくり綺譚』河出書房新社
三田村鳶魚『徳川の家督争い』河出文庫
三田村鳶魚『公方様の話』中公文庫
藤井譲治『徳川家光』吉川弘文館
山本博文『遊びをする将軍　踊る大名』教育出版
『槐記』哲學書院
『国史大系　続　第1　第10巻　徳川実紀　第2編』経済雑誌社
『翁草』五車楼書店
岡谷繁実『名将言行録』牧野書房
久松潜一『人物叢書契沖』吉川弘文館
本居宣長『排蘆小船・石上私淑言』子安宣邦校注、岩波文庫
今東光『毒舌日本史』文春文庫
本居宣長『うひ山ふみ・鈴屋答問録』村岡典嗣校訂、岩波文庫
『エンカルタ百科事典』マイクロソフト
三枝康高『人物叢書賀茂真淵』吉川弘文館
伴蒿蹊『近世畸人伝』中野三敏校注、中公クラシックス
井上豊『賀茂真淵の業績と門流』風間書房
和歌森太郎『花と日本人』角川文庫
小林秀雄『本居宣長（上）（下）』新潮文庫
本居宣長記念館公式サイト（http://www.norinagakinenkan.com/）
『本居宣長全集』第四巻、第十四巻、第十五巻、別巻一、筑摩書房
中村真一郎『色好みの構造』岩波新書
片桐一男『人物叢書杉田玄白』吉川弘文館
沼田次郎『洋学伝来の歴史』至文堂
梶田昭『医学の歴史』講談社学術文庫
野口武彦『江戸の兵学思想』中公文庫
杉田玄白『蘭学事始』野上豊一郎校訂、岩波文庫
酒井シヅ『杉田玄白解体新書　全現代語訳』講談社学術文庫
養老孟司『解剖学教室へようこそ』ちくま文庫
菊池良生『傭兵の二千年史』講談社現代新書
谷端昭夫『茶の湯の文化史』吉川弘文館
千宗室監修『裏千家茶道教科教養編⑧茶人伝』井口海仙編、淡交社
樋口清之『遊びと日本人』講談社文庫

『日本古典文学大系　太平記』岩波書店
『スーパー・ニッポニカ Professional』小学館
『世界大百科事典　第２版』平凡社
「平成19年度食料品消費モニター第４回定期調査結果」農林水産省
奥富敬之『鎌倉北条氏の興亡』吉川弘文館
岩佐正校注『神皇正統記』岩波文庫
冨倉徳次郎『卜部兼好』吉川弘文館
島内裕子『兼好——露もわが身も置きどころなし』ミネルヴァ書房
三木紀人訳注『徒然草　(一) ～ (四)』講談社学術文庫
『平家物語の成立　●あなたが詠む平家物語　1』有精堂
佐藤進一『日本の歴史９　南北朝の動乱』中公文庫
田中義成『南北朝時代史』講談社学術文庫
森茂暁『太平記の群像』角川選書
『ピクトリアル足利尊氏南北朝の動乱』学研
タイモン・スクリーチ『春画　片手で読む江戸の絵』高山宏訳、講談社選書メチエ
高柳光寿『『足利尊氏』春秋社
山路愛山『足利尊氏』岩波文庫
中村直勝『足利ノ尊氏』アテネ新書
『日本古典文学大系太平記　一～三』岩波書店
『京大本梅松論』京都大学国文学会
村松剛『帝王後醍醐』中央公論社
臼井信義『人物叢書足利義満』吉川弘文館
佐藤進一『足利義満』平凡社ライブラリー
北山茂夫『日本の歴史４　平安京』中公文庫
繁田信一『天皇たちの孤独』角川選書
伊藤喜良『人物叢書足利義持』吉川弘文館
清水克行『大飢饉、室町社会を襲う！』吉川弘文館
永原慶二『日本の歴史10　下剋上の時代』中公文庫
永島福太郎『人物叢書一条兼良』吉川弘文館
『大日本百科全書』小学館
幸田露伴『幻談・観画談他三篇』岩波文庫
「遥かなる中世　12号　中世史研究会」より「細川政元と修験道——司箭院興仙を中心に——　末柄豊」
『修験道の本』学研
町田宗鳳『山の霊力』講談社新書メチエ
福原たく哉『天狗はどこから来たか』大修館書店
戸部新十郎『日本異譚太平記』毎日新聞社
和歌森太郎『山伏』中公新書
和歌森太郎『東洋文庫221　修験道史研究』平凡社
大星光史『日本の仙人たち』東書選書
「アルファルファモザイク」(http://alfalfa.livedoor.biz/)
「童貞で30歳を越えると使える魔法一覧」(http://alfalfa.livedoor.biz/archives/50754755.

ナボコフ『ロリータ』大久保康雄訳、新潮文庫

藤井貞和『タブーと結婚－「源氏物語と阿闍世王コンプレックス論」のほうへ』笠間書院

佐藤和彦・樋口州男編『後醍醐天皇のすべて』新人物往来社

『日本古典文学大系14～18源氏物語』岩波書店

ウラジーミル・ナボコフ『ロリータ』大久保康雄訳、新潮文庫

『新編日本古典文学全集　36』小学館

児玉幸太編『日本史小百科天皇』近藤出版社

森田悌『王朝政治』教育社歴史新書

今井源衛『花山院の生涯』桜楓社

角田文衛『平安の春』講談社学術文庫

樋口清之『性と日本人』講談社文庫

『新日本古典文学大系41　古事談・続古事談』岩波書店

『日本古典文学全集34　大鏡』小学館

坂本賞三『藤原頼通の時代　―摂関政治から院政へ』平凡社

大津透『日本の歴史06　道長と宮廷社会』講談社学術文庫

土田直鎮『日本の歴史　5　王朝の貴族』中公文庫

山中裕『藤原道長』吉川弘文館

『栄花物語②　新編日本古典文学全集32』小学館

竹内理三『日本の歴史６　武士の登場』中公文庫

安田元久『日本の歴史７　院政と平氏』小学館

安田元久『人物叢書後白河上皇』吉川弘文館

角田文衛『待賢門院璋子の生涯――椒庭秘抄』朝日選書

橋本義彦『藤原頼長』吉川弘文館

棚橋光男『後白河法皇』講談社

『日本の歴史　6　武士の登場』中央公論社

「日記に見る藤原頼長の男色関係」――王朝貴族のウィタ・セクスアリス『ヒストリア』第84号

『増補史料大成　台記』臨川書店

安田元久『後白河上皇』吉川弘文館

リチャード・レイン編著『定本浮世絵春画名品集成17　秘画絵巻【小柴垣草子】』河出書房新社

『新編　日本古典文学全集　40　松浦宮物語　無名草子』小学館

村上修一『藤原定家』吉川弘文館

田中久夫『人物叢書明恵』吉川弘文館

石井進『日本の歴史７　鎌倉幕府』中公文庫

上横手雅敬『日本史の快楽』角川ソフィア文庫

澁澤龍彦『東西不思議物語』河出文庫

松尾剛次『破戒と男色の仏教史』平凡社新書

岩田準一『本朝男色考・男色文献書志』原書房

長谷川哲也『ナポレオン獅子の時代』少年画報社

鈴木眞哉『下戸の逸話事典』東京堂出版

上横手雅敬『人物叢書北条泰時』吉川弘文館

『ハンドブックアルコールと健康』アルコール健康医学協会

龍粛訳注『吾妻鏡（四）』岩波文庫

参考文献　（記事順に各記事の参考文献を列挙、重複あり）

井上光貞『日本の歴史１　神話から歴史へ』中公文庫

児玉幸太編『天皇』近藤出版社

倉野憲司『古事記』岩波文庫

坂本太郎・井上光貞・家永三郎・大野晋校注『日本書紀（二）』岩波文庫

『中村直勝著作集　第一巻』淡交社

『国史大系　第１巻　第７巻』経済雑誌社

『訳文　大日本史』山路彌吉訳、後楽書院

『スーパー・ニッポニカ Professional』小学館

萩原昌好編著、山口太一画『まんがで学習おぼえておきたい短歌100』あかね書房

『日本大百科全書』小学館

『大辞林第二版』三省堂

小和田哲男編『武将』近藤出版社

青木和夫『日本の歴史３　奈良の都』中公文庫

和歌森太郎『酒が語る日本史』河出文庫

高木市之助『日本詩人選４　大伴旅人・山上憶良』筑摩書房

『国史大系　第２巻　第４巻』経済雑誌社

山路彌吉訳『訳文　大日本史』後楽書院

服藤早苗『平安朝の女と男　貴族と庶民の性と愛』中公新書

坂本太郎『史書を読む』中公文庫

『日本史大事典』平凡社

『日本の歴史　４　平安京』中央公論社

『日本古典文学大系　77　篁・平中・濱松中納言物語』岩波書店

池田弥三郎訳『現代語譯　日本古典文學全集　更級日記　平中物語　篁物語　堤中納言物語』河出書房

『物語文学研究叢書　第11巻　校註篁物語　校註海人刈藻ほか』クレス出版

石田穣二訳注『新版　伊勢物語』角川ソフィア文庫

『新　日本古典文学大系　32　江談抄　中外抄　富家語』岩波書店

『日本の歴史　４～６』中央公論社

片桐洋一／福井貞助／高橋正治／清水好子訳注『新編　日本古典文学全集 12　竹取物語　伊勢物語　大和物語　平中物語』小学館

『新　日本古典文学大系28　平安私家集』岩波書店

『体系物語文学史　第三巻　物語文学の系譜　Ⅰ　平安物語』有精堂出版

下出積与『日本の武将　６　木曽義仲』人物往来社

上横手雅敬『平家物語の虚構と真実　上』塙新書

三浦周行『新編　歴史と人物』岩波文庫

高橋貞一校『平家物語　下』講談社文庫

『源平盛衰記』国民文庫刊行会

あとがき

この度は、「ダメ人間の日本史」を御買い上げいただきましてありがとうございます。

本書では日本史を彩るダメ偉人達を紹介させていただきました。出来る限り時代ごとのバランスを考えて人選したつもりですが、いかがでしたでしょうか。

日本の歴史には、様々な人物が登場します。歴史を動かし現在でも語り継がれる偉人、当時は大きな影響力を持ったが現在では忘れられた人物など。そして彼らもまた我々と同様に困った一面もあったのです。

なお、奇人変人伝で常連となるような文化人・芸術家は極力省かせていただきました。彼等は、奇人変人呼ばわりされて当たり前のような所がありますから。それでも、近代を中心に文人が結構入る事になりましたけどね。

一般論として、偉人といえば道徳的に見習うべき完全無欠な存在として称揚されることもあれば、その奇人ぶりを面白おかしくネタとして語られたりもします。本書は、人としてちょっと間違っている「ダメ」な一面を持った人たちを集めてみました。といっても別に彼らを糾弾するわけでなく、そのダメっぷりをニヤニヤと見つめながら同じ人間として、身近な隣人として手元に引き寄せて愛でようという企画であります。御楽しみいただけたなら幸いです。ただ、笑える、そしてなおかつ愛すべきダメさを念頭に置きましたので、ただ粗暴なだけの人や普通の酒乱、若気の至りでワルだったただけの人なんかは除外しています。その上で、最終選定基準は著者二人の感性というか嗅覚に引っかかるかどうかとなりました。実際、書いていて著者自身と重なってくる面子も結構いたりします。

それにしても、随分と色々な人がいたもんです。引きこもり、ニート、浪費家、ヘタレ、中二病、ロリコン、シスコン、フェチ、出歯亀、ストーカー、オタク、電波、天然ボケ…。偉人もやはり生身の人間だったのだと実感させられる話ですね。まるで現代に生きる我々自身を見ているような、あるいはすぐ隣のあの人のような。自分のダメ人間ぶりに打ちひしがれている貴方、社会からダメ人間の烙印を押された貴方（もしあてはまらなければゴメンナサイ）。本書には、成功した、あるいは少なくとも歴史に名を轟かせた「私たち」が轡を並べています。貴方たちだって、存外捨てたものではないかも知れませんよ。

ダメ偉人呼ばわりされる人の中には、世間と摩擦を起こして弾かれ者になる例もあるでしょう。しかし、本書で歴史を振り返ってみてください。貴方だけじゃないんです。当然、この本に出てくる人達は氷山の一角。日本史上には、我々の同類が数知れず潜んでいたはず。ましてや、ここで取り上げたのは「偉人」たち。我々だって、将来同様な存在になる可能性だって無きにしも非ず。後世畏るべし、ですよ。遅咲きの人だっていますしね。一見派手でなくともひょんな事で歴史に名を残せるかもしれないですし。そう思って、ぼつぼつとやってきましょう。

次に、「俺はダメ人間なんかじゃねえ」という一般の良識人を自認する方々にお願いです。貴方達からすると、ダメ人間と付き合っていくのはしんどい事もあるかもしれません。ダメ人間にはダメ人間の人生のリズムがありますから、それに無理に合わせろとは申しません。でも、逆に世間的良識のペースにダメ人間を無理矢理つき合わせないようにしていただければ幸いです。ダメ人間が良識人に合わせるのは、存外大変なのです。申し訳ないですが、お互いに「被害」を最小限にするようしていただければと思います。ひょっとすると、未来の偉人の無名時代の姿かもしれない、そう考えていただければ…。

さて閑話休題、代表的日本人として、あるいはあるべき日本精神として、しばしば挙げられるのが「サムライ」であり「武士道」であったりします。そこでは軟弱さや空気の読めなさなんかは否定されますし、ましてやキモいオタクなんぞもってのほかと見なされるでしょう。しかし、当のサムライたちだって人間です。実際、偉人と言われるような人たちだって本書で見たような具合。それに、武士達が憧れた文化的理想はむしろ歴史上一貫して雅な貴族文化だったりしました。そしてその貴族文化はといえば、シスコンやらロリコンやらキモオタやらを大量に輩出した素晴らしい代物です。

更に言うと、「武士道」が本当に日本を代表する精神かどうかも怪しいようです。これについては「続・反社会学講座」が詳しいので少し内容を要約します。「武士道」が広く喧伝されるようになったのは新渡戸稲造「武士道」が契機でしたが、新渡戸は外国人に対し「キリスト教がない日本にも独自の道徳がちゃんとある」と示して日本の名誉を守るため書いたのであり日本人自身が読む事は望んでいなかったようです。というのは、英語で書かれたこの著作を自身が和訳する事はなく更に翻訳に当たっても色々と条件をつけて阻止しようとした節があるとか。更に新渡戸は「修養」で「名誉は死人の喰う食物なり」という英国の警句を紹介したり、「平民道」で武士を理想とするのは時代遅れだと述べるといったように寧ろ「武士道」を否定する発言が目立つそうです。新渡戸にしてみれば、「武士道」は外国人に対して日本の名誉を守るため敢えて虚像をも利用して「法螺を吹いた」までであり、日本の伝統的精神とは実際には考えていなかったのではないでしょうか。新渡戸の家は開明的な武士でしたから、「武士道」とやらの実態を知っている訳でだからこそ称揚する気にはなれなかったのでしょう。

新渡戸だけでなく、民俗学者の折口信夫も「武士道」の起源をごろつきに求めており、今日の道徳観では理解できないはずのものだと否定的な意見を述べているそうです。折口は民俗学者として日本各地の習俗を研究した上で発言しているでしょうから、ここからも「武士道」は日本の典型的精神とは言いがたいと思った方がよさそうです。

「武士道は死ぬことと見つけたり」なんて過激な名台詞で名高い「葉隠」にしたって、作者の山本常朝が「私だって、生きる事が好きである」と述べており決して無暗に命を捨てることをなどを正当化してはいません。そして内容を見ても嫌な上司からの酒の断り方だとか部下の失敗のかばい方といった実際的な勤め人の心得が書いてあったりします。やっぱり、「武士道」を否定する必要はないにしろ、こだわる必然性もなさそうですね。

もう一つ付け加えて言えば、「大和魂」といえば通常は「滅私奉公」「不動心」「為せば成る」といった感じのニュアンスで受け取られる事が多いのですが、本居宣長によれば貴族社会における「日常生活での実際的な智恵」といった意味合いだったそうですよ。そして宣長は人間の本性は弱いものだと考えていたとか。著作でも、

おほかた人のまことの情といふ物は女童のごとくみれんにおろかなる物也、男らしくきつとしてかしこきは、実の情にあらず、それはうはべをつくろひかざりたる物也、実の心のそこをさぐりてみれば、いかほどかしこ

き人もみな女童にかはる事なし、それをはぢてつつむとつつまぬとのたがひめ計也（「紫文要領」）

〈訳〉そもそも人間の本当の情というのは、女子供のように未練がましく愚かなものだ。男らしくキッとして立派なのは、本当の情ではない。それは上辺を取り繕って飾り立てただけの事だ。実際の心底を探ってみればどれほど立派な人もみな女子供と変わることはない。その心情を恥じて隠すのと隠さないのとの違いだけである。

すべて喜ぶべき事をも、さのみ喜ばず、哀むべきことをも、さのみ哀まず、驚くべき事にも驚かず、とかく物に動ぜぬを、よき事にして尚ぶは、みな異国風の虚偽にして、人の実情にはあらず、いとうるさきことなり（「玉くしげ」）

〈訳〉一般論として喜ぶべき事も、それほど喜ばず、悲しむべき事でも、それほど悲しまず、驚くべき事でも驚かず、とにかく物に動じないのを、良い事だとして尊ぶのは、すべて外国風の虚偽であって、人間の真実の情ではない。たいへんわずらわしい事だ。

と言ってます。そして、宣長当人も相当にダメな領域のオタクであった事は本文で述べた通り。人間、弱くたって構わない。そして、ダメ人間だって構わない。周囲の世間に破綻をもたらさないようにだけは注意しながら、胸を張って生きればよい。そして日本文化・日本精神の真髄は、ダメ人間を許容しむしろそれを突き抜けたところにあるのです、多分。実際、偉大な古典研究者ってダメ人間ばっかりでしたし。

偉人だって我々凡俗と同じ人間だし、凡人の身に甘んじている我等だってひょっとすると何かの拍子に偉人になれるかもしれない。そう考えると、世知辛い世の中も少しは生きる励みになるんじゃないかと思ってみたりしています。

……色んな人々を槍玉に挙げてネタにした企画で、随分と大上段に振りかぶって偉そうにグダグダと色々言ったものですが、読者の皆様には深く考えず気軽に楽しんでいただければ幸いです。ついでに、同時発売の姉妹本「ダメ人間の世界史」もよろしくお願いいたします。基本的に同じようなノリでやっております。

最後に、本書を執筆する契機を頂きました社会評論社の濱崎誉史朗さん、および本書をご購入いただきました読者の皆様へ心からの御礼を申し上げてあとがきの締めに代えさせていただきます。

皆様の未来に幸多からん事を。

麓 直浩

【参考文献】

松本滋著『本居宣長の思想と心理』東京大学出版会
小林秀雄著『本居宣長（上）（下）』新潮文庫
パオロ・マッツァリーノ『続・反社会学講座』ちくま文庫
『葉隠（上）（中）（下）』山本常朝　和辻哲郎・古川哲史校注、岩波文庫

ダメ人間の歴史 VOL2

ダメ人間の日本史

引きこもり・ニート・オタク・マニア・ロリコン
・シスコン・ストーカー・フェチ・ヘタレ・電波

2010年3月20日初版第1刷発行

山田昌弘（やまだ・まさひろ）

mail: phephemol@hotmail.co.jp

大阪府出身。京都大学法学部卒。前近代軍事史マニア。前近代軍事史なら、西洋のみならず日本や中国、インドまで全時代を通じて扱う物好きな人間。軍事史以外も衝動的に色々手出するが、平安・鎌倉時代の文学が個人的にブーム。ダメ人間シリーズにもこの辺りの影響は顕著。

麓直浩（ふもと・なおひろ）

mail: fumocchi24@hotmail.com

和歌山県生まれ。京都大学医学部卒。勤務の傍らで、歴史に関連して読書やあれこれと書き散らす事を魂の慰めとする。現在、気に入っている分野である日本の南北朝時代や日本娯楽文化史などを中心に、気の向くままに手を出している。本居宣長を個人的に敬愛。

こすも（カバーイラスト）

mail: kosumo_tetoras_xh@mail.goo.ne.jp

者　山田昌弘＆麓直浩
バーイラスト　こすも
集＆装幀　濱崎誉史朗
行人　松田健二
行所　株式会社 **社会評論社**
東京都文京区本郷 2-3-10
Tel 03-3814-3861 Fax. 03-3818-2808
http://www.shahyo.com
刷＆製本　株式会社技秀堂

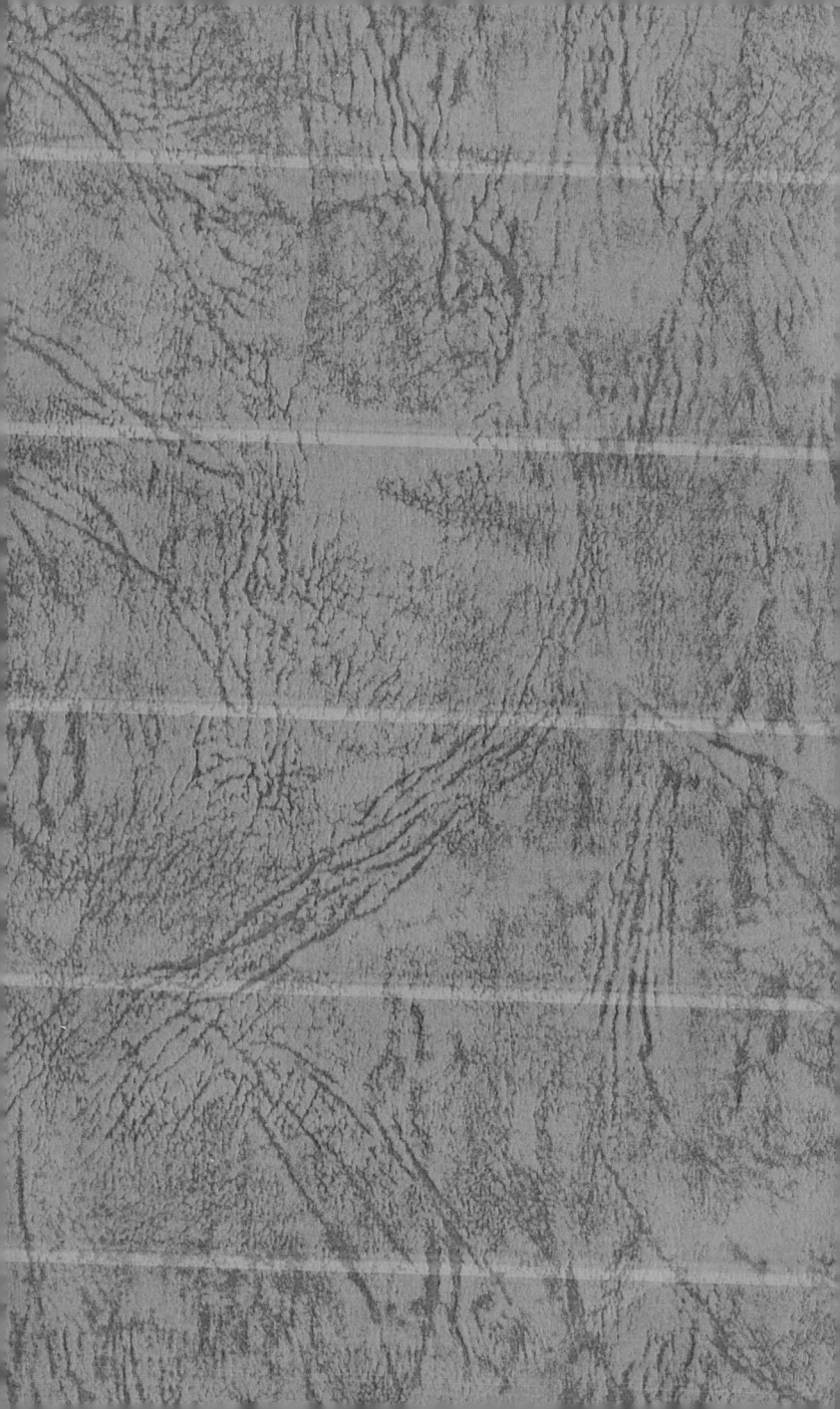